Britannic – Schiff der tausend Tage

Armin Zeyher

Armin Zeyher

Britannic – Schiff der tausend Tage

Die fast vergessene Schwester der Titanic

Titanic-Verein Schweiz
2016

Britannic – Schiff der tausend Tage
Die fast vergessene Schwester der Titanic

Titanic-Verein Schweiz
Postfach
CH-8152 Glattbrugg

Text: Armin Zeyher
Satz und Layout: Günter Bäbler
Umschlaggestaltung: Brigitte Saar

Coverbild: Gemälde von Ken Marschall, mit freundlicher Genehmigung von TransAtlanticDesigns Inc., www.kenmarschall.com

Herstellung und Verlag: BoD – Books on Demand, Norderstedt.
ISBN: 9783741253362

Inhalt

1	Vorwort	Seite 7
2	Einleitung	8
3	Blick nach vorn	9
4	Die Sache mit dem Namenstausch	15
5	Neuerungen und Verbesserungen	22
6	Zurück zum Zeichenbrett	38
7	Neue Rettungseinrichtungen	46
8	Schiffbau mit Hindernissen	51
9	Das Ende der Belle Époque	54
10	Ein neuer Kriegsschauplatz	57
11	Ein schwimmendes Krankenhaus	59
12	Kriegsjungfernreise	66
13	Zweite Mission	81
14	Außer Diensten	91
15	Zurück an die Front	93
16	Die „Causa Messany"	103
17	Der unheimliche Feind	109
18	Rendezvous mit dem Schicksal	118
19	Das Verhängnis beginnt	125
20	In die Boote!	131
21	Tragische Verluste	134
22	Die letzte halbe Stunde	143
23	Hilfe ist unterwegs	148
24	Die Retter sind da	157
25	Piräus	160
26	Weiterer Aufenthalt in Piräus	169

Der Neubau, vollständig in Spanten stehend. (Sammlung Brigitte Saar)

27 **Schwierige Rückkehr** 171

28 **Reaktionen** 178

29 **Reparation** 182

30 **Ausverkauf** 185

31 **Wiedergefunden – Cousteau und die *Britannic*** 188

32 **Das Wrack wird von Cousteau erforscht** 190

33 **Robert Ballard erforscht das Wrack** 196

34 **Weitere Expeditionen** 209

35 **Gedenkveranstaltung zum 100. Jahrestag des Untergangs** 229

Anhang A: Liste der Opfer 234

Anhang B: Kapitän Bartletts Bericht 239

Anhang C: Bericht von Oberstleutnant Anderson 243

Anhang D: Biografien verschiedener Akteure 245

Anhang E: Mine oder Torpedo? 250

Anhang F: RMS Britannic (I), 1874 256

Anhang G: HMHS Britannic (II), 1915 259

Anhang H: MV Britannic (III), 1930 262

Anhang I: U 73 264

Anhang J: Britannic-Orgel in Seewen 266

Anhang K: Verfilmungen 272

Anhang L: Interview mit dem Wrack-Eigentümer Simon Mills 276

Glossar 278

Danksagung des Autors 284

Der Autor 286

Quellen 287

Der Titanic-Verein Schweiz 289

Der Benrather Schwimmkran hievt einen Doppelenderkessel an, um ihn über einen der Schornsteinschächte ins Schiff hinabzulassen.
(Sammlung René Bergeron)

1 Vorwort

Seit der Gründung des *Titanic*-Vereins Schweiz im Jahre 1992 gehört Armin Zeyher zu unseren treusten Mitgliedern, er amtete auch einige Jahre als unser Vizepräsident und verfasste über die Jahre zahlreiche Berichte für unsere Vereinszeitschrift „*Titanic* Post".

Seine akribisch recherchierten Artikel zeugen von technischem Verständnis und seiner Fähigkeit, auch Mitgliedern mit wenig Fachwissen komplexe Zusammenhänge näher zu bringen.

Etwa 1979 oder 1980 sah Armin Zeyher eine Dokumentation aus dem Jahre 1977 mit dem Titel „Die Suche nach der *Britannic*". Der berühmte Meeresforscher Jaqcues-Yves Cousteau erforschte in dieser Folge seiner Serie „Geheimnisse des Meeres" das vergessene Wrack.

Die Jahre 2012 bis 2016 waren für Schifffahrtsaffine von mehreren „einhundertsten Jahrestagen" von Untergängen geprägt. Die *Titanic* machte 2012 den Auftakt, 2014 folgte die *Empress of Ireland*, 2015 schliesslich jährten sich die Untergänge der *Lusitania* und *Eastland*, aber auch jener der *Californian*, welche ohne ihre Rolle beim *Titanic*-Unglück wohl schon längst vergessen wäre.

Am 21. November 2016 sind es exakt einhundert Jahre, seitdem das grösste Wrack eines Passagierschiffes auf dem Meeresboden liegt; die wenigen, die grösser waren, wurden abgewrackt. Die *Britannic* fiel einem Minentreffer zum Opfer – wie ihr berühmtes Schwesterschiff *Titanic* erreichte sie New York nie.

Anlässlich des hundertsten Jahrestages war ein grosser Artikel für unsere Vereinszeitschrift angedacht, doch beim Sichten des Materials im Juni 2016 war schnell klar, dass Armins Zeyhers Arbeit mehr verdiente. Rasch war entschieden: seine jahrelangen Recherchen sollten in Buchform erscheinen. Zudem dürfte kaum bestritten sein, dass die *Britannic*, nach einhundert Jahren im Schatten der *Titanic*, endlich auch im deutschsprachigen Raum ein Buch „verdient" hat.

Die *Britannic* war übrigens tatsächlich das Schiff der 1000 Tage. Berücksichtigt man das Schaltjahr 1916 und die Zeitverschiebung zwischen Irland und Griechenland, dann sank die *Britannic* am 1000. Tag nach ihrem Stapellauf.

Zürich, 20. Oktober 2016

Günter Bäbler
Präsident des *Titanic*-Vereins Schweiz

2 Einleitung

Das Jahr 1914 war noch keine zwei Monate alt. Nach dem furchtbaren Verlust der *Titanic* und all seinen Folgen, den Prozessen und Untersuchungen, sowie der landesweiten Trauer, wusste bei der Reederei Oceanic Steam Navigation Company (OSNC), besser bekannt als White Star Line, noch niemand, dass ihr unglückliches großes Schiff einst zum Mythos und teilweise fast schon Lebensinhalt für zahlreiche Menschen in aller Welt werden sollte. Es hätte den englisch-amerikanischen Schiffseignern (OSNC war seit 1902 zusammen mit einigen englischen und kontinentaleuropäischen Reedereien Teil des US-Großkonzerns International Mercantile Marine Co., kurz IMM) auch sicher sehr wenig bedeutet. Das Leben musste weitergehen, und irgendwie ging es auch weiter. Die *Olympic,* erste Einheit und Namensgeberin dieses unvollendeten Trios von Superlinern, hatte nach dem verheerenden Schiffsunglück dank der ihr eigenen steten Zuverlässigkeit peu à peu das Vertrauen des Reisepublikums zurückgeholt. Und das trotz manchem Ungemachs – zum einem im Herbst 1911 die Kollision mit dem Kreuzer der Royal Navy, HMS *Hawke,* welcher enormen Schaden verursacht hatte, für den die Reederei selbst hatte aufkommen müssen. Dann, nach dem Untergang des Schwesterschiffes, die peinliche „Heizermeuterei", als in Southampton mehr als 200 Heizer und Trimmer der *Olympic* desertierten – sie waren mit den eilig an Bord gebrachten zusätzlichen Berthon-Faltbooten nicht zufrieden gewesen. Die gesamte Rundreise hatte deswegen abgesagt werden müssen.

Die White Star Line hatte Konsequenzen daraus gezogen und die *Olympic* zu einem äußerst aufwendigen und kostspieligen Umbau zur Bauwerft geschickt. Mit einer nach dem Untergang der *Titanic* innen eingezogenen zweiten Außenhaut und erhöhten Querschotten würde sie nun Beschädigungen, wie sie die *Titanic* letal getroffen hatten, Paroli bieten können.

Zwei Jahre später war nun der dritte der großen Vierschornsteiner der *Olympic*-Klasse bereit, seinem Element übergeben zu werden und lag ablauffertig auf seiner Helling. So etwas wie vorsichtiger Optimismus machte sich breit.

3 Blick nach vorn

Zur Zeit der großen Atlantikfahrt war der Stapellauf eines großen Schiffes für Belfast stets ein Festakt. Und ein ganz besonderes Ereignis dieser Art stand in den Vormittagsstunden des 26. Februars 1914 bevor: Der dritte Vertreter der gewaltigen *Olympic*-Klasse war bereit, zu Wasser gelassen zu werden.

Der betagte Chef der Werft Harland & Wolff, Lord William James Pirrie, war schon um 5 Uhr morgens auf dem Gelände der neuen Werftanlagen von Queen´s Island erschienen, um trotz seiner Krebserkrankung und ungeachtet des kalten Nieselwetters persönlich die letzten Vorbereitungen für diesen Akt zu beaufsichtigen. Die Bevölkerung von Belfast kam in Scharen herbeigeströmt und säumte schon bald zu Tausenden die Ufer des River Lagan. Etliche waren schon Stunden vorher zur Stelle, um sich die besten Aussichtspunkte zu sichern.

Das Heck der *Britannic* nicht lange vor dem Stapellauf, noch ist die Vorhelling vom Kofferdamm abgesperrt. (Sammlung Brigitte Saar)

Im York-Dock legte der von der White Star Line gecharterte Dampfer *Patriotic* der Belfast Steam Ship Company an, an Bord die geladenen Gäste sowie die Pressevertreter. Die umfangreiche Gästeliste umfasste zahlreiche prominente Amts- und Würdenträger der Stadt und Delegationen der Admiralität. Zu ihnen gesellten sich Harold Sanderson, der Joseph Bruce Ismay als Generaldirektor der OSNC sowie als Präsident von IMM abgelöst hatte, und Kapitän Charles Bartlett, White Stars Marine-Superintendent (Inspektor) in Belfast, welcher die Bauaufsicht bei dem neuen Liner führte. Auch Lady Pirrie war anwesend. Ismay selbst hatte es vorgezogen, dem Ereignis fernzubleiben – die negative Presse, die seine Selbstrettung von der sinkenden *Titanic* nach sich gezogen hatte, war unvergessen, und vielleicht wollte er so irgendwelchen Misstönen vorbeugen.

Die auf das Werftgelände strömenden Besucher blickten ehrfurchtsvoll zu dem gewaltigen Schiffskörper empor, der da hinter den Gittermasten der alles überragenden „Great Gantry", dem riesigen Helgengerüst der Firma Arrol, in den trüben Himmel wuchs. Wer genau hinsah, konnte am Bug die noch nicht ausgemalten Umrisse der eingeritzten Lettern des Schiffsnamens erkennen: BRITANNIC.

Wie es schon lange bei White Star und Harland & Wolff der Brauch war, erwartete die Besucher keine große Taufzeremonie mit Rede und der traditionell gegen den Bug geschwungenen Champagnerflasche. Lediglich die über dem Hellinggerüst wehende Hausflagge der Reederei sowie eine Reihe von Signalflaggen darunter, die das Wort „success" anzeigten, ließen erkennen, dass etwas begangen werden sollte. Ein Werftarbeiter drückte es Jahre später so aus: *„They just builds 'er and shoves 'er in (Sie bauen sie einfach und schubsen sie 'rein)."*

Schließlich hatten alle Gäste die ihnen zugewiesenen Plätze auf den mit „Stab", „Besucher", „Eigner" und „Presse" gekennzeichneten Standplätzen und Tribünen eingenommen; Lord Pirrie lud noch einen jungen Telegrammboten, der eine Nachricht überbracht hatte, zum Bleiben ein. Alle warteten gebannt auf die Dinge, die da kommen sollten.

Um 11.10 Uhr stieg eine Rakete auf, welche dem Schiffsverkehr auf dem Lagan den Stapellauf ankündigte sowie den Werftarbeitern signalisierte, dass sie nun die letzten stützenden Pallhölzer (*„dog shores"* genannt) unter dem Achterschiff wegschlagen konnten. Fünf Minuten später wurde eine zweite Rakete abge-

Eine der beiden Ablaufbahnen, auf denen das Schiff ins Wasser gleiten wird. (Sammlung Brigitte Saar)

feuert. Das war das Zeichen, die druckwasserbetriebene Auslösevorrichtung zu betätigen und das Schiff freizugeben.

Der riesige, noch in grauer Grundierung gepönte Rumpf setzte sich daraufhin in Bewegung; die für alle Fälle in Stellung gebrachten hydraulischen Pressen brauchten nicht nachzuhelfen. 24.800 tons (25.200 mT – alle weiteren Gewichtsangaben sind in metrische Tonnen umgerechnet) Stahl und Eisen glitten die mit mehr als zwanzig Tonnen Talg, Tran und Schmierseife eingeschmierten Ablaufbahnen hinunter. Von überall ertönten Sirenen, und die Menge brach in brausende Jubelrufe aus. Oben auf der Back des neuen Schiffes standen Männer bereit, welche im Notfall die schiffseigenen Anker schlippen sollten. Doch alles ging glatt. Drei Anker und zwei Pakete von Bremsketten, die vorher an genau berechneten Positionen im Flussbett platziert worden waren, brachten den Schiffskörper nach 81 Sekunden zum Stillstand, nachdem er eine Geschwindigkeit von 9,5 Knoten erreicht hatte. Der künftige Royal Mail Steamer *Britannic* schwamm!

Der Neubau verlässt den Helgen. (Sammlung René Bergeron)

Der noch leere Schiffskörper ist nach dem Stapellauf zum Stillstand gekommen. (Sammlung Günter Bäbler)

Vorder- und Rückseite der eigens für den Stapellauf der *Britannic* produzierten Broschüre. (Sammlung Ioannis Georgiou)

Sogleich kamen die Schlepper *Herculaneum, Huskisson, Hornby, Alexandra* und *Hercules* herbeigeeilt, nahmen den Rumpf auf den Haken und verholten ihn an den Ausrüstungskai. Dort stand der riesige, 200 Tonnen hievende DEMAG-Schwimmdrehkran (allgemein „the Benrather crane" genannt, nach dem Werk Benrath des Herstellers) bereit, um in den folgenden Monaten die angelieferten Maschinenteile, Kessel und sonstigen Aggregate in den Rumpf des Schiffes hineinzuhieven. Ein Werftschlepper wurde längsseits festgemacht, und seine an einen Generator gekuppelte Maschine lieferte Strom für die Beleuchtung des Schiffsinneren sowie für diverse elektrische Werkzeugmaschinen.

Nach dem Stapellauf strömten die Gäste zu den offiziellen Empfängen auf der Werft; die geladene Presse suchte das Grand Central Hotel in der Innenstadt zu einem Mittagsmahl auf. Obwohl das Schiff während der nachmittäglichen Feiern natürlich als neueste und letzte Höchstleistung auf dem Gebiet der Marinearchitektur gewürdigt wurde, herrschte dennoch eine taktvoll gedämpfte Stimmung; schließlich war erst vor zwei Jahren das ältere Schwesterschiff des Neubaus dem schlimmsten Seeunfall der Geschichte zum Opfer gefallen. IMM-Präsident Harold Sanderson musste die Feier vorzeitig verlassen, um in Queenstown die *Baltic* für eine Reise nach New York zu erreichen. Henry Concanon, Direktor und Joint Manager der Reederei, führte an seiner Stelle weiter durch den Abend und sprach also zu den Anwesenden:

> *„Weder an Gedankenkraft noch an Geld ist gespart worden, und wenn Sie das fertiggestellte Objekt sehen, sind wir sicher, dass wir Ihren Beifall finden, so wie uns heute Ihre guten Wünsche begleiten."*

Um 22.35 Uhr verließ die *Patriotic* Belfast und lief zurück nach Liverpool, wo viele der Gäste einen Sonderzug nach London bestiegen.

Bis zu diesem Stapellauf war es ein weiter und von Problemen geplagter Weg gewesen. Als am 23. November 1911 auf Helling 2 der neu erbauten Werftanlagen auf Queen´s Island feierlich die erste Kielplatte von Werftnummer 433 gelegt wurde, ahnte noch niemand, dass es mehr als zwei Jahre dauern würde, bis das Schiff ins Wasser kommen sollte. Die White Star Line strebte damals noch dem neuesten Höhepunkt ihrer Geschichte entgegen, nachdem sie mit dem Bau der *Olympic* und *Titanic* ein weiteres Kapitel in den Annalen der transatlantischen Passagierfahrt aufgeschlagen hatte; mit der Nummer drei des „olympischen" Trios würde der mächtigen Konkurrenz diesseits und jenseits des Kanals Paroli geboten. Das Schicksal hatte jedoch andere Pläne. An dieser Stelle nun eine Rückblende an den Anfang der Geschichte.

4 Die Sache mit dem Namenstausch

Im Spätjahr 1911 sickerten erste Nachrichten durch, dass die White Star Line den geplanten dritten *Olympic* Class-Liner in Angriff nahm. Am 25. November 1911 verkündete die „New York Times", dass sie über drahtlose Telegrafie die Nachricht vom Bau eines neuen „Tausend-Fuß-Liners" für White Star erhalten hatte. In dem Artikel war von Attraktionen zu lesen wie Golfbahnen, einem Cricket-Platz sowie Tennisplätzen an Bord des Neubaus, welcher den Namen *„Gigantic"* tragen sollte. Dieser Name sollte von nun an ziemlich lange durch die Printmedien geistern, obwohl es dafür nie eine offizielle Verlautbarung seitens der künftigen Eigner gegeben hat.

Im Januar 1912 erfolgte die offizielle Ankündigung, dass White Star ein neues Schiff bei Harland & Wolff für geschätzte 1,5 Millionen Pfund Sterling bestellt habe; der Auftrag sei schon im Juni 1911 an die Werft gegangen. Ein Name wurde nicht bekanntgegeben, so dass die Presse (z. B. führende Zeitungen wie der „Daily Mirror" oder der „Belfast Weekly Telegraph") den Neubau auch weiterhin als *Gigantic* führten – auch die „Shipping Gazette and Lloyds List", welche in Belfast einen Korrespondenten mit regulärer Kommunikation zu den Schiffbauern hatte, nannte das Schiff so. Erst nach dem Untergang der *Titanic* gab die Reederei bekannt, dass für den neuen Superliner der Traditionsname „Britannic" gewählt worden war. Bis heute ist die Legende des Namenswechsels allgemein akzeptiert. Und ausgerechnet am 15. April 1912, dem Untergangstag der *Titanic*, berichtete das „Journal of Commerce" über „THE GIGANTIC – Another World's Largest Vessel" – der Wortlaut ist:

> CONTRACTS.—Messrs. Andre Citroën and Co. have received a contract from Messrs. Harland and Wolff, Limited, for the gearing equipment of the steering-engines of five large steamers. One of these is the s.s. Gigantic, the largest liner in the world, which is being built for the White Star Line. This contract is the result of the satisfactory working of the Citroën gears on the s.s. Olympic.—We are informed that Messrs. Browett, Lindley, and Co., Limited, have this week received an order for one of their 500-brake-horse-power triple-expansion forced-lubrication engines for the Bengal and North-Western Railway Company, Limited, through Messrs. Sir A. Rendel and Robertson. They also recently received from the British Westinghouse Company, Limited, an order for two 400-kw. triple-expansion engines, to Messrs. Sir A. Rendel and Robertson's specification, for the Indian State Railway, North-Western Section. They have also in hand a 2000-horse-power three-crank compound engine for Messrs. P. Dixon and Sons' paper-mills, Grimsby, and several other engines.

Im Halbjahresband von Januar bis Juni 1912 der Fachzeitschrift „Engineering" war in einem kleinen Artikel zu lesen, dass Harland & Wolff der Firma André Citroën & Co. einen Auftrag für fünf riesige Ruderanlagen, darunter auch für den *„neuen White Star Liner S.S.* Gigantic" erteilt habe, und zwar Ende Februar oder Anfang März – der Artikel enthält keine genaue Datumsangabe. (Sammlung Günter Bäbler)

„Unser Belfaster Korrespondent telegrafiert diesen Abend: Nach der Abfahrt der Titanic *konzentriert sich die Aufmerksamkeit auf das große Schiff der White Star Line, dessen Kiel letzte Woche* (sic) *auf der Belfaster Werft von Messrs. Harland and Wolff gelegt wurde. Dieses Monster, welches passenderweise* Gigantic *genannt wird, soll, wie nun durchsickert, 924 Fuß lang sein, 94 Fuß breit und eine Bruttoregistertonnage von 54.000 haben. Die* Gigantic *wird beträchtlich größer sowohl als der neue Cunarder* Aquitania *als auch der* Imperator *der Hamburg-Amerika Linie sein. Sie wäre noch viel größer geworden, gäbe es eine ausreichende Trockendockmöglichkeit und eine größere Kanaltiefe in Belfast."*

WHITE STAR FLEET.

AMERICAN SERVICES.

MAIL AND PASSENGER STEAMERS.

OLYMPIC, Triple Screw ... ... **46,358** Tons.
THE LARGEST STEAMER IN THE WORLD.
BRITANNIC (Building) ... ... **50,000** Tons.

Auszug aus einer Flottenliste der White Star Line vom April 1913, in der die *Britannic* als im Bau befindlich geführt ist. Die *Olympic* ist zwei Wochen vor der Jungfernfahrt des *Imperators* als größter Dampfer der Welt aufgelistet. (Sammlung Günter Bäbler)

By Royal Warrant
To His Majesty King George V.

WAYGOOD-OTIS LIFTS

have been fitted on

White Star Liner ... ... **BRITANNIC** (11)
White Star Liner ... ... **OLYMPIC** (8)
Cunard Liner ... ... **MAURETANIA** (14)
Etc., Etc., Etc.

Falmouth Rd., S.E.

SAY YOU SAW IT IN THE "S. & S. R."

Eine Werbeanzeige des britischen Aufzugherstellers Waygood, der auch die *Olympic*-Klasse-Schiffe ausrüstete. (Sammlung Günter Bäbler)

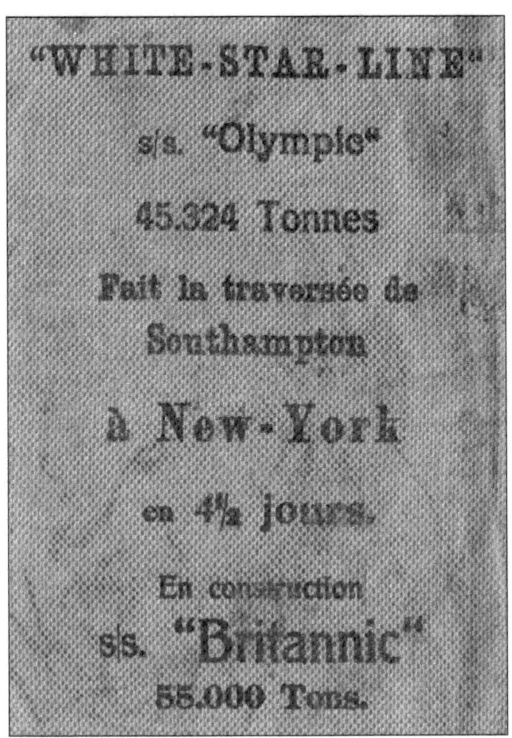

Auf Dokumentenreisetaschen für Auswanderer wurde bereits Werbung für die im Bau befindliche *Britannic* gedruckt. Diese stammt aus Belgien, ca. 1914. (Sammlung Günter Bäbler)

Im Mai 1912 schließlich bestritt Ismay ausdrücklich, dass dieser Name jemals in Betracht gezogen worden sei: *„Die White Star-Direktoren hatten niemals irgendeine Absicht, das neue Schiff* Gigantic *zu nennen, und sie würde auch sicherlich nicht so benannt worden sein."* Don Lynch, der Historiker der amerikanischen *Titanic* Historical Society, schrieb in deren Mitgliederzeitschrift „*Titanic* Commutator" vom Sommer 1991:

> *„Bruce Ismay nannte bei seinen Aussagen vor der amerikanischen und englischen Untersuchung des* Titanic-*Unglücks das Schiff nie beim Namen. Wilton J. Oldman, Autor des Buches ‚The Ismay Line', schrieb vor Jahren während einer Korrespondenz mit dem THS-Präsidenten Ed Kamuda, er hätte Kontakt mit einem ehemaligen Angestellten der White Star Line. Dieser bestand vehement darauf, dass der Name ‚*Gigantic*' niemals zur Debatte gestanden habe. Solche Geschichten seien nichts anderes als Zeitungsenten; das Schiff wäre bis nach dem* Titanic-*Unglück unbenannt gewesen.*

Eine Werbeanzeige der Werft Harland & Wolff mit einer künstlerischen Darstellung der *Britannic* als Passagierschiff. (Sammlung Günter Bäbler)

Es erscheint unwahrscheinlich, dass der neue Liner noch bis nach Beginn der Konstruktion unbenannt war. Harland and Wolff mussten schließlich wissen, welchen Namen sie an Bug und Heck anzureißen hatten, und falls der Name irgendjemandem bekannt war, dann jemandem vom Management dieser Firma. 1964 schrieb Mr. C. C. Pounder von Harland and Wolff an Ed Kamuda, der Name sei tatsächlich Gigantic *gewesen, sei aber aus Furcht darüber geändert worden, dass ein solcher Name die Öffentlichkeit nach dem, was der* Titanic *geschehen war, verstören könnte. Gestützt wird dies durch das Buch ,Shipbuilders to the World', der autorisierten Harland and Wolff-Firmengeschichte. Schiff Nr. 433 wird hier unter beiden Namen geführt."*

Besagter C. C. Pounder wird auch im Buch „Falling Star" von John Eaton & Charles Haas erwähnt. Er war Geschäftsführender Direktor und Leitender Technischer Ingenieur bei H&W. 1959 erklärte er in der Zeitschrift *„Transactions"* der Society of Naval Architects and Marine Engineers, dass der Originalname *Gigantic* hätte lauten sollen. *„In einem späteren Briefwechsel mit einem* Britannic-*Historiker"* – und hiermit ist Kamuda gemeint – *„schrieb Pounder: ,Die ursprüngliche Konzeption waren drei riesige Fahrzeuge mit Namen, welche solchen Schiffen angemessen sein sollten, und zwar namentlich* Olympic, Titanic *und* Gigantic. *Nach der Katastrophe, welche über die* Titanic *gekommen war, wurde beschlossen, den Namen des dritten Schiffes fallen zu lassen.'"*

Größenvergleich: *Britannic* – St. Paul´s Cathedral in London. (Sammlung Kalman Tanito)

Ein Zigarettenetui von 1914 aus Blech mit *Olympic*-Motiv, im Innern mit Werbeaufdruck für die Schwesterschiffe der *Olympic*-Klasse. (Kalman Tanito)

In den erhaltenen Unterlagen von Harland & Wolff ist über desgleichen jedoch nicht der kleinste Hinweis aufzufinden, obwohl Namensänderungen während der Konstruktions- oder Bauphase keine Seltenheit waren. Schon die erste *Britannic* von 1874 hätte ursprünglich *Hellenic* heißen sollen. Das Public Record Office of Northern Ireland (PRONI) verwahrt Harland & Wolffs „engineering books" mit Werftnummern, Namen, Auftraggebern und Baudaten, und in einigen Fällen sind Schiffsnamen durchgestrichen und die neuen darüber geschrieben. Bei Werft-Nr. 433 steht nur ein Name in der vorgesehenen Spalte, und zwar exakt derjenige, den dieses Schiff bei seinem Stapellauf trug. Kreuzverweise in den erhaltenen Ingenieursbüchern lassen obendrein darauf schließen, dass die erste namentliche Erwähnung des Namens *Britannic* bereits am 28. Juni 1911 stattgefunden hat. Trotz aller bisherigen Ausführungen scheint es sich bei diesem „Namenstausch" tatsächlich um nicht viel mehr als eine Zeitungsente zu handeln, die sich so verfestigt hat, dass noch immer namhafte

Journalisten und Fachleute daran glauben mochten und mögen - ein gutes Beispiel ist das erst 2013 erschienene Buch von Tom McCluskie „The Rise and Fall of Harland And Wolff“.Wenn also *„Gigantic“* ein Geschöpf der Presse darstellte, wäre das wenig verwunderlich, denn ein Blick zurück in die 1890er Jahre zeigt: schon damals wollten gut informierte Kreise „ziemlich sicher“ von einer bei H&W geplanten *„Gigantic“* gehört haben. Das fragliche Fahrzeug wurde 1899 dann tatsächlich in Fahrt gebracht, allerdings unter dem Namen *Oceanic* - vorher war sie noch auf der Helling umbenannt worden, denn ursprünglich war als Name *„Olympic“* vorgesehen gewesen. (Die vorgängigen Angaben stützen sich auf die Argumentation von Simon Mills – Anm. d. Verf.).

Schlussendlich gab die White Star Line am 1. September 1912 offiziell den Namen des dritten *Olympic* Class-Liners bekannt. Schon am 30. Mai jenen Jahres beschrieb ein Presseartikel die Ankunft der betagten *Majestic* in New York, welche einstweilen die Stelle der dahingegangenen *Titanic* einnehmen musste, und zwar so lange, bis *„der neue 50.000 Tonnen große White Star Liner* Britannic *fertiggestellt ist.“*

Werbepostkarte für die *Britannic*, ca. 1914. (Sammlung Ioannis Georgiou)

5 Neuerungen und Verbesserungen

Die Jahre vor dem Ersten Weltkrieg erlebten ein regelrechtes „Wettrüsten" im Bau der großen Transatlantikdampfer. Die White Star Line sollte mit den beiden ersten *Olympic*-Klasse-Schiffen nur für kurze Zeit die größten Seefahrzeuge der Welt besitzen. Nicht lange nach dem Stapellauf der *Titanic* ließ Cunard den Kiel für die 45.647 BRT große *Aquitania* strecken, deren Innenausstattung neue Maßstäbe setzte. Sie würde sich quasi als eine etwas langsamere aber auch wesentlich größere Halbschwester zu *Mauretania* und *Lusitania* gesellen, und bei ihr griff Cunard auch die inzwischen bei White Star bewährte Maxime „Luxury over speed" auf. Den Höhepunkt für lange Zeit brachte jedoch das Trio der Hamburg-Amerika Linie (HAPAG), dessen Typschiff *Imperator* im Mai 1912 vom Stapel lief. Die Reederei hatte sich – nicht zuletzt wegen negativer Erfahrungen mit ihrem einzigen „Rennpferd" *Deutschland* –

Eine hydraulische Nietpresse arbeitet am Mittelkielträger der *Britannic*.
(Sammlung Brigitte Saar)

Beplattungsarbeiten am C-Deck. (Sammlung Brigitte Saar)

Zuschnitt von Platten mit Sauerstoff/Acetylen-Schneidbrenner. (Sammlung Brigitte Saar)

Die hinteren Wellenböcke (74 Tonnen), noch in der Werkhalle des Herstellers. Darlington Forge war Lieferant für alle Stahlgussteile des Schiffskörpers. (Sammlung Brigitte Saar)

Die Durchführung für die Schraubenwelle des Mittelpropellers im Hintersteven (Mitte), dahinter der backbordseitige hintere Wellenbock mit Führung der Backbord-Schraubenwelle. (Sammlung Brigitte Saar)

Der von der Darlington Forge Company in Stahlguss hergestellte Hintersteven (70 Tonnen) wird auf Plattenwaggons angeliefert. (Sammlung Brigitte Saar)

aus dem unwirtschaftlichen Wettbewerb um die schnellste Atlantiküberquerung zurückgezogen und überließ dieses Feld den beiden staatlich subventionierten Cunardern von 1907.

Da die White Star Line es weder Cunard mit der Geschwindigkeit gleichtun konnte noch in Sachen Schiffsgröße den Deutschen, musste dort gepunktet werden, wo seit jeher die eigenen Stärken lagen: In der Ausstattung, dem Komfort und der Zuverlässigkeit. Alle Erfahrungen, die mit den beiden Vorgängern *Olympic* und *Titanic* gemacht wurden, sollten dazu beitragen, die *Britannic* zum Nonplusultra auf der Nordatlantikroute zu machen. Und immerhin sollte sie bis zum Erscheinen der beiden großen „Queens" von Cunard in den dreißiger Jahren das größte im Vereinigten Königreich gebaute Schiff bleiben.

Eine sieben Tonnen schwere hydraulische Nietpresse, die von einem Laufkran des Helgengerüstes geführt wird, bei der Arbeit am Schergang, dem obersten Plattengang der Außenhaut. Die am höchsten belasteten Zonen des Schiffskörpers (z. B. Doppelboden, Kimmbereich der Außenhaut, Schergänge und Gurtungsdeck) waren maschinell genietet, die restlichen Decks sowie die Bordwände von der Wasserlinie bis zu den Schergängen von Hand – merkwürdigerweise von Nietergangs mit Handhämmern statt mit Druckluftwerkzeug. (Sammlung B. Saar)

Ein Blick vom Arrol-Helgengerüst auf das bis C-Decksebene gebaute Schiff. Der Blick geht von unten aus über die Back (Vordeck), das darunter liegende vordere Welldeck mit Öffnungen für die Frachtluken 2 und 3 sowie über den mittleren Decksabschnitt mit den rechteckigen Durchbrüchen für Schornstein- und Treppenhausschächte. (Sammlung Brigitte Saar)

Ein Werftarbeiter schneidet mit einem pneumatischen Werkzeug Öffnungen für Bullaugen in die Bordwand. (Sammlung Günter Bäbler)

In der Funktion seiner Betriebsanlagen war der neue Liner weitgehend identisch mit seinen Vorgängern. Einige geringfügige Modifikationen betrafen die Dampferzeugungs- sowie die Antriebsanlage. So waren die Doppelenderkessel in den Kesselräumen 2 bis 6 um einen Fuß (30,48 cm) länger und hatten eine Masse von je 110 Tonnen. Der zweite Unterschied betraf die Niederdruckturbine für den mittleren Propeller, welche mit dem Abdampf der beiden Hauptmaschinen arbeitete: die weiterentwickelte Turbine der *Britannic* leistete 18.000 WPS gegenüber 16.000 bei den Vorgängern und war mit 498 t die größte je gebaute Maschine dieser Art. Obendrein wurde sie in der inzwischen bei H&W eingerichteten Turbinenwerkstatt konstruiert und gebaut, wohingegen

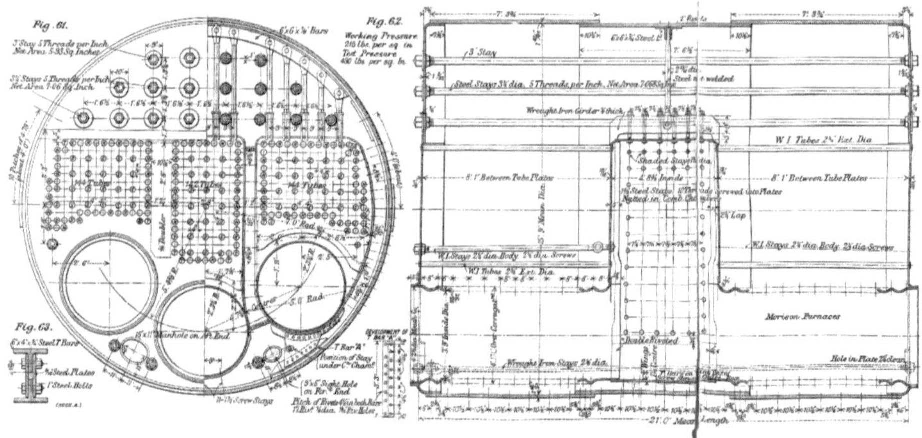

Werftzeichnung eines Doppelender-Zylinderkessels der *Britannic*, Vorderansicht (links) und Längsschnitt. (Sammlung Brigitte Saar)

Das „Innenleben" eines Zylinderkessels der Britannic: Flammrohr (das gerippte Rohr – enthält später den Feuerrost) und Umkehrkammer („Wolf"). Die Baunummer „433" der *Britannic* ist gut sichtbar. (Sammlung Günter Bäbler)

In der Kesselschmiede werden Kessel-Mantelbleche zusammengenietet. (Sammlung Günter Bäbler)

Fertiggestellte Kessel, noch ohne Feuerroste und Feuerzargen. (Sammlung Brigitte Saar)

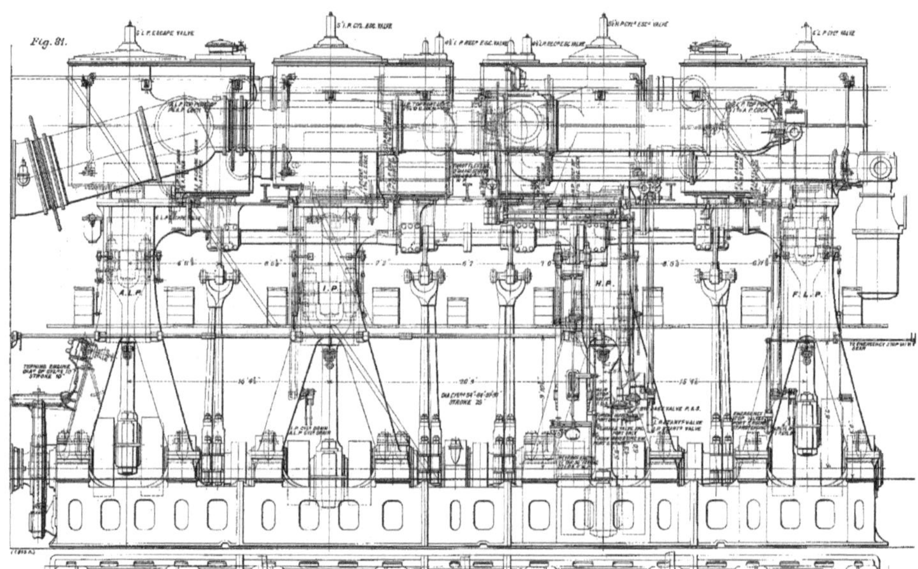

Seitenansichtszeichnung der Backbordmaschine der *Britannic* (Gesamtgewicht 1000 Tonnen; Masse der Fundamentplatte 200 Tonnen). Links ist hinten. Anordnung der Zylinder v. r.: Vorderer Niederdruckzylinder (ND), Hochdruckzylinder (HD), Mitteldruckzylinder (MD), Hinterer ND-Zylinder. Die ND-Zylinder (jeder 50,8 Tonnen) waren doppelt (geteilt) und an den Enden der Maschinen angeordnet, um zusammen mit dem Versatz der Einzelkurbeln nach Yarrow, Schlick & Tweedy für Massenausgleich zu sorgen und so Schwingungen zu vermindern. Die Kolbendampfmaschinen der *Olympic*-Schiffe zeichneten sich durch besondere Laufruhe aus. (Sammlung Brigitte Saar)

diejenigen der ersten beiden Schiffe noch von John Brown & Co im schottischen Clydebank zugeliefert worden waren. Zwei kleine Verbesserungen gab es bei den beiden Hauptantriebsaggregaten für die Außenpropeller: die beiden Vierzylinder-Dreifachexpansionsmaschinen mit je 16.000 indizierten PS erhielten zur Stabilisierung der Kurbelwelle ein zusätzliches Grundlager; dazu verfügten die beiden Niederdruckzylinder jeder Maschine über Kolben- anstatt Flach- oder Muschelschieber wie bei *Olympic* und *Titanic* – der Grund hierfür war der höhere Austrittsdruck des Abdampfes (respektive Eintrittsdruck an der Turbine).

Mit der erhöhten Antriebsleistung wurde übrigens lediglich dem erhöhten Deplacement (Wasserverdrängung) des Schiffes Rechnung getragen, eine Vergrößerung der Geschwindigkeit ergab sich nicht.

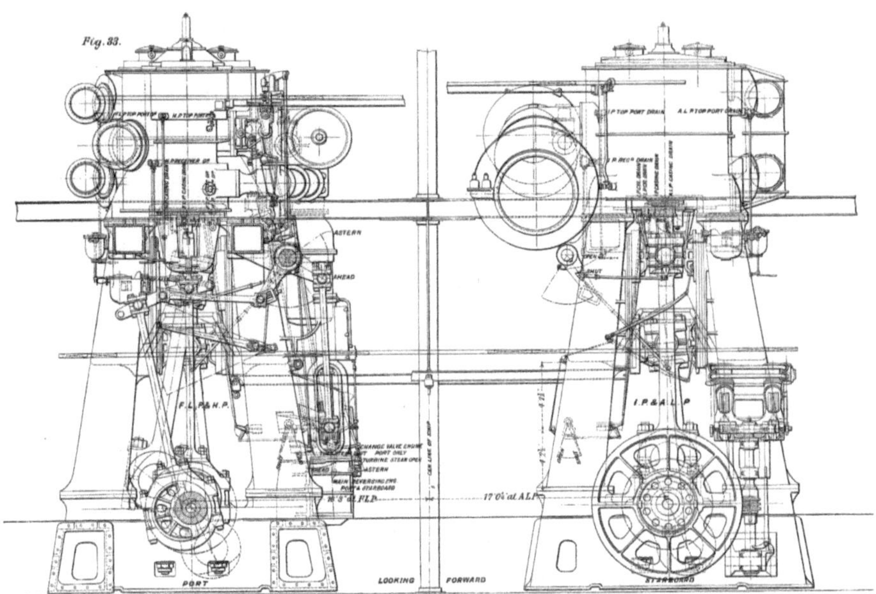

Aufstellung der Expansionsmaschinen im Hauptmaschinenraum, Ansicht von achtern. Linke Maschine: Schnittdarstellung auf Höhe des Hochdruckzylinders, mit der dampfgetriebenen und hydraulisch gedämpften Umsteuermaschine des Typs Brown. Rechte Maschine: Blick auf hinteren Niederdruckzylinder. Unten die Maschinendrehvorrichtung, ein großes, auf der Kurbelwelle sitzendes Zahnrad, das von einer kleinen Zwillingsdampfmaschine angetrieben wurde. Diese Vorrichtung wurde u. a. benötigt, um die Maschine bei Reparaturen oder zur Vorwärmung durchzudrehen. (Sammlung B. Saar)

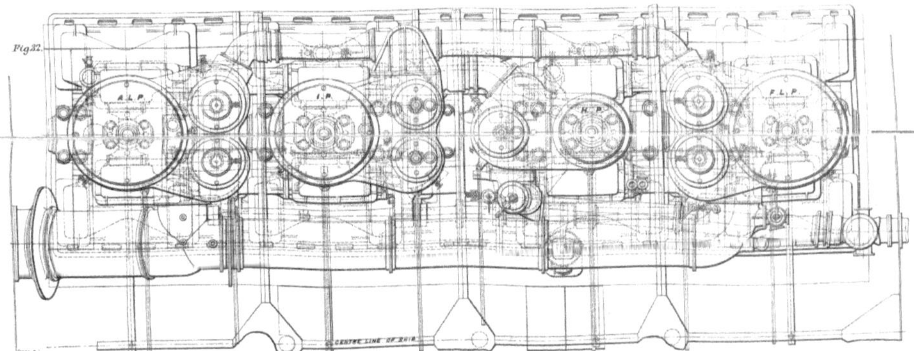

Draufsicht der Backbordmaschine, oben die Zylinder: F.L.P.= forward low pressure (vorderer Niederdruck), H.P.= high pressure (Hochdruck); I.P.= intermediate pressure (Mitteldruck); A.L.P.= aft low pressure (hinterer Niederdruck), unten parallel das große Überströmrohr, das den Abdampf zur Niederdruckturbine im hinteren Maschinenraum leitete. (Sammlung Brigitte Saar)

Die beiden Drucklager für die Expansionsmaschinen mit den schon eingesetzten Drucklagerwellen. Diese Kammlager sitzen zwischen den Kurbelwellen und der Wellenleitung zu den Schrauben und leiten den horizontalen Propellerschub auf den Schiffboden ab, mit dem sie verbolzt sind. (Sammlung Brigitte Saar)

Segmente der Kurbelwellen. Gewicht einer kompletten Welle: 122 Tonnen. (Sammlung Brigitte Saar)

Ein Satz Schieberstangen für einen der Dampfzylinder, zusammen mit den Exzenterbügeln (unten) und der Steuerkulisse (waagerechter Balken oben). Eine Stephenson-Kulissensteuerung bestimmte die Drehrichtung der Kolbendampfmaschinen. (Sammlung Brigitte Saar)

Eine Modifikation ging direkt auf Erfahrungen mit dem Schwesterschiff *Olympic* zurück. Im Laufe der Zeit hatten sich bei ihr Haarrisse im Bereich der beiden Expansionsfalten (oder etwas unfachmännischer Dehnungsfugen) der beiden Aufbaudecks (Boots- und A-Deck) gebildet, so dass beim neuen Schiff eine dritte eingebaut wurde.

Dagegen gab es bei den Passagierunterkünften eine ganze Palette von Verbesserungen und raffinierten Detaillösungen. So erhielt das vorher offene achtere Welldeck eine Überdachung, damit auch die Dritte-Klasse-Passagiere in den Genuss einer witterungsgeschützten Promenade kamen. Das Achter- oder Poopdeck trug einen Aufbau mit einem sogenannten „shade deck", unter dem der Rauchsalon der dritten Klasse situiert war.

Gegenüber der Sporthalle, auf der Backbordseite des Bootsdecks, wurde ein Anbau hinzugefügt, welcher erstmals ein Spielzimmer für Kinder beherbergte. Andere Neuheiten waren ein Frisiersalon für Damen, ein sogenannter Tabakraum, eine Art Humidor zur fachgerechten Lagerung von Zigarren sowie ein Fitnessraum für die zweite Klasse. Die Liste setzt sich fort mit der Installation eines vierten Personenaufzugs vor der achteren Haupttreppe. Dadurch wurde den Passagieren, welche nicht Treppen steigen wollten, der Weg von den achteren Gesellschaftsräumen und -kabinen zu den vorderen Lifts erspart. Außerdem reichten Letztere nun bis zum Bootsdeck hinauf und bedienten damit sechs Decks.

Einige Räumlichkeiten der ersten Klasse waren andernorts als bei den Vorgängerinnen situiert. So wurden die Frisiersalons auf dem B-Deck eingerichtet, während die Speiseräume für Kammerdiener und Zofen statt auf dem B- nun auf dem C-Deck zu finden waren. Darüber hinaus befand sich dort, wo bei der *Olympic* der Rauchsalon dritter Klasse lag, das Krankenrevier.

Überhaupt war das B-Deck den umfassendsten Änderungen unterworfen. Bei der *Olympic* war dies noch ein durchgehend offenes Promenadendeck, welches auf der *Titanic* auf Veranlassung des damaligen Chairmans J. Bruce Ismay einer Reihe von Erster-Klasse-Kabinen und -Suiten auf beiden Seiten wich. Bei der *Britannic* wurde nun diese Promenade zumindest teilweise wieder eingeführt; sie reichte von unterhalb der Brücke bis auf Höhe des Empfangsraumes erster Klasse und der vorderen großen Haupttreppe. Dort sollte erstmals eine Welte-Philharmonieorgel (vgl. Anhang J) den Haupteingangsbereich beherrschen.

Die beiden Expansionsmaschinen der *Britannic* werden aus Einzellasten im Maschinenraum aufgebaut, nachdem sie vom Benrather-Kran durch den Maschinenschacht hinabgelassen worden sind. In Position sind bereits die Fundamentplatten mit Kurbelwellen; teilweise sind schon die Doppelexzenter mit Schieberstangen (Hintergrund) installiert. Auch zwei der Maschinenständer, welche die Zylinder tragen, stehen schon (umgekehrt-Y-förmige Säulen im Hintergrund, Eisenguss, Gewicht je 20 Tonnen). (Sammlung Günter Bäbler)

Die Stahlgusstrommel des Turbinenläufers wird in der Drehbank maschinell bearbeitet (Einschneiden der Nuten zur Befestigung der Schaufeln). Rechts: Beschaufelung des Läufers. (Sammlung Brigitte Saar/Günter Bäbler)

Das zusammengesetzte Turbinengehäuse, Vorder- und Rückansicht. Über die beiden runden Öffnungen strömt später der Abdampf von den Hauptmaschinen ein. Durch die beiden großen, rechteckigen Öffnungen im rechten Bild strömt der Dampf in die flankierenden Hauptkondensatoren. (Sammlung Brigitte Saar)

Der fertig beschaufelte Turbinenläufer (Rotor) wird zur Probe der Passung auf den Gehäuseunterteil abgesenkt. Die senkrechten Stäbe im linken Foto dienen zur Führung des Gehäuseoberteils. Rechts die fertig montierte Turbine in der Werkhalle. Zur Montage im Schiff wurde sie wieder in Einzellasten zerlegt. Der kombinierte Antrieb Kolbendampfmaschinen/Abdampfturbine diente weniger der Steigerung der Geschwindigkeit als der Ökonomie; da die Turbine die Restspannung des Abdampfes nach Verlassen der Expansionsmaschinen optimal verwerten konnte, betrug die Kohleersparnis gegenüber einem reinen Kolbenantrieb 30 %. (Sammlung Günter Bäbler)

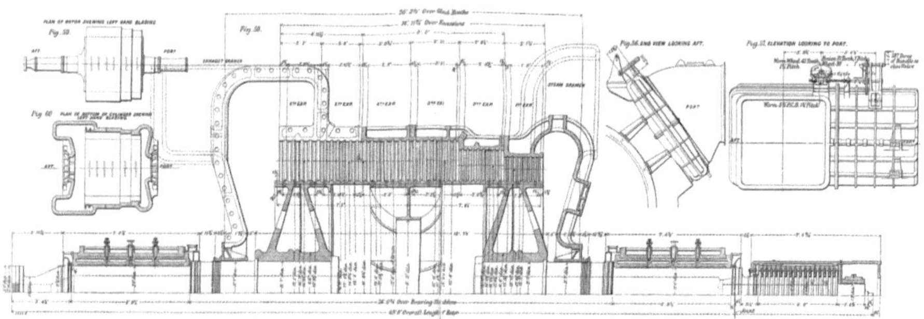

Schnittzeichnung der Abdampfturbine, rechts das Drucklager.
(Sammlung Brigitte Saar)

Direkt bei den Aufzügen sollte ein Passagier-Postraum eingerichtet werden, welcher mit zwei Telefonzellen Gespräche mit den verschiedenen Stellen an Bord ermöglichte. Ein Café Parisien (obwohl dieses bei den jüngeren Passagieren der *Titanic* so regen Zuspruch erfahren hatte) war nicht vorgesehen, hingegen wurde das à-la-carte Restaurant nebst zugehörigem Empfangsraum bis an die Außenseite des Schiffes ausgedehnt.

Die beiden großen Suiten mit privater Promenade ähnelten denen der *Titanic,* nur hatte die an der Steuerbordseite einen anderen Grundriss. Das dazugehörige Wohnzimmer hatte sich als zu klein erwiesen, so dass zur Vergrößerung kurzerhand die private Promenade halbiert und dafür in „Veranda" umbenannt wurde. Das so vergrößerte Wohnzimmer war möbliert mit einem Esstisch samt Stühlen, zuzüglich vier Armsessel. Die Veranda bekam statt der Decksstühle drei kleine Sofas plus Tischen, zwei Armsessel sowie zwei Stühle mit runder Rückenlehne. Die Besatzungsliste sollte um eine Aufsichtsperson für das Spielzimmer sowie einen zweiten Hornisten ergänzt werden.

Verglichen mit den Schwesterschiffen sollten bei der *Britannic* wesentlich mehr Kabinen erster Klasse über ein eigenes Bad verfügen, und zwar entweder mit einer Dusche oder einer Badewanne ausgestattet. Zusätzlich war für die Bereiche der dritten Klasse eine größere Anzahl von Trinkbrunnen vorgesehen. Für all das wurde ein wesentlich aufwendigeres Leitungs- und Pumpsystem für Süßwasser installiert; innovativ war hier eine Vorrichtung, die dafür sorgte, dass beim Aufdrehen eines jeden Wasserhahnes sofort warmes Wasser zur

Arbeiten an den beiden Hauptkondensatoren. Die Arbeiter ziehen die Messingrohrbündel ein, durch die später von Dampfkreiselpumpen (Zirkulinen) Seewasser gepumpt wird (dient zur Rückkühlung und Verflüssigung des Abdampfes – das Kondensat wird nach Vorwärmung in die Kessel rückgeführt). Oben, wo auf dem rechten Bild der Arbeiter steht, strömt der Abdampf ein, Kondenswasser wird unten (links) abgeführt. (Sammlung Günter Bäbler/Brigitte Saar)

Verfügung stand. Das würde eine Menge Frischwasser sparen – ein wichtiges Plus auf See, wo Verlustmengen durch Destillation von Seewasser ausgeglichen werden müssen, was bei einem damaligen Schiff wiederum Energie kostete, sprich: Dampf für den Betrieb der Evaporatoren.

Fast in alle Kabinen der ersten Klasse war eine Toilette eingebaut, was damals auf den bis dahin luxuriösesten Schiffen noch keine Selbstverständlichkeit war. Die dadurch bedingte große Abwassermenge erforderte ein verbessertes Abflusssystem anstatt der vorher gebräuchlichen Speigatten. So werden Öffnungen in der Schiffsseite bezeichnet, zum direkten Ablaufen von übergekommenem Wasser oder Abwässern, von denen bei einem Schiff dieser Größe auf jeder Seite bis zu 350 Stück benötigt worden wären. In Tanks unterhalb der Wasserlinie, einer pro wasserdichter Abteilung, wurde Abwasser gesammelt und mittels „Stereophagus"-Pumpen außenbords befördert, sobald der Wasserstand im Tank einen bestimmten Pegel erreichte und einen Schwimmer hob.

Der vierte Schornstein war wie bei den Schwesterschiffen eine Attrappe („Dummy") und bildete die Fortsetzung für den Luftschacht über dem Turbinenraum. Außerdem enthielt er im Inneren eine Röhre, welche die Küchendünste aus den großen Kombüsen abführte. Bei der *Britannic* sollte er jedoch auch den Hundezwinger aufnehmen.

6 Zurück zum Zeichenbrett

Bau und Fertigstellung vom Schiff mit der Werft-Nr. 433 waren immer wieder von Verzögerungen und Problemen überschattet. Wahrscheinlich behinderte schon die mit Hochdruck durchgeführte Reparatur der *Olympic* nach ihrem Zusammenstoß mit dem Kreuzer *Hawke* im September 1911 den Beginn der Konstruktion. Dennoch wurde am 27. Februar 1913 der letzte Spant aufgerichtet, und das Anbringen der Außenhaut war am 20. September des Jahres abgeschlossen.

Die große Zäsur kam mit dem Schiffsunglück vor den Neufundlandbänken am 15. April 1912. Für den Neubau auf Helling 2 bedeutete dies einen einstweiligen Baustopp, um abzuwarten, welche neuen Auflagen sich durch die Erkenntnisse aus dem Unglück ergeben würden. H&W hatte in den Folgemonaten ohnehin alle Hände voll zu tun, um Schiffe ihrer Kundschaft sicherer zu machen.

Der Schiffskörper ist fast stapellauffertig. (Sammlung Brigitte Saar)

Wichtigster „Patient“ war natürlich die *Olympic*, welche im Bereich der Kessel- und Maschinenräume eine doppelte Außenhaut und erhöhte Querschotte erhielt. Nach diesen mit gewaltigem Aufwand vorgenommenen Umbauten verließ sie am 2. April 1913 als *„nahezu zwei Schiffe in einem“* die Werft.

Die Arbeiten an dem Neubau wurden derweil, wenn auch schleppend, fortgesetzt. Der recht frühe Bauzustand vereinfachte die Veränderung der wasserdichten Unterteilung, welche im Wesentlichen der der *Olympic* entsprach. Die Federführung bei diesen Alterationen trug Edward Wilding, Thomas Andrews' Nachfolger als Chefdesigner bei H&W. Andrews war beim Untergang der *Titanic* zusammen mit der Garantiegruppe der Werft ums Leben gekommen. Letztere hatte aus neun Angestellten von den verschiedenen Gewerken der Werft bestanden, deren Aufgabe es war, die „Performance“ des Schiffes auf der Jungfernreise zu überwachen, gegebenenfalls Verbesserungen zu empfehlen und der Crew mit Rat und Tat zur Seite zu stehen.

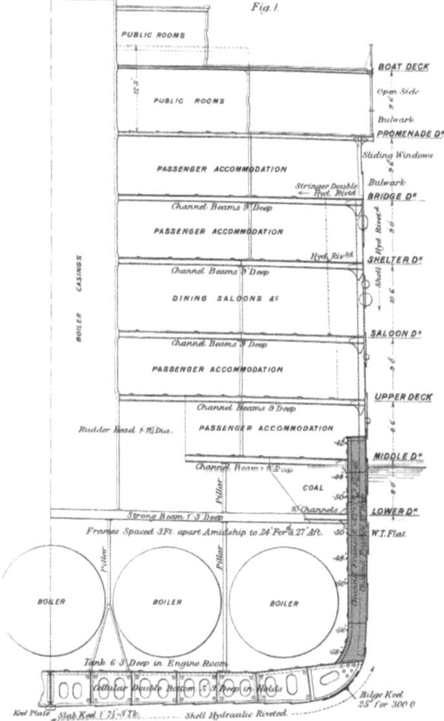

Halbseitige Hauptspantzeichnung. Die bis über das F-Deck reichende Doppelhaut („inner skin“) ist grau markiert. (Sammlung Brigitte Saar)

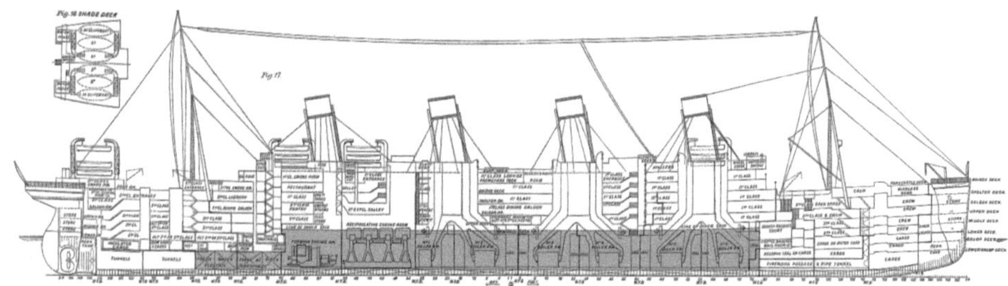

Die Seitenansicht zeigt grau hervorgehoben die Längsausdehnung der Doppelhaut. Da die Frischwassertanks zu beiden Seiten des Generatorenraums dazu gezählt wurden, sind sie ebenfalls markiert. (Sammlung Brigitte Saar)

27 Monate nach der Kiellegung verließ der Neubau dann am 26. Februar 1914 seine Bauhelling – die *Titanic* hatte einen Monat weniger „on stocks" verbracht, so dass sich die Zeitverzögerung durch die Umbauten zumindest bis dahin noch im Rahmen hielt.

Die doppelte Außenhaut der *Britannic* wurde in derselben Weise geschaffen wie bei der *Olympic,* indem die im fraglichen Bereich als zusätzlicher Querverband vorhandenen starken Rahmenspanten zur Anbringung der Innenhaut genutzt wurden; der Zwischenraum wurde durch zahlreiche Stahlplatten in eine große Zahl wasserdichter Zellen unterteilt.

Nun steht in der populären Literatur häufiger zu lesen, dass bei diesem Schiff zwecks Errichtung der doppelten Außenhaut kurzerhand der ganze Entwurf um knapp einen halben Meter verbreitert wurde. In Wirklichkeit allerdings war das Schiff von Anfang an breiter ausgelegt als seine Schwestern – in der Ausgabe vom 27. Februar 1914 der Zeitschrift „Engineering" kann nachgelesen werden:

> *„The* Britannic *has (...) been built of much the same length as the* Olympic *– namely, about 900 ft, – but the beam has been increased to about 94 ft., which will still further conduce to stability and seaworthiness."*

Tatsache ist, dass sich bei der *Britannic* wegen der Zusatzeinbauten in den oberen Decks eine größere Schiffsbreite ergab, um das Metazentrum höherzulegen. Die metazentrische Höhe ist neben der Lage des Gewichtsschwerpunktes ein entscheidender Faktor für die Stabilität eines Seefahrzeuges – ohne eine ausreichende metazentrische Höhe oberhalb des Schiffsschwerpunktes ist es topplastig. Die sogenannte Anfangsstabilität lässt sich verbessern, indem entweder den Tiefgang oder die Breite vergrößert wird, und erstere Möglichkeit kam für die *Britannic* nicht in Betracht. Hierbei muss angeführt werden, dass die Berechnung der Stabilität eines Fahrgastschiffes für die damaligen Konstrukteure – denen ja keine Großrechner zur Verfügung standen – eine Gratwanderung war, zumal in der ersten Dekade des 20. Jahrhunderts die Tonnagen der großen Liner sprunghaft anstiegen und die Konstrukteure daher ständig Neuland betreten mussten. Ein Seeschiff soll zwar ein ausreichend großes aufrichtendes Moment (statische Stabilität) besitzen, aber dabei auch nicht zu „steif" sein – ein sich ruckartig aufrichtendes und damit höchst unkomfortables Fahrzeug würde nicht lange Passagiere haben.

Die auf der Innenseite noch unbeplattete Konstruktion der „inner skin". Sie war öldicht genietet, da schon damals eine baldige Umstellung von Kohle- auf Ölfeuerung abzusehen war und der so entstandene Raum als zusätzlichen Bunkerraum genutzt werden konnte, wie es bei der *Olympic* auch realisiert wurde. (Sammlung Brigitte Saar)

Ein Blick in die zellulare Struktur der „inner skin". (Sammlung Brigitte Saar)

Im Übrigen ist darauf hinzuweisen, dass die doppelte Außenhaut der *Britannic* beidseits je drei bis vier Fuß breit war (91,4-121,9 cm), wofür die fraglichen zusätzlichen 18 Inch (45,7 cm) im Vergleich zur *Olympic* und *Titanic* nicht ausreichend waren.

Wie bei der *Olympic* erstreckte sich die doppelte Außenhaut über die ganze Ausdehnung der Maschinen- und Kesselräume und reichte 1,4 m über das Niveau des F-Decks bzw. 1,2 m über die Ladewasserlinie (Wasserlinie bei maximaler Zuladung). Überdies wurden die Frischwassertanks auf beiden Seiten des Generatorenraums mit einbezogen, so dass sich die Doppelwand auf 60 % der gesamten Schiffslänge erstreckte. Bei den am höchsten belasteten Zonen der Außenhaut wurde verstärkt die hydraulische Nietung angewandt, außerdem wurden engere Spantabstände gewählt.

Das Schiff wurde insgesamt in 17 Abteilungen unterteilt, eine mehr als in der ursprünglichen Bauausführung der *Olympic*-Klasse; das zusätzliche Kompartment entstand durch ein 16. Querschott, das wie bei der *Olympic* im Dynamoraum hinter den beiden Maschinenräumen errichtet wurde. Insgesamt reichten fünf Schotte bis hinauf zum B-Deck, das entspricht zwölf Metern über der Wasserlinie; die restlichen gingen bis zum E-Deck. Was die Schottenschließanlage betraf, wurde weiterhin Vertrauen in Schottschiebetüren mit Fallvorrichtung gesetzt und auf das schon lange etablierte Stone-Lloyd-System mit Druckwasserantrieb verzichtet – das heißt, dass sich die wasserdichten Türen lediglich durch die Schwerkraft schlossen und weder zum Schließen noch zum Öffnen eine kraftunterstützte Anlage vorhanden war. Bei den erhöhten Querschotten wurden stärker dimensionierte Türen vom neu entwickelten Typ McFarlane installiert, welche einer größeren Belastung bei Wassereinbruch standhalten sollten, aber ansonsten baugleich mit den herkömmlichen waren.

Die elektrische Anzeigetafel auf der Brücke war so gestaltet, dass sie das Schließen oder Öffnen der Schottschiebetüren fortschreitend anzeigte. Außerdem wurden für alle Pumpen Bedienventile ausreichend weit über der Wasserlinie platziert. Mit diesen Spezifikationen sollte sich der Liner auch dann über Wasser halten können, wenn die vordersten sechs Abteilungen vollliefen. Entsprechende Umbauten bei der *Olympic* sollten die gleiche Sicherheit gewährleisten.

Zwei sicherheitsrelevante Modifikationen betrafen die Funktelegrafie. Der Funkerraum erhielt zum einen eine Schallisolierung – gefolgert aus der Erfahrung der Funker der *Titanic,* welche eine dreiviertel Stunde lang keine ankommenden Signale hören konnten, solange bei dem nach der Eisbergkollision aus fast voller Fahrt gestoppten Schiff der Kesseldampf mit Getöse abgelassen wurde. Ferner wurde zwischen der Brücke und der Marconistation eine pneumatische Rohrpost (gleich der zum Zahlmeisterbüro) eingerichtet, damit der Funker nicht mehr seinen Posten verlassen musste, um der Brücke einen Funkspruch zukommen zu lassen.

Der von der Abdampfturbine angetriebene vierflügelige Mittelpropeller hatte einen Durchmesser von 4,90 Metern und war in einem Stück aus Manganbronze gegossen. (Sammlung Günter Bäbler)

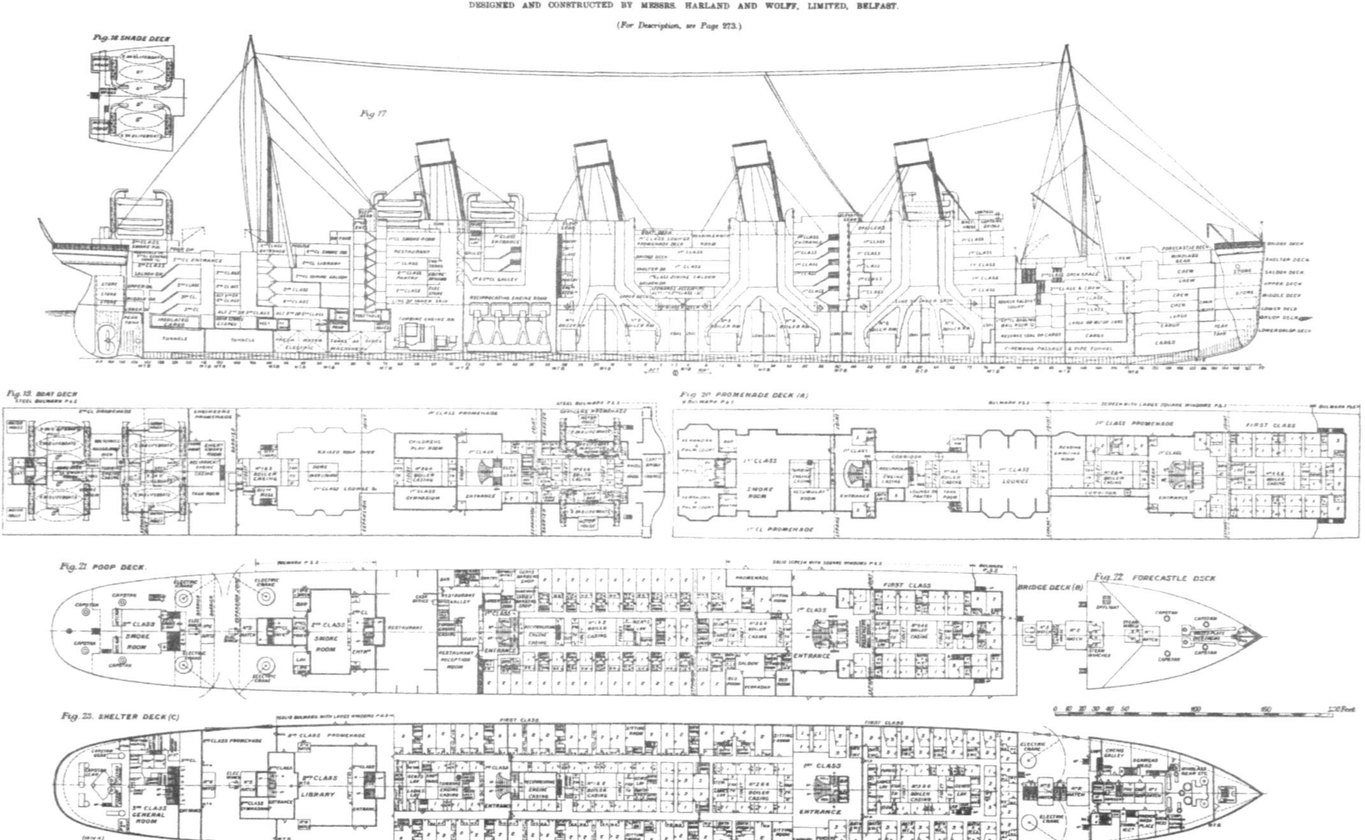

Seitenansicht und Deckpläne der *Britannic*, publiziert 1914 in der Zeitschrift „Engineering“. (Sammlung Brigitte Saar)

THE WHITE STAR ATLANTIC MAIL STEAMER "BRITANNIC;" DECK PLANS.

DESIGNED AND CONSTRUCTED BY MESSRS. HARLAND AND WOLFF, LIMITED, BELFAST.

(*For Description, see Page 273.*)

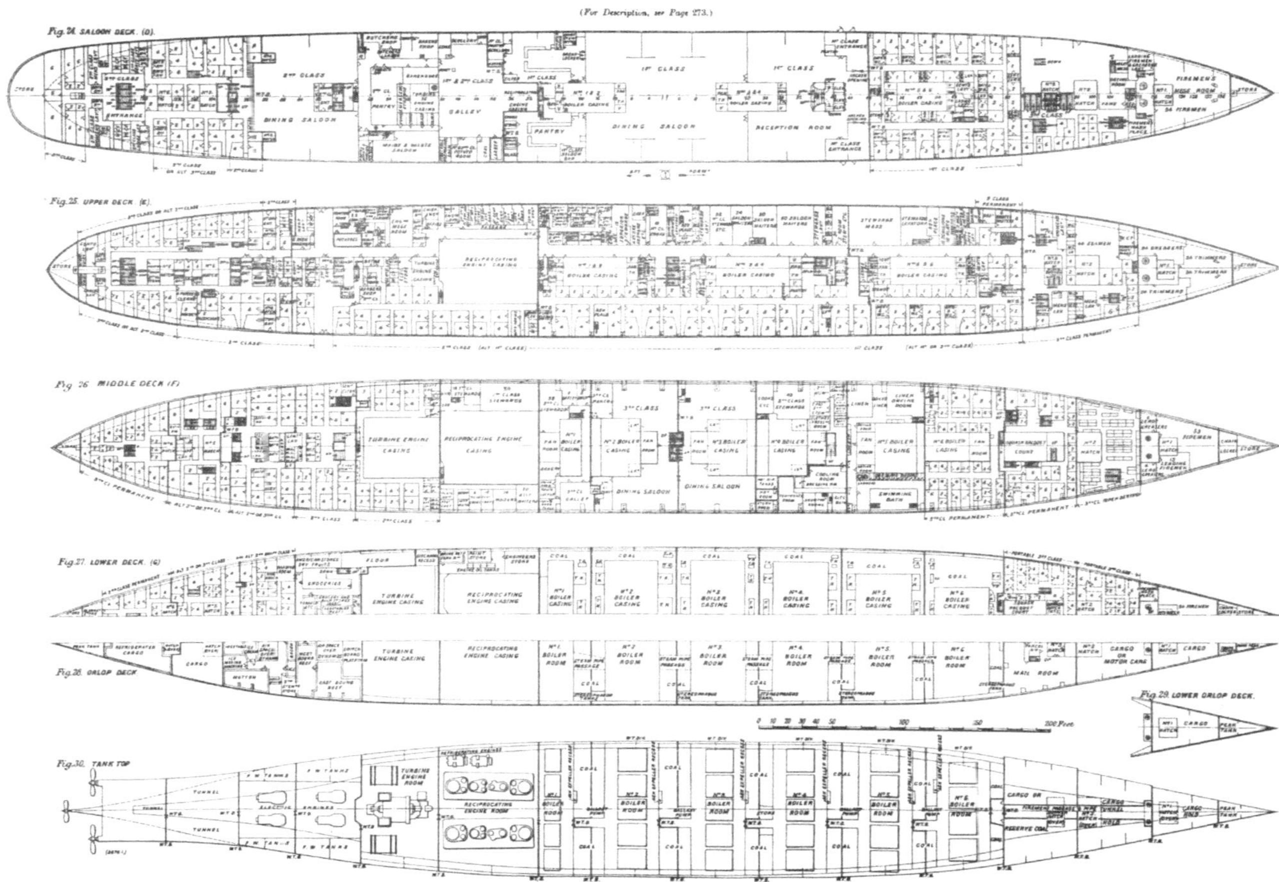

7 Neue Rettungseinrichtungen

Eine bemerkenswerte Neuerung der *Britannic* waren ihre Rettungsmittel. Hier wurde ein radikaler Schritt gemacht.

Beim Flanieren auf dem Bootsdeck der *Olympic* nach ihrem großen Umbau, hatten Passagiere statt des Seeblicks eine lange Reihe Rettungsboote von einem Ende des Decks zum anderen vor Augen, unter denen noch je ein zusammenlegbares Boot gestaut war. Vorher waren die Boote in Vierergruppen vorne und achtern postiert gewesen, dazwischen ein 70 Meter langer Freiraum, wo man an ein Schanzkleid gelehnt auf die See hinausschauen konnte. Mit den so gewonnenen freien Deckflächen wurde Werbung gemacht. Nachdem die zusätzlichen Boote hier die Sicht versperrten, wurde entgegen früheren Plänen darauf verzichtet, die vordere Hälfte der Promenade des darunterliegenden A-Decks nachträglich einzuglasen, obwohl es hier bei schlechtem Wetter ungemütlich werden konnte.

Die *Britannic* dagegen besaß diese „enclosed promenade" – die bei der *Titanic* quasi im letzten Moment nachgerüstet worden war – von Anfang an. Ermöglicht wurde dies durch ein völlig neues Arrangement der Rettungsboote.

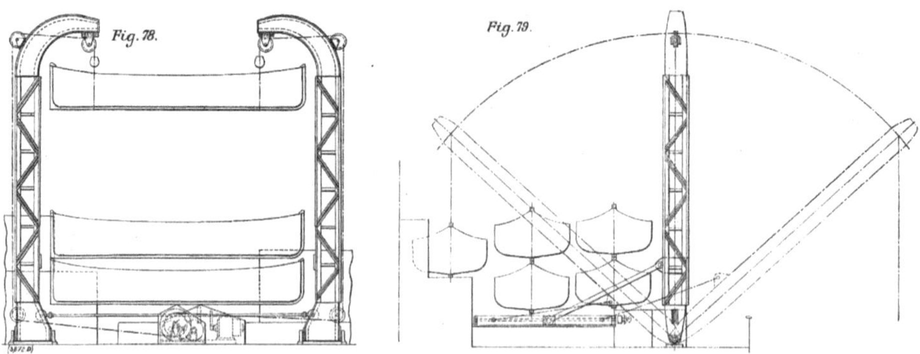

FIGS. 78 AND 79. LIFEBOAT DAVITS.

Werftzeichnung der riesigen „Gantry-Davits" mit ihren etwa 12 Meter langen Auslegern. Die Anordnung der Boote fiel anders aus als hier dargestellt.
(Sammlung Brigitte Saar)

Von den insgesamt 44 Booten sollten 40 große Holzrettungsboote mit den Maßen 10,4 x 3,0 m sein, die größten, die bis dahin auf einem Schiff eingesetzt wurden, zusätzlich waren zwei Notfallkutter mit je 8 x 2,5 m vorgesehen. Auch zwei Motorbarkassen mit 10,4 Metern Länge mit Funkausrüstung waren eingeplant, welche im Notfall die übrigen Boote ins Schlepp nehmen sollten.

Die meisten Rettungsboote waren auf dem Bootsdeck untergebracht und folgendermaßen gruppiert:

- je fünf auf beiden Seiten des ersten Schornsteins (vordere Station)
- jeweils fünf Boote plus eines an den Davits beidseitig vor- und achterlich des vierten Schornsteins (mittlere und achtere Station)

Modelldarstellung einer Bootsstation unter „Gantrys". (Sammlung Günter Bäbler)

Eine Werbeanzeige von Harland & Wolff mit der *Britannic* von ca. 1914. Die riesigen „Gantry-Davits" aus eigener Fabrikation sind gut zu erkennen. (Sammlung G. Bäbler)

Eine weitere Gruppe von vierzehn Booten (zwei Reihen zu je sechs übereinander plus zwei an den Davits) war für das „shade deck“ der erhöhten Poop vorgesehen und sollte den Passagieren dritter Klasse ungehinderten Zutritt zu eigenen Rettungsbooten ermöglichen. Alle waren in Lagergestellen (Barrings) übereinander gestaut.

Um die Boote bei dieser Aufstellung hantieren zu können, wurde ein völlig neuer Davittyp benötigt. Diese riesigen, von Harland & Wolff-Ingenieur William Edward Armstrong konstruierten, elektrisch betriebenen Kräne hatten die Form von Gitterträgern (weswegen sie „girder-„ oder auch „gantry davits“ genannt wurden, eine Entsprechung in Deutsch ist nicht überliefert) und ragten weit über das Bootsdeck empor. Der elektrische Antriebsmotor war über Kegelradgetriebe und Wellen sowohl auf die Winschentrommeln als auch auf die Schneckenspindeln der Ausschwenkvorrichtung schaltbar, so dass sowohl das

Die Werftmodelle von *Britannic* I und II im Größenvergleich. Die erste *Britannic* von 1874 und ihr Schwesterschiff *Germanic* waren die beiden letzten in Eisen gebauten Schiffe der White Star Line, danach verwendeten die Konstrukteure Stahl. Das Modell der neuen *Britannic* zeigt das modifizierte Modell der *Olympic* und *Titanic* mit den neuen „Gantry-Davits“. (Sammlung Günter Bäbler)

Ausschwenken der Ausleger als auch das Bootsabfieren mit nur einem Elektromotor durchgeführt werden konnte. Am schwanenhalsartigen Ende jedes Auslegers war dazu ein Scheinwerfer für nächtliche Bootsmanöver angebracht. Acht Paare waren eingeplant, davon sechs für das Bootsdeck und zwei für die Poop. Natürlich störte diese neue Ausrüstung die klaren und ausgeglichenen Linien des Schiffes erheblich und sah aus wie etwas, das die Werft nach der Fertigstellung abzubauen vergessen hatte. Aus Gründen der Sicherheit wurde dieser Nachteil aber bewusst in Kauf genommen – dem Reisepublikum sollte demonstriert werden, dass die Sicherheit der Passagiere über alle ästhetischen Belange gestellt wurde.

Bei einem Seenotfall hätten die Passagiere in das noch auf Deck gelagerte Boot einsteigen können. Die großen Davits heißten es dann empor, schwenkten es weit über die Schiffsseite hinaus (wobei sie auch eine größere Krängung ausgleichen konnten) und ließen es dann rasch und sicher zu Wasser. Dabei war die Winscheinrichtung durch einen speziellen Mechanismus so geschaltet, dass die Boote auf beiden Enden gleichmäßig und somit stets auf ebenem Kiel gefiert wurden, wenn das Schiff vorne oder achtern tiefer läge.

Für den erhöhten Strombedarf, verursacht unter anderem durch die zahlreichen Bootswinschen und die Davitbeleuchtung, wurden auf dem E-Deck zusätzliche Hilfsaggregate installiert.

In Frankreich waren die Postkartenverlage bereit für die neue *Britannic*. Dabei verwendeten sie die *Olympic/Titanic*-Motive ohne die auffälligen „Gantry-Davits". Die rechte Karte zeigt im Hintergrund gar die längst gesunkene *Titanic*. (Sammlung Günter Bäbler)

8 Schiffbau mit Hindernissen

Das Datum für die Indienststellung der *Britannic* musste von der White Star Line mehrmals korrigiert werden. Zum Zeitpunkt des Stapellaufs war die Fertigstellung für Ende September 1914 geplant. Zu guter Letzt hoffte man, dass sie sich im Frühjahr 1915 zur *Olympic* und zur älteren *Oceanic* auf der Expressroute gesellen würde. Ein Grund dafür war die Tatsache, dass H&W zu dieser Zeit mit voller Auslastung arbeitete. Außer der Verzögerung durch die Umrüstung auf die neuen Sicherheitsstandards gab es weitere Schwierigkeiten durch Arbeitskämpfe. Dazu kamen Probleme mit der Materialbeschaffung, da Rohstoffe wegen des heraufdämmernden Krieges bevorzugt an Betriebe mit Aufträgen der Royal Navy geliefert wurden. Zu guter Letzt sorgten finanzielle

Ein 110 Tonnen wiegender Doppelenderkessel wird angehoben.
(Sammlung Günter Bäbler)

Der Benrather Schwimmkran lässt einen Doppelenderkessel über einen der Schornsteinschächte ins Schiff hinab. (Sammlung Günter Bäbler)

Ein fertig gestellter Schornstein wird von einem selbstfahrenden Dampfkran aus der Werkstätte von Harland & Woff gezogen. (Sammlung Günter Bäbler)

Engpässe und Gerüchte über einen womöglich bevorstehenden Bankrott der IMM für Unruhe (die Außenstände des Konzerns an die nordirischen Schiffbauer beliefen sich bis Mitte 1914 schon auf 585.000 Pfund).

Während die Arbeiten an der *Britannic* schleppend weitergingen, erreichte die Botschaft von der Ermordung des österreichischen Thronfolgers und seiner Frau in Sarajewo die Weltöffentlichkeit. Im August 1914 erklärte Österreich-Ungarn Serbien den Krieg, worauf schließlich durch die unterschiedlichen Militärbündnisse die sogenannten Mittelmächte Deutschland/Österreich-Ungarn/Türkei den Entente-Mächten Großbritannien, Frankreich und Russland gegenüberstanden (Entente: französisch für Bündnis, Einverständnis).

Der Schwimmkran hat den dritten Schornstein zur Montage auf das Schiff gehoben.
(Sammlung Günter Bäbler)

9 Das Ende der Belle Époque

Harland & Wolff und IMM bekamen die Auswirkungen des Krieges rasch zu spüren. Da die Werft keine Kontrakte mit der Admiralität hatte, bekam sie weniger Rohmaterialien geliefert. Als Folge konnten 6000 erfahrene Arbeiter nicht weiterbeschäftigt werden. Von diesen traten viele bei der Armee ein, um an dem vermeintlichen „Abenteuer", das spätestens an Weihnachten wieder vorbei sein sollte, teilzuhaben.

Dennoch wurde an der *Britannic* weitergebaut, und Anfang September wurde sie ins Thompson-Trockendock bugsiert, wo sie ihre Propeller erhielt. Im folgenden Monat erreichte die Werft die erste Anforderung der Admiralität; der Auftrag lautete, eine Reihe von Handelsschiffen als Kriegsschiffe zu camouflieren und sie damit in „dummy warships" zu verwandeln, um den feindlichen Nachrichtendienst über die eigenen Flottenbewegungen zu täuschen. Dann kamen Orders über die Erstellung von acht Monitoren, also Küstenpanzerschiffe, die als schwimmende Artillerieträger mit schweren Geschütztürmen wie Relikte aus dem 19. Jahrhundert erschienen. Weiterhin beauftragt wurde der Leichte Schlachtkreuzer HMS *Glorious*, welcher später zu einem der ersten britischen Flugzeugträger umgebaut wurde. Er sollte 1941 im Zweiten Weltkrieg einer deutschen Kampfgruppe, bestehend aus den Schlachtschiffen *Scharnhorst* und *Gneisenau* sowie dem Schweren Kreuzer *Admiral Hipper* zum Opfer fallen. Durch den Weggang von Arbeitskräften hatte Harland & Wolff große Schwierigkeiten, dieses Auftragsvolumen abzuarbeiten.

Kurz nach dem Ausbruch der Feindseligkeiten fiel Southampton eine Zeitlang als Passagierhafen für die White Star Line aus, weil hier das britische Expeditionskorps nach Frankreich eingeschifft wurde. Die White Star Line musste in diesem Zeitraum den New York-Service vorübergehend wieder von Liverpool aus führen (die Reederei operierte seit 1907 mehrheitlich von Southampton aus, aber die Schiffe waren nach wie vor in Liverpool registriert), was die Passagierzahlen empfindlich zurückgehen ließ. Dann wurden *Oceanic, Celtic, Cedric* und *Teutonic* (ab 1917 auch *Megantic* und *Laurentic*) von der Admiralität zur Verwendung als Hilfskreuzer und Truppentransporter herangezogen – die ersten vier waren noch vor der Aufnahme der White Star Line ins Morgan-Imperium mit Regierungssubventionen gebaut worden und standen auf der Reserveliste der Royal Navy. Für die finanzielle Lage von IMM bedeutete das

Nur selten wurden zwei Liner der *Olympic*-Klasse Seite an Seite fotografiert. Dieses Bild entstand am 7. Mai 1915 in Belfast, exakt an dem Tag, als die *Lusitania* torpediert und versenkt wurde. Die Aufnahme stammt aus dem privaten Album von H. C. Hume, einem Offizier des 8. Königlichen Irischen Infanterieregiments. Im Bild zu sehen ist links die *Olympic,* welche vom November 1914 bis August 1915 in Belfast war, daneben die noch nicht fertig gestellte *Britannic,* und im Hintergrund die *Statendam* der Holland-Amerika Linie, welche von der britischen Regierung wenig später beschlagnahmt wurde, um als Truppentransporter eingesetzt zu werden. Als *Justicia* hätte sie von der Cunard Line betrieben werden sollen. Da die Reederei jedoch Mühe hatte, eine Mannschaft zusammenzustellen, betrieb die White Star Line den Dampfer bis zur Versenkung im Juli 1918. (Sammlung Emil Gut)

immerhin eine Entspannung, da die Regierung für die Benützung der Schiffe bezahlte – einschließlich Versicherung und Deckung der Wertminderung.

Die beiden überlebenden Olympischen Schwestern standen nicht auf dieser Liste, und so wurde die *Britannic* in Belfast erst einmal aufgelegt. Am 3. November 1915 traf nach einem Umweg über den Marinestützpunkt Lough Swilly auch die *Olympic* ein. Sechs Tage vorher hatte sie die Crew des auf eine

Mine gelaufenen Schlachtschiffes *Audacious* abgeborgen und anschließend mehrfach vergeblich versucht, den Havaristen einzuschleppen; dieser sank schließlich nach einer internen Explosion. Dabei war es nur ihrem Glück, das der *Olympic* während des ganzen Krieges treu blieb, zu verdanken, dass sie nicht selbst einem solchen „Teufelsei" zum Opfer fiel. Für die Reederei ein Grund mehr, sie in Sicherheit zu bringen. Auf der Route Liverpool-New York wurde bis zum Erliegen des zivilen Verkehrs zwischen England und den USA 1915 ein improvisierter Service mit *Baltic, Adriatic* – einer Hälfte der berühmten „Big Four" (die anderen hießen *Celtic* und *Cedric;* zusammen bedienten sie als Vorläufer der *Olympic*-Klasse die Hauptroute Southampton-New York), – sowie der *Lapland* der Red Star Line (ebenfalls Teil von IMM) aufrechterhalten.

Bergung der Besatzung der auf eine Mine gelaufenen *Audacious,* fotografiert von Bord der *Olympic* am 27. Oktober 1915. (Sammlung Günter Bäbler)

10 Ein neuer Kriegsschauplatz

Zehn Monate lang lagen die mächtigen White Star Liner in Belfast still, doch der „Ruf des Vaterlandes" sollte sie schon bald erreichen. Die *Mauretania* und die *Aquitania* der Cunard Line waren schon lange als Truppentransporter für die Dardanellenkampagne im Einsatz, so dass es nur noch eine Frage der Zeit war, wann die beiden Auflieger in Belfast ebenfalls mit Beschlag belegt würden. Am 1. September 1915 wurde die *Olympic* requiriert und war am 24. bereit, als Truppentransporter T2810 in See zu gehen. Der White Star Line kam das sogar gelegen. Im Jahresbericht der Gesellschaft für 1915 stand zu lesen, dass der Admiralität die Verwendung beider Fahrzeuge für militärische oder Transportaufgaben nahegelegt worden sei, *„weil dies bedeutet, dass andere, mehr für Handelszwecke geeignete Fahrzeuge freigestellt werden könnten"*.

Die Dardanellen sind eine schmale Wasserstraße im Mittelmeer, welche den Zugang von der Ägäis ins Marmarameer und zum Bosporus bildet – mithin der einzige Zufahrtsweg ins Schwarze Meer. Diese Meerenge war stark befestigt und von Truppen des mit den Mittelmächten Deutschland und Österreich-Ungarn verbündeten Osmanischen Reiches besetzt. Im Februar 1915 versuchte ein englisch-französischer Flottenverband, bestehend aus mehreren Großkampfschiffen und Kreuzern, den Durchbruch durch die Dardanellen zu erzwingen. Auf diese Weise sollte die freie Durchfahrt ins Schwarze Meer errungen werden, um dem russischen Bündnispartner auf diesem Wege wieder Nachschubgüter zukommen zu lassen und ihn somit zu entlasten. Das Unternehmen misslang, und als Folge wurde von den Entente-Mächten eine groß angelegte, vom damaligen Ersten Seelord Winston Churchill initiierte Landungsoperation ins Rollen gebracht, mit welcher die die Dardanellen beherrschende Halbinsel Gallipoli erobern werden sollte.

Die Kampagne dauerte von Mai bis Dezember 1915 und entwickelte sich zu einer der blutigsten Schlachten des Ersten Weltkrieges, an der insgesamt 800.000 Soldaten teilnahmen. Sie endete in einem Desaster, das unter den britischen, französischen und australisch-neuseeländischen Einheiten (Australian and New Zealand Army Corps, ANZAC, Freiwilligenkorps von 30.000 Mann) schreckliche Verluste forderte. 35.700 Mann wurden getötet und 107.600 verwundet. Schon bald reichte die Kapazität der mittlerweile in Lazarettschiffe umgerüsteten Cunard-Liner *Mauretania* und *Aquitania* nicht mehr aus. Somit erfolgte am 13. November 1915 die Requirierung der *Britannic*.

Nun wurde die Fertigstellung des Liners in fieberhafter Eile vorangetrieben. Schon im Mai hatte die Maschinenanlage ihre Standprobe absolviert, und die Werftleitung versprach Präsident Sanderson, dass das Schiff bei Anforderung durch die Admiralität binnen vier Wochen fahrklar gemacht werden könnte.

Rasch wurde jetzt das wenige inzwischen eingebaute Interieur wieder entfernt und eingelagert, damit die großen Räume im Schiff gemäß ihrer neuen Bestimmung hergerichtet werden konnten.

Nach eingehenden Verhandlungen wurde mit der Admiralität die Vercharterung der *Britannic* zu einer Rate von 10 Schilling pro Bruttoregistertonne und Monat festgesetzt, hinzu kam die Übernahme der vollen Versicherungskosten zuzüglich eines Bonus, der den Wertverlust ausgleichen sollte.

Belfast 1914/15. Drei Schiffe liegen Seite an Seite: HMS *Invincible,* dahinter die *Justicia* (ex *Statendam*) und die *Britannic*. Bei letzterer ist einer der „Gantry-Davits" zu sehen, direkt am ersten Schornstein. (Sammlung Ioannis Georgiou)

11 Ein schwimmendes Krankenhaus

In aller Eile wurden nun im Bereich der ersten Klasse in der Lounge, dem Rauchsalon, dem Kinderspielzimmer, dem Lese- und Schreibsalon sowie der Sporthalle Kojen, teils mit Vorrichtungen zum Anlegen von Streckverbänden, aufgestellt; diese Räume boten sich für die Verwendung als Krankenzimmer wegen ihrer Nähe zu den Rettungsbootsstationen an. In den abgeschlossenen Promenaden des A-Decks wurden Hängematten mit Rohrrahmen für Leichtverwundete angeschlagen. Für Offiziere gab es separate Reviere mit Einzelkojen, welche durch Vorhänge etwas Privatsphäre boten, während sich die gemeinen Soldaten mit Doppelstockbetten begnügen mussten.

Es war auch eine gesonderte Abteilung mit Ruheräumen und „gepolsterten Zellen" für Soldaten mit durch die Schrecken des Krieges bedingten psychischen Störungen und Traumata vorhanden.

Wegen ihrer zentralen Lage im Schiff waren Empfangsraum und Speisesaal erster Klasse auf dem D-Deck gut als Aufnahme für Operationssäle und Intensivstation geeignet. Zum einen waren die Bewegungen des Schiffes hier am wenigsten spürbar, und zum anderen machte die Nähe des großen

Die *Britannic*, vermutlich Southampton verlassend. (Sammlung Günter Bäbler)

Treppenhauses samt Fahrstühlen eine rasche Evakuierung möglich. Der Empfangsraum diente als Ort für Notoperationen, während der Speisesaal als allgemeiner Operationssaal eingerichtet wurde. Die medizinische Ausrüstung wurde noch durch Röntgenapparate sowie zahnärztliche und ophthalmologische Einrichtungen für an den Augen verletzte Soldaten vervollständigt.

Das medizinische Personal sollte in den Kabinen des B-Decks Quartier beziehen und so in unmittelbarer Nähe ihrer Patienten untergebracht sein. Die Räume in den darunterliegenden Decks beherbergten gehfähige Verwundete und weitere Pflegekräfte.

Die *Britannic* war mit 2034 Kojenplätzen (also vorhandenen Schiffsbetten) und 1275 zusätzlich aufgestellte Feldbetten für Verwundete ausgerüstet. Das ergab eine Gesamtzahl von 3309, zuzüglich der Schiffscrew (die Zahlen basieren auf den Recherchen von Mark Chirnside).

Damit sie äußerlich als Verwundetentransporter kenntlich war, erhielt die *Britannic* nach Entfernung der während der fünfzehnmonatigen Liegezeit angesetzten Verschmutzung den vorschriftsmäßigen Anstrich: Rumpf und

Künstlerische Darstellung mit nächtlicher Beleuchtung. (Sammlung Günter Bäbler)

Aufbauten ganz in Weiß und die Schornsteine ockerfarben. Von Bug bis Heck wurde auf beiden Seiten ein grünes, 1,50 m breites Farbband zwischen den Bullaugenreihen von D- und E-Deck aufgebracht, das an drei Stellen von roten Kreuzen unterbrochen war. Für die zweifelsfreie Erkennbarkeit bei Nacht sorgten eine Kette grüner Glühlampen knapp unterhalb des Promenadendecks und zwei an das Schanzkleid des Bootsdecks montierte und jeweils von 125 Glühbirnen gesäumte rote Kreuze auf jeder Seite. Als weitere Maßnahme konnte ein zusätzliches beleuchtetes rotes Kreuz zwischen dem ersten und zweiten Schornstein aufgeheißt werden. Sollte das immer noch nicht reichen, war eine grüne Lichterkette vorhanden, die in der Takelage hochgezogen werden konnte. Die Umrüstungsarbeiten nahmen vier Wochen in Anspruch: die Kosten beliefen sich auf eine Summe von etwa 90.000 Pfund.

Am 6. Dezember 1915 informierte die Admiralität über neutrale Kanäle in den Niederlanden die deutschen Behörden über den Status der *Britannic* als Lazarettschiff gemäß der Zweiten Genfer Konvention von 1906. Das Schiff absolvierte am 8. Dezember unter dem Kommando von Kapitän J. B. Ransom, der zuvor die *Adriatic* befehligt hatte (dessen Stelle nahm William Finch von der durch ein deutsches U-Boot versenkten *Arabic* ein), eine eintägige Werftprobefahrt. Anschließend kehrte die *Britannic* noch einmal zu ihrer Bauwerft zurück, wo ihre Ausrüstung abgeschlossen und die Maschinen justiert wurden. Am selben Tag wurde sie von Direktor Concanon im Liverpooler Register als *His Majesty´s Hospital Ship* (HMHS) *Britannic* eingetragen. Als sie ihre Geburtsstätte mit schwerem Geleitschutz am 12. Dezember erneut verließ, werkelten an Bord immer noch Arbeiter, um stellenweise notdürftig aufgespanntes Segeltuch durch richtige Holzwände zu ersetzen. Tags darauf lief sie in Liverpool ein und wurde ins Gladstone Dock verholt, wo noch am selben Tag die offizielle Übernahme durch die Admiralität erfolgte. Für die Dauer von zehn Tagen wurden nun in höchster Eile medizinische Ausrüstung und Versorgungsgüter an Bord gebracht, die 675 Köpfe zählende Crew angemustert und der medizinische Stab zusammengestellt. Dieser bestand aus 52 medizinischen Offizieren (*Medical Officers*, kurz „MOs"; in der Hauptsache Chirurgen und Stabsärzte); dazu kamen 101 Krankenschwestern und 336 Pfleger (*Medical Orderlies*). Alle männlichen Pflegekräfte sowie die Mediziner gehörten dem Königlichen Medizinischen Armeekorps (*Royal Army Medical Corps*, kurz RAMC) an, trugen Armeeuniform und führten militärische Dienstgrade, waren aber ansonsten strikt nicht kombattant. Die kriegsfreiwilligen Krankenschwestern stammten vom

Voluntary Aid Detachment (VAD). Der schiffseigene Arzt Dr. John Beaumont war von dem ganzen Militärbetrieb an Bord seines solcherart zweckentfremdeten Dampfers wenig begeistert, aber von der Qualität der medizinischen Ausrüstung zeigte er sich dann doch beeindruckt – er nannte den Liner das *„wundervollste Hospitalschiff, das je die Meere bereiste"* und fand, dass kein Krankenhaus an Land mehr Vorteile bieten konnte.

Nun musste noch ein geeigneter Schiffsführer gefunden werden. Für diese Aufgabe hatte Sanderson eigentlich Kapitän Herbert James Haddock ausersehen, doch dieser stand mittlerweile in Diensten der Marine. Durch seine knapp gescheiterte Rettungsaktion für HMS *Audacious* mit der *Olympic* hatte er sich die wärmste Anerkennung des Befehlshabers der Home Fleet (Heimatflotte, Teil der Royal Navy, der zum Schutz der britischen Hoheitsgewässer diente), Admiral John Jellicoe, zugezogen. So wurde er mit der Aufgabe betraut, in Belfast die Flotte der schon erwähnten *„Dummy Battleships"* (scherzhaft als *„suicide squadron"* tituliert) zu organisieren. Sanderson hatte Haddock schon vergeblich für die *Olympic* abzuwerben versucht und konnte ihn auch nicht als Führer der *Britannic* bekommen. Somit fiel die Wahl schließlich auf Kapitän Charles Alfred Bartlett. Er wurde 1868 in London geboren und erlernte das Seehandwerk bei D. Bruce Clippers in Dundee. 1893 erhielt er sein Offizierspatent mit der Nummer 018359 und trat, nach einer sechsjährigen Fahrenszeit bei der British India Company, im Jahre 1894 bei der White Star Line ein, wo er an Bord von *Doric* und *Gothic* für vier Jahre im Australiendienst tätig war. Dann wurde er auf die prestigeträchtige Nordatlantikroute versetzt, und nach Deckoffizierstätigkeit auf *Georgic, Teutonic, Celtic* und *Oceanic* erhielt er im Oktober 1903 mit der *Armenian* der Leyland Line – vorübergehend an die WSL transferiert – sein erstes Kommando als Schiffsführer. Bis 1907 diente er auch in der Reserve der Royal Navy.

Von 1903 bis 1912 befehligte er zahlreiche Schiffe der White Star Line, darunter die *Germanic, Cedric* und von Ende Juli bis Anfang September 1906 die später durch eine aufsehenerregende Kollision gesunkene *Republic*. Als er 1906 gerade mit der 7669 BRT großen *Gothic* von Neuseeland zurückkehrte, brach in der Biskaya in einem der Frachträume ein Feuer aus. Der Brand konnte rasch gelöscht werden, doch drei Tage später gab es ein zweites und wesentlich heftigeres Feuer an Bord. Die *Gothic* erreichte am Folgetag mit Mühe Plymouth, doch waren Salon und Passagierkabinen vollständig ausgebrannt. Die Reparatur dauerte acht Monate. Bei seinen amerikanischen Fahrgästen war Bartlett stets beliebt, wenn er auch seinen Arbeitgebern manchmal unangenehm auffiel. Denen missfiel es etwas, wie sich seine Tochter erinnerte, dass er in einigen Fällen die Sicherheit des Schiffes nach deren Meinung etwas zu sehr über gute Etmale (Tageswegstrecke: Die zurückgelegte Distanz eines Schiffes von Mittag bis Mittag des darauffolgenden Tages) setzte. In eisgefährdeten Gewässern war er besonders vorsichtig, was ihm den Spitznamen „Eisberg-Charlie" einbrachte – ihm wurde nachgesagt, dass er Eisberge fast riechen konnte.

Nachdem der Kapitän den Wunsch nach mehr Zeit bei seiner Familie geäußert hatte, wurde ihm die Position des Marine-Superintendenten (Reedereiinspektor) der White Star- und Dominion Line in Belfast angetragen. In dieser Eigenschaft führte er die Aufsicht beim Endausbau der *Titanic* und war in die Änderungen an *Olympic* und *Britannic* involviert. Insbesondere mit dem Schiff mit der Werft-Nr. 433 konnte er sich bestens vertraut machen, was für Sandersons spätere Entscheidung letztlich den Ausschlag geben sollte.

1914 wurde Bartlett von der R.N.R. reaktiviert und verrichtete im Range eines Kapitäns zur See der Reserve Patrouillendienste in der Nordsee, welche Minenräumdienst und U-Boot-Abwehr umfassten. Vor seiner Kommandierung auf das größte Lazarettschiff der Welt befehligte er die 437-t-Yacht HMY *Verona,* von der aus er einen Verband von als Fischtrawler getarnten Hilfsminensuchern koordinierte mit dem Auftrag, die Zugänge zum Flottenstützpunkt Scapa Flow minenfrei zu halten. Eine weitere Aufgabe der Boote war die Installation und Überwachung von U-Boot-Abwehrnetzen, und am 5. Juni 1915 blieb U 14 in einem dieser Netze bei Peterhead an der schottischen Ostküste hängen. Das Boot musste auftauchen und konnte vom bewaffneten Trawler mit dem beachtlichen Namen *Oceanic II* durch Geschützfeuer versenkt werden. Ein Mann der Besatzung kam ums Leben, 27 wurden gerettet. Die einschlägige U-Bootliteratur verrät, dass dieses knapp 60 Meter lange Zweihüllen-Hochseeboot mit einer Verdrängung von 516 t über Wasser und 644 t unter Wasser bis dahin nur eine einzige und dazu noch erfolglose Feindfahrt hinter sich hatte. Die Indienststellung hatte schon 1912 stattgefunden, und der erste Kommandant war niemand anderes als Walther Schwieger, der mit U 20 im Mai des Jahres 1915 die *Lusitania* versenkt hatte.

Zur Entlastung bei der Führung des großen Schiffes erhielt Bartlett – auch eine Neuheit bei White Star – in der Gestalt von Kapitän Harry William Dyke einen stellvertretenden Kommandanten an die Seite gestellt. Vor seiner Abkommandierung war der 1869 geborene Dyke auf der *Olympic* als Offizier tätig gewesen.

Chefingenieur an Bord wurde der in Irland als Sohn schottischer Eltern zur Welt gekommene Robert H. Fleming. Auch er war ein alter Hase bei der Reederei, der er seit dem Juli 1881 angehörte. Seine Lehrzeit hatte er vor dem Umzug nach Liverpool in Belfast und Cork zugebracht. Nach einer vorübergehenden Tätigkeit an Land trat er im April 1881 sein erstes Bordkommando an und wurde Sechster Ingenieuroffizier auf der ersten *Britannic;* er war an Bord, als das Schiff am 19. Mai 1887 eine schwere Kollision mit der *Celtic* hatte. Später wechselte er auf die *Teutonic* über und war dort Senior-Dritter Ingenieur.

An Bord der *Bovic* fungierte er erstmals als Chefingenieur und hatte diese Position bei etlichen White Star-Schiffen inne, bis hin zur *Olympic.* Diese stellte er mit in Dienst und hatte sie schon während ihres Baus von Kiel auf kennengelernt. Im Dezember 1913 kam er in Belfast an, um auch bei der Entstehung ihrer jüngsten Schwester dabei zu sein.

Die *Britannic* in Moudros. Unter der Brücke ist die neue Nummer G618 zu erkennen, somit entstand das Bild bei einer ihrer späteren Reise ins Mittelmeer.
(Sammlung Ioannis Georgiou)

Tuschezeichnung der *Britannic* von Backbord vorne aus dem Jahr 2002, erstellt vom Autor. (Armin Zeyher)

12 Kriegsjungfernreise

Am 23. Dezember 1915 begann für die *Britannic* die ersten Reise als Lazarettschiff G608. Dass sie nicht von Anfang an unter der Nummer 618 lief, ist erst seit wenigen Jahren bekannt; eine in jüngerer Zeit aufgetauchte Fotografie von Anfang 1916 zeigt auf der Tafel am Brückenhaus deutlich die oben genannten Ziffern. Die Nummer 618 ist dagegen erstmals auf einer Aufnahme vom Oktober desselben Jahres zu sehen.

In einem Punkt war der Liner noch nicht komplett: Von den acht geplanten Sets der neuen Davits hatten nur fünf installiert werden können; die beiden auf der erhöhten Poop und das auf der Backbordseite des ersten Schornsteins konnten

Die *Britannic* im Januar 1916 in Southampton an der Verladestation für Bunkerkohle (noch mit der Registration „G608" versehen). Die Bekohlung erfolgt über einen Aufzug (mittschiffs zu erkennen). Am äußersten linken Bildrand ist die *Aquitania* zu sehen, dazwischen ein kleines Lazarettschiff für den Kanaldienst. Die beiden hintersten Davitausleger sind nach einem Bootsdrill noch aufgetoppt. (Sammlung Mark Chirnside)

nicht rechtzeitig geliefert werden und sollten nach Ende der Feindseligkeiten nachgerüstet werden. Dafür wurden auf jeder Seite des Bootsdecks je sechs und auf der erhöhten Poop zwei Rettungsboote mit konventionellen Welin-Quadrant Davits installiert, unter denen noch fünfzehn zusätzliche zusammenlegbare „Engelhardt"-Boote gestaut waren. Somit waren insgesamt 58 Rettungsboote vorhanden, zu denen auch – wie ursprünglich für den friedensmäßigen Einsatz vorgesehen – zwei Motorbarkassen gehörten. Letztere waren auf den achtersten Stationen des Bootsdecks backbords und steuerbords zu finden.

Die Jungfernreise des dritten *Olympic* Class-Liners ging vonstatten, ohne dass die Öffentlichkeit weiter davon Notiz nahm. Kurz nachdem sie am Morgen des 22. Dezember 1915 aus dem Liverpooler Gladstone Dock bugsiert worden war, gab es allerdings eine Unterbrechung – Kapitän Bartlett musste nach wenigen hundert Metern im Strom ankern lassen, weil 200 *Royal Army Medical Corps*-Angehörige noch nicht eingetroffen waren. Den schon an Bord befindlichen Kräften gab dieser Aufenthalt immerhin die Gelegenheit, sich mit den Räumlichkeiten des kolossalen Schiffes vertraut zu machen. RAMC-Gefreiter Percy Tyler, zu einem späteren Zeitpunkt an Bord kommandiert, hinterließ eine

Britannic im Solent bei Southampton. (Sammlung René Bergeron)

Britannic vor beiden Seitenankern, Ort unbekannt. (Sammlung Mark Chirnside)

der wenigen näheren Beschreibungen der Innenräume (die von ihm erwähnten Pfadfinderquartiere werden später erläutert):

> *„(...) auf dem A-Deck war das Kompaniebüro, die Offiziers- und Schwesternquartiere und die Krankenräume für Offiziere (...) B-Deck achtern war der Promenadenbereich für das RAMC, wo sich auch der Offiziers-Raucherraum befand. Mittschiffs gab es Krankenräume, und vorne einige Schiffskabinen. C-Deck achtern enthielt die Isolierstationen, die RAMC-Messe und den Musterungsplatz. Mittschiffs gab es weitere Schwesternquartiere und vorne Krankenräume. D-Deck enthielt den großen Speisesaal für Patienten, Krankenräume und RAMC-Toiletten. E-Deck hatte die Stationen K und H, die beiden größten auf dem Schiff, sowie den Hauptkorridor, der sich vorne bis hinten erstreckte und als „Scotland Road" bekannt war. Wenn man hier von vorne aus entlangging, kam man zu Schiffskabinen, und zwei Decks tiefer zum Logis Nr.1 des Unteroffiziersstabs; zurück auf der Scotland Road brachte es einen zu weiteren Toiletten, Pfadfinder- und Stewardquartieren. Entlang der Passage lagen Mann-*

schaftsquartiere (für die Schiffscrew – Anm. d. Verf.) *und Durchgänge zu Ingenieursräumen sowie zu Kesselräumen und Aufzügen. Auf dem halben Weg die road hinunter und wieder zwei Decks tiefer, auf dem G-Deck, lag Logis Nr.2, zurück auf der road und wieder hinunter zum F-Deck fand man Logis Nr.3 und unten auf dem G-Deck achtern Logis 4. Es gab drei Passagierlifte und drei Bettenaufzüge, die alle von der Scotland Road bis zum Bootsdeck über sechs Decks gingen. Das G-Deck lag tief unter der Wasserlinie, doch Luft wurde über zahlreiche elektrische Lüfter zugeführt, was in den Räumen bei Tag und Nacht für eine frische Brise sorgte.*

Es war fast Mitternacht, als die letzten Männer aus Aldershot ankamen, und um 0.20 Uhr konnte es endlich losgehen. Über das Ziel der Mission wurde das medizinische Personal jedoch lange im Unklaren gelassen, und naturgemäß begannen rasch Gerüchte zu zirkulieren – am häufigsten war von Australien die Rede.

Der ranghöchste medizinische Offizier an Bord (*Senior Medical Officer*, SMO), Oberstleutnant Henry Stewart Anderson, war Sohn eines Belfaster Priesters. Ursprünglich hatte er eine Karriere als Geschäftsmann angestrebt, doch dann musste er eines Tages hilflos zusehen, wie ein Mensch verblutete. Auf dieses Erlebnis hin schrieb er sich für ein Medizinstudium ein. Nach seiner Approbation 1898 trat er dem Medizinischen Korps bei und diente in Südafrika, Indien, Ägypten und Malta. Nach dem Kriegsausbruch führte ihn seine erste Frontverwendung mit dem 1. Bataillon des North-Staffordshire-Regimentes in die französischen Schützengräben. 1915 schloss sich ein Erholungsaufenthalt in der Heimat an, ehe seine Kommandierung auf das große Lazarettschiff erfolgte.

Am Vormittag des 23. Dezember wurden Mediziner und Pflegekräfte zum ersten Mal gemustert und darüber informiert, auf welchen Stationen sie Dienst zu tun haben würden. Darüber hinaus geschah während der ersten Seetage wenig an Bord – das Schiff musste sich den Weg durch die stürmische Biskaya durch einen ziemlich heftigen Südweststurm bahnen und ging heftig „zukehr“, weswegen unter den seeungewohnten RAMC-Leuten und Krankenschwestern die Seekrankheit umging. Entsprechend schwierig war es, bei so vielen darniederliegenden Leuten, einen geordneten Dienst aufrecht zu erhalten. Ein undichtes Bullauge sorgte zusammen mit einem defekten Rückschlagventil in einem Bilgentank dann auch noch für die teilweise Überflutung zweier Stationen auf dem G-Deck.

ATLANTIC OCEAN
BY THE BRITISH FLEET
BRITISH FLEET
CRUISERS 110
BATTLESHIPS 68
including
DREADNOUGHTS 21
GERMAN FLEET
48 CRUISERS
37 BATTLESHIPS
NORTH SEA
IRELAND
200,000
GREAT BRITAIN
600,000
HOLLAND
170,000
BELGIUM
180,000
Men in First Line of Battle 2.300.0
Total of Trained MEN 4.500.0
EIFEL TOWER enabling FRANCE to communicate with RUSSIA by WIRELESS across GERMANY
PARIS
FRANCE
MEN in First Line of Battle 2.000.000
Total of Trained Men 4.000.000
SWITZERLAND
230.000
Men in First Line of Battle 1.400.000
Total of Trained MEN 2.000.000
ENGLISH CHANNEL
AREA CONTROLLED
SPAIN
CORSICA
SARDINIA
FRENCH FLEET
CRUISERS 30
BATTLESHIPS 21
ITALIAN FLEET
15 BATTLESHIPS
20 CRUISERS
AREA CONTROLLED BY THE
MEDITERRANEAN
THE GREAT TRADE ROUTE TO RUSSIA AND THE EAST
ALGERIA
SICILY
G.P. MORRELL

Übersichtskarte Europas von 1915 mit den sich gegenüberstehenden Entente-Staaten und Mittelmächten, letztere sind dunkel eingefärbt. (Sammlung Günter Bäbler)

Der Heiligabend sah kaum Besserung in Sachen Wetter, die Tische im Speisesaal waren weiterhin wenig besucht. Oberstleutnant Anderson hielt um 10.30 Uhr die Morgenmusterung ab, teilte aber noch immer nicht das Fahrtziel mit.

Der 39-jährige Harold Goodman war vor gerade einer Woche dem RAMC beigetreten, und seine erste Kommandierung hatte ihn zum Dienst auf das große Lazarettschiff berufen. Sein Tagebuch stellt eine wichtige Quelle dieser Jungfernreise dar: *„12 Uhr Vortrag von Professor Squires und Mr. Risk aus Belfast über die Vorzüge von Urea als Antiseptikum, sehr interessant. Informierten uns, dass wir nur sechs Tage haben sollen, die Verwundeten zu pflegen, so geht es vielleicht nach Moudros im Mittelmeer?“* Genau dies wurde offensichtlich, als sich die *Britannic* dem Kap Finisterre näherte. Nachdem das Schiff auf Ostkurs in Richtung der Straße von Gibraltar gegangen war, notierte Goodman:

> *„25., erster Weihnachtsfeiertag. Schiff rollte heftig während der Nacht. Tisch umgestürzt etc., nicht viel Schlaf. Morgen; starker Wind und Böen. Gottesdienst um 11 Uhr. Salon mit Stechpalmen und Mistelzweigen dekoriert. Nach Gottesdienst Einweisung Obstlt. Anderson über Pflichten bei Einschiffung und Ausschiffung. – Tageswegstrecke von 12 Uhr Mittag 24. bis Mittag 25. ist 443 Meilen. Kap St. Vincent sichteten wir um 14 Uhr und die Signalstation Sagres. Sahen hier drei Tramps, die ersten Schiffe, welche wir seit der Abfahrt sichteten (um 10.30 Uhr).*
>
> *26. Gibraltar um 1.30 Uhr, sichteten die spanische Küste, Kap de Gata um 10 Uhr. Rettungswestendrill um 11.30 Uhr alle Mann und Rettungsbootsübung. Passierten afrikanische Küste um 13.30 Uhr. Etmal 455 Meilen.*
>
> *27. Tagesleistung 416 Meilen, passierten und sichteten Sardinien. Abends Konzert in RAMC-Messe.*
>
> *28. Passierten Capri und erreichten Bucht von Neapel um 8.30 Uhr. Auf Capri hatte Kaiser Tiberius einen Palast, Ruinen sichtbar. Höhlen am Fuße, Sturz von 700 Fuß ins Meer, wo Kaiser Tiberius die Angewohnheit hatte, seine Opfer hinunter zu werfen und mit ihnen die Hummer zu füttern.“*

Mit den „Säulen des Herakles“ (Berge bei der Straße von Gibraltar) achteraus besserte sich das Wetter fast schlagartig und dem Borddienst wurde vollzählig nachgegangen. Der Halt in Neapel diente vor allem dazu, die Bunker aufzufüllen und die Wasservorräte zu ergänzen. Damit würde es möglich sein, die Rückfahrt ohne weiteren Aufenthalt zu absolvieren und so für die Patienten den Aufenthalt an Bord zu verkürzen.

Nach dem Ankern in der malerischen Bucht wurden Pässe für einen Landgang verteilt, und die Glücklichen unter den Ärzten, Pflegern und Krankenschwestern durften eine Motorbarkasse besteigen.

Goodman musste zunächst noch an Bord bleiben und nutzte die Gelegenheit, die ihm unterstellten Krankenpfleger zu unterweisen. Am folgenden Morgen war er an der Reihe für einen Landausflug, und zusammen mit drei Medizinerkollegen stieg er beim Arsenal ans Ufer. Der Weg führte sie ins nächstgelegene Thomas Cook-Büro, um etwas lokale Währung einzutauschen. Aufgrund gewisser Kriegsrestriktionen war der Umtauschkurs schlecht, doch der Ausflug nach Neapel war eine ausreichende Entschädigung für diesen gelinden Schock. Die vier bestiegen den in Fels gehauenen Lift zum Bertolini's Palace Hotel, genossen dort ein gutes Frühstück und fuhren nachher gemächlich zurück. Die *Britannic* lichtete um 16 Uhr den Anker und trat den zweiten Teil der Reise nach Moudros an (die britischen Truppen verwendeten die Schreibweise „Mudros").

Beim Passieren der Straße von Messina waren auf Sizilien noch die Spuren des großen Erdbebens von 1909 zu sehen, und Oberstleutnant Anderson wird sich daran erinnert haben, wie er hier von Malta kommend Hilfe für die Überlebenden geleistet hatte. Als die Messina-Enge hinter dem Schiff zurück blieb, ließ Kapitän Bartlett wegen der U-Bootgefahr erstmals auf volle Kraft gehen, und mit nunmehr 20 Knoten Fahrt ging es weiter ostwärts um Kap Matapan an der Südspitze Griechenlands und in den Kanal von Kea östlich der Bucht von Athen.

Am 31. Dezember schließlich erreichte das Schiff die den Zugängen ins Schwarze Meer vorgelagerte Insel Limnos (englisch: Lemnos). Deren Hafen Moudros war der Sammelpunkt der Entente-Mächte für Truppen- und Versorgungsbewegungen des nahöstlichen und nordafrikanischen Kriegsschauplatzes, aber auch für die gesamten Verwundetentransporte von der Thessaloniki-Front (Kurzform: Saloniki) und Gallipoli. Kleinere Hospitalschiffe brachten die verwundeten oder erkrankten Männer nach Moudros, wo sie nach notfallmäßiger Vorbehandlung und Stabilisierung auf die großen Dampfer verbracht werden sollten; die riesigen Vierschornsteiner konnten durch ihren großen Tiefgang keine den Schlachtfeldern näher gelegenen Häfen anlaufen.

Die Militärkrankenhäuser auf der Insel waren besonders durch die Verwundeten der verlorenen Dardanellenschlacht völlig überlastet, die *Britannic* daher eine äußerst willkommene Verstärkung. Vor dem Einlaufen in Moudros bereitete die medizinische Crew ihre Reviere für die kommende Aufgabe vor, und Kapitän Bartlett, Stellvertretender Kapitän Dyke sowie Oberstleutnant Anderson machten ihren ersten offiziellen Rundgang. Gegen 14 Uhr lag die Hafeneinfahrt voraus, und die *Britannic* wartete auf das Öffnen der Balkensperre, die das Eindringen von U-Booten verhindern sollte. Nachdem vor ihr ein Kriegsschiff die Sperre auslaufend passiert hatte, glitt sie majestätisch in die Bucht und warf um 15.35 Uhr den Anker. Bartlett und Anderson begaben sich

21 CERTIFICATE OF DISCHARGE 22
Or Certified Extract from Eng. I. and O.L.

No.	*Name of ship and official number, Port of registry, and tonnage.†	* Date and place of engagement.	* Rating; and R.N.R. No. (if any).	Date and place of discharge.	Description of voyage.	Signature of Master.
31	R.M.S. "SAXON" 112713 LONDON. T. 6338. H.P. 2040.	1 - OCT TILBURY.	FIREMAN	9 - DEC 1919 TILBURY.	CAPE MAIL.	[illegible]
32	BRITANNIC 137490 LIVERPOOL 48157.	20 DEC 1915 SOUTHAMPTON	FIREMAN	8 APR 1916 SOUTHAMPTON	HOSPITAL SHIP.	Chas. A. Bartlett.
33	CANADA 106806. LIVERPOOL 5981.	27 MAY 1920 LIVERPOOL.	[illegible]	JUN 1920 LIVERPOOL.	MONTREAL	[illegible]
34	CANADA 106806. LIVERPOOL	1 JUL 1920 LIVERPOOL.	FIREMAN	JUL 1920 LIVERPOOL	MONTREAL	[illegible]
35	106806. LIVERPOOL 5981	5 AUG 1920 LIVERPOOL.	FIREMAN	2 SEP 1920 LIVERPOOL	MONTREAL	[illegible]
36	S. S. BELGIC 140517 LIVERPOOL 15439	10 SEP 1920 LIVERPOOL.	FIREMAN	17 OCT 1920 LIVERPOOL.	NEW YORK	[illegible]

* These columns are to be filled in at time of engagement.
† In Engineers' Books insert Horse Power.

700682

Seemannsbuch von Robert Hughes (geb. 1892). Er war vom 20. Dezember 1915 bis zum 8. April 1916 als Heizer an Bord der *Britannic*. (Kalman Tanito)

Die Bucht von Moudros mit einer Vielzahl verankerter Schiffe, im Vordergrund britische Lazarettzelte. Der Blick Richtung Süden mit der Hafeneinfahrt im Hintergrund zeigt auch zwei Vierschornsteiner, links vermutlich die *Aquitania*, rechts die *Olympic*. Das Bild entstand wohl gegen Ende 1915. (Sammlung Günter Bäbler)

mit einer Motorbarkasse an Land, um dem dortigen obersten Transportoffizier Bericht zu erstatten und Befehle einzuholen. Über die Bucht verstreut lag eine Unzahl von Seefahrzeugen aller Art, darunter die kleineren Lazarettschiffe *Dunluce Castle, Grantully Castle, Egypt, Gloucester Castle* und *Assegai*. Das medizinische Personal erwartete während der Abwesenheit der drei ranghöchsten Offiziere eigentlich noch keine Aktivitäten, doch es kam anders. Aus dem Tagebuch von Dr. Goodman:

> *„Um 19 Uhr kamen ohne jede Vorwarnung die P&O* Assegai *und P&O* Egypt *längsseits und begannen damit, ihre Patienten zu übergeben. Der Größenunterschied der Schiffe war außerordentlich, reichten ihre Schornsteine doch nur bis zu unserem Bootsdeck, und sie wirkten längsseits wie Leichter. Sie gaben über Gangways an das E-Deck ab, wobei die Decks der der anderen Schiffe beinahe*

gleichauf zu unserem E-Deck waren. Sehr viel Arbeit (und kein Dinner) bis 23 Uhr. Hatten unsere V-Stationsbetten (94) voll und etliche in L und M und 10 in Station F. Alle letzteren bettlägerig, die anderen gehfähig, an Bord geholfen."

Goodman und seine Kollegen bezweifelten, dass dieses unorganisierte Treiben den Vorstellungen ihrer kommandierenden Offiziere entsprach, doch da beide nicht zugegen waren, musste man sich eben so behelfen. Um 22 Uhr wurde die Einschiffung für diesen Tag beendet, und nach einer Tasse Kakao oder Hühnerbrühe hieß es in den Krankenrevieren „Licht aus". Goodman konnte erst um 2 Uhr morgens in das komfortable Bett seiner Erste-Klasse-Kabine schlüpfen (zumindest ein Teil der Passagierkabinen war eingerichtet). Vorher hatte er an Deck miterlebt, wie die Dampfpfeifen und Heuler aller Schiffe in der Bucht das neue Jahr mit einem Höllenlärm willkommen hießen.

Leider verrät uns das Tagebuch des Doktors nicht, ob das behelfsmäßige Prozedere den Segen von Oberstleutnant Anderson hatte – er beschrieb nur, dass die Einschiffungen von der *Assegai* und *Egypt* sowie zusätzlich der *Dunluce Castle* den ganzen folgenden Tag über andauerten. Am 2. Januar legten sich die *Asturias* und die *Killman Castle* an die Seiten der *Britannic*, und von den Lazaretten an Land wurden diverse Lastkähne (Bargen) mit verwundeten Offizieren herbeigeschleppt. Den Tag beschloss die Übernahme von Patienten der *Abdermain* sowie von einer weiteren Barge. Einige nicht gehfähige Offiziere auf Letzterer mussten lange warten und obendrein auf ihren Tragen frieren, weil sie diverse kalte Güsse aus einem Kondensatorauslass des Schiffes abbekamen. Leider verschlechterte sich ab dem Neujahrstag die Qualität der Bordverpflegung gravierend, und entsprechend sorgte dies für Verstimmung an Bord – die Stewards mussten sich allerlei Klagen anhören. Auch die Portionen schrumpften sichtlich; zeitweise bestand das Frühstück aus lediglich zwei Scheiben Brot, der Eintopf zum Dinner war so dünn, dass er mit Suppe zu verwechseln war, und die Portion Kakao mit Schiffszwieback am Abend war auch kein rechter Trost. Das Problem sollte auf der gesamten Rückfahrt bestehen bleiben.

Am Morgen des 3. Januar war die Einschiffung so gut wie beendet; fast alle Verwundeten waren an Bord und ihren Verletzungen gemäß auf die verschiedenen Lokalitäten im Schiff verteilt. Dann sorgte eine der Motorbarkassen, die noch ein letztes kleines Kontingent von Offizieren brachte, für eine Verzögerung, als ihr Motor ausfiel. Das Boot trieb vom Schiff weg, wurde aber durch

Eine stark retuschierte Fotokarte zeigt die *Britannic* in voller Fahrt. Aufgenommen wurde das Bild vermutlich im Januar 1916 im Solent. (Sammlung Ioannis Georgiou)

Britannic von Backbord querab gesehen, vermutlich im Solent vor Anker liegend. Auch diese Aufnahme entstand wohl im Januar 1916. (Sammlung Ioannis Georgiou)

eine an einem Rettungsring befestigte und zugeworfene Leine wieder eingefangen. Dr. Goodman kommentierte dies in seinem Tagebuch mit der Bemerkung, dass die Barkasse ihre *„üblichen Mätzchen"* gemacht hätte – das lässt darauf schließen, dass zumindest der Antrieb von einer der beiden unter mangelnder Zuverlässigkeit litt. Um 15 Uhr konnte der Liner den Anker hieven und verließ durch die Balkensperre die Bucht von Moudros. War der erste Teil dieser Fahrt für das Med-Personal abgesehen vom Sturm und der Bordroutine fast wie eine Vergnügungsreise gewesen, benötigten nun 3300 Kranke und Verwundete die konstante Pflege durch die Ärzte, Sanitäter, Pfleger und Krankenschwestern. Die gehfähigen Patienten – gelegentlich zu kleineren Tätigkeiten, beispielsweise als Krankenträger, eingesetzt – mussten ihre Uniformen gegen einem speziellen Bordanzug austauschen. Nur mit blauen Hosen und Jacken mit braunem Besatz durften sie an Deck erscheinen. Eine verständliche Maßnahme, denn uniformierte Soldaten an Deck eines Lazarettschiffes wären dem Gegner höchst suspekt erschienen und hätten vielleicht den Vorwand für einen Angriff geliefert. Bei den RAMC-Dienstgraden gab es dagegen anscheinend keine diesbezüglichen Bedenken, obwohl sich deren Uniformen kaum von denen der kämpfenden Truppe unterschieden.

Auf See lief die Bordroutine folgendermaßen ab: Wecken der Patienten um 6 Uhr, anschließend Reinigung von Krankenräumen und Korridoren. Zwischen 7.30 und 8.00 Uhr Einnahme des Frühstücks, danach Säuberung der Tische, Bänke und WCs. Um 11.00 Uhr führten der Kapitän und der Leitende Medizinische Offizier die Visite durch. Um 12.30 Uhr wurde das Mittagessen gereicht, während die Lazaretträume nochmals gereinigt und desinfiziert wurden. Gegen 16.30 Uhr gab es Tee, und vor der Abendvisite um 21 Uhr mussten die Patienten in der Koje sein.

Während der Fahrt durch das Mittelmeer, am 5. Januar frühmorgens, sah jemand, wie plötzlich ein Mann in die See stürzte. Wegen der Kriegslage war es Kapitän Bartlett nicht erlaubt, beizudrehen und die Person zu suchen. Schweren Herzens befahl er, Kurs und Fahrt beizubehalten.

Am Nachmittag wurde eine Untersuchung abgehalten, doch war es unmöglich herauszufinden, ob der Mann nun außenbords gefallen oder gar gestoßen worden war. Die anschließende Durchsuchung des Schiffes ergab, dass tatsächlich ein Besatzungsmitglied fehlte. Im Journal wurde der Mann mit dem lapidaren Vermerk *„gone outboard"* abgeschrieben. Von ihm abgesehen waren auf dieser Reise zwei weitere Todesfälle an Bord zu verzeichnen. Bereits während des Aufenthalts in Moudros war ein Gefreiter an Tuberkulose gestorben und an Land beigesetzt worden, und in Sichtweite der englischen Küste verstarb ein zweiter Soldat an derselben Krankheit. Aufgrund der Nähe zum Land entschied Kapitän Bartlett, auf die übliche Seebestattung zu verzichten, und der Leichnam wurde in einem extra für solche Zwecke vorgesehenen kleinen Deckshaus am hinteren Ende des Poopdecks aufgebahrt.

Ansonsten verlief die Rückfahrt ohne Zwischenfälle. Am Mittag des 7. Januar wurde ein Etmal von 506 Seemeilen errechnet – das Schiff hatte erstmals eine Durchschnittsfahrt von 21 Knoten geleistet. Vor der Insel Ouessant (engl. Ushant, wird in deutschen Publikationen häufig fälschlich „Quessant“ geschrieben) begegnete ihm auslaufend die *Mauretania.*

Am frühen Vormittag des 9. Januar war die Isle of Wight querab, und der letzte Abschnitt der Heimreise begann. Ab dem Leuchtturm bei *The Needles,* einer der Insel vorgelagerten Felsengruppe, kreuzten zwei Minensucher vor dem Bug des großen Schiffes und schützten es vor etwaigen Streuminen, während über der Szene ein Wasserflugzeug als Luftsicherung kreiste. Vor Eintritt in die Wasserstraße des Solent übernahmen zwei Patrouillenboote das Geleit, und langsam bahnte sich der kleine Konvoi den Weg den nebligen Solent hinauf bis zum Hafen von Southampton. Einmal flog ein Aufklärungsflugzeug tief über den Liner, und der Pilot und gerade an Deck Flanierende tauschten Grüße aus; unter Deck nutzten einige Soldaten die Verzögerung beim Einlaufen für einen raschen Brief nach Hause.

Es war bereits nachmittags, als das große weiße Schiff endlich unter der Assistenz von sechs Schleppern im White Star-Dock – wo schon die *Aquitania* und ein italienisches Lazarettschiff vertäut lagen – festmachen konnte. Um 15 Uhr begann der Exodus, als die Patienten in langen Prozessionen zu Fuß oder auf Krankentragen die Gangways verließen und zu den bereitstehenden Lazarettzügen gebracht wurden. Schon beim Passieren der Straße von Gibraltar hatte Kapitän Bartlett via Funktelegramm durchgeben lassen, wie sich die Patienten zusammensetzten – etwa, wie viele von ihnen gehfähig, bettlägerig (*„cot cases“*) oder verwundet waren oder an Infektionskrankheiten wie Malaria litten. Dementsprechend wurden sie nun auf die Krankenhäuser des Umlands verteilt.

Um Mitternacht hatten die letzten versehrten Fahrgäste das Schiff verlassen, und Dr. Goodman suchte für eine kurze Nachtruhe seine Kabine auf. Um 4 Uhr war er mit den anderen seiner Wache schon wieder auf den Beinen, denn die Arbeit des Medizinpersonals war noch nicht beendet. Die Krankensäle waren aufzuklaren und zu reinigen, große Ladungen gebrauchter Bettwäsche wurden von Bord gegeben, damit sie in den Wäschereien an Land gereinigt werden konnten. Auch der Leichnam des vor dem Einlaufen verstorbenen Gefreiten wurde an Land gebracht. Damit hatte das jüngere Schwesterschiff der *Titanic* seine Jungfernfahrt erfolgreich absolviert. Ärzte und Pflegekräfte konnten für einen sechstägigen Urlaub an Land gehen und die seemännische Crew den Dampfer für seine nächste Rundreise vorbereiten.

Tuschezeichnung der *Britannic* von Backbord querab. Die detaillierte Zeichnung des Lazarettschiffes entstand 1998 mit einem 0.18mm-Tuschfüller. (Armin Zeyher)

13 Zweite Mission

Nach einwöchigem Aufenthalt bei Familienangehörigen in Guildford und Hemsworth meldete sich Dr. Harold Goodman am 16. Januar 1916 zurück an Bord; derweil kursierten Gerüchte über die weitere Verwendung der *Britannic* als Lazarettschiff. Schon im Dezember des alten Jahres hatte Kriegsminister Lord Kitchener die Dardanellen besucht und die Aussichtslosigkeit der Kampagne erkannt; auf seine Anweisung wurden die Brückenköpfe auf Gallipoli bis zum 20. Dezember 1915 geräumt. Das bedeutete einen schlagartigen Rückgang der Verwundetenzahlen an der Mittelmeerfront. *Britannic* und *Aquitania* lagen untätig in Southampton, und man fragte sich, ob die Transportabteilung angesichts dieser Entspannung beide Riesendampfer weiterhin vorhalten wolle. Zumindest die unmittelbare Zukunft war gesichert – am 17. Januar teilte Oberstleutnant Anderson seiner Crew mit, dass aus London die Order gekommen sei, mit den Vorbereitungen für eine weitere Mission fortzufahren.

Teilansicht mit den achteren Rettungsstationen auf dem Bootsdeck. Die enorme Größe der „Gantry-Davits“ fällt hier besonders ins Auge. Das Bild entstand am 8. Februar 1916 in Neapel. (Sammlung Mark Chirnside/Michail Michailakis)

Nach einer Liegezeit von elf Tagen war das große Lazarettschiff wieder unterwegs zum „Mare Nostrum" der Italiener. Am 25. Januar legte es einen erneuten Stopp in Neapel ein, wo 2184 Tonnen Kohle und 1524 Tonnen Frischwasser übernommen wurden.

Die Weiterfahrt nach Moudros war für den kommenden Morgen vorgesehen, doch es kam anders. Vom Leitenden Offizier für Marinetransporte in Kairo kam die Order, die Verwundeten des Hospitalschiffes *Grantully Castle* zu übernehmen, welches wiederum ursprünglich unterwegs nach Moudros gewesen, aber nach Neapel umdirigiert worden war. Am 27. ging sie bei der „großen Schwester" längsseits und übergab 483 Patienten. Nur eine Stunde danach ging mit der *Formosa* ein weiterer Verwundetentransporter längs, und bis 20.40 Uhr wurden 393 Verletzte auf den White Star Liner überführt. Die folgenden drei Tage kehrte Ruhe an Bord ein, denn die Schiffsführung musste neue Befehle abwarten. Dieser kleine Leerlauf bot Dr. Goodman und seinen Medizinerkollegen die willkommene Gelegenheit für Landgänge:

> *„Pässe empfingen wir über Nacht, und Urwick, Rentril, Marrow und ich gingen zu Cooks, tauschten Geld zu 30.50 und mieteten ein Fiat-Automobil mit Führer und fuhren nach Pompeij. Die Straßen dorthin waren scheußlich. Wir kehrten um 15.30 Uhr zurück und kauften Korallen und Perlmutt ein. Kehrten nach Tee in einem Restaurant um 19 Uhr zum Dinner aufs Schiff zurück und waren um 20 Uhr wieder an Land. Urwick, Saunders und ich gingen die nahe Via Roma hinunter zum Museum und zurück, trafen in einem Café zwei Amerikaner, und dann zurück zum Schiff um 22.15 Uhr in einem Boot, da unsere Motorbarkasse* hors de combat (deutsch: außer Gefecht) *war. Wetter schön, aber nicht zu klar."*

Am folgenden Abend wurden noch einmal Pässe für einen Landgang ausgegeben, und die ausgewählten MOs konnten sich einen Abend in der Oper bei *Tosca* oder einer Aufführung des Balletts *Coppelia* gönnen. Goodman entschied sich wegen starker Kopfschmerzen, an Bord zu bleiben und hörte schon bald munkeln, dass weitere Lazarettschiffe unterwegs nach Neapel seien.

Wiederholt waren Gäste an Bord zu begrüßen. Schon am Tag der Ankunft hatte sich der Graf von Aosta ankündigen lassen, um den Patienten einen Besuch abzustatten, sagte aber im letzten Moment wieder ab – die Krankenabteilungen waren zur Stunde noch unbelegt.

Britannic, am 8. Februar 1916 in Neapel, von achtern gesehen. Auf den Decks sind Patienten in ihren Bordanzügen zu sehen; auf der Achterbrücke ein Seepfadfinder, der Dienst als Meldeläufer versieht. Das zum Aufbahren an Bord Verstorbener genutzte Deckshaus ist zu erkennen. Das Schiff scheint gerade zu manövrieren oder abzulegen (gelegtes Ruder, Schraubenwasser). (Sammlung Mark Chirnside/Michail Michailakis)

Tags darauf erhielt Kapitän Bartlett vom britischen Konsul in Neapel die Anweisung, den Kommandanten des amerikanischen Kreuzers USS *Des Moines* sowie dessen medizinisches Personal an Bord seines Schiffes zu bitten. Dabei hatte man allerdings nicht nur einen kleinen Freundschaftsbesuch im Sinn – Repräsentanten einer neutralen Macht sollten Zeugnis ablegen können, dass die *Britannic* den Schutz der Genfer Konvention nicht zu Unrecht genoss. Von deutscher Seite gab es öfter Vorwürfe, dass die Briten ihre Hospitalschiffe auch zum Transport von Kriegsmaterial missbrauchten. Auf Anregung von Oberstleutnant Anderson waren der Schiffsarzt der *Des Moines* und seine Crew während ihres Aufenthalts bei der Überführung von Patienten behilflich. Am 28. Januar besuchte dann noch der damals mit Frau und Tochter auf Urlaub in Neapel befindliche amerikanische Botschafter Nelson Page das große Schiff auf Einladung des britischen Konsulats.

Am Morgen des 1. Februars war mit der *Essequibo* die nächste „Krankenfähre" zur Stelle und ging um 9 Uhr längsseits. Schon um 13.35 Uhr war die Übernahme der immerhin 594 Patienten abgeschlossen – der in Moudros zunächst noch improvisiert eingeführte Schiff-zu-Schiff-Direkttransfer spielte sich augenscheinlich immer besser ein. Für den Rest des Tages kehrte wieder Ruhe ein, so dass Dr. Goodman doch noch zu einem Landgang inklusive Opernabend kam. An den drei folgenden Tagen wurden die Patienten der Dampfer *Nevasa* und *Panama* übernommen, und die Belegung des großen Liners stieg auf 2237 Verwundete und Kranke. Obwohl die *Britannic* damit bei Weitem noch nicht ausgelastet war, ging sie am 4. Februar ankerauf und verließ nach elf Tagen Aufenthalt Neapel. Während der Liegezeit hatte ein geschäftstüchtiger Unternehmer angeboten, für lediglich 80 Pfund den mittlerweile schon recht verwitterten Außenanstrich des Schiffes zu erneuern. Das Farbmaterial wurde vom Schiff gestellt. Kapitän Bartlett leitete die Rechnung an die White Star Line weiter, doch die späteren Ereignisse sollten dazu führen, dass der Mann seine Bezahlung niemals erhielt.

Obwohl über 1000 Menschen weniger zu betreuen waren als bei der vorherigen Reise, gab es zunächst Schwierigkeiten – den ersten Seetag über machte ein heftiger Nordweststurm dem Schiff zu schaffen und zwang zahlreiche Mitglieder der Medizincrew seekrank in die Koje. Immerhin herrschte ab dem kommenden Tag wieder gutes Wetter, und Bartlett konnte die fälligen Rettungsübungen abhalten. Erst ab der Biskaya wurde es wieder ungemütlich.

Am 9. Februar machte die *Britannic* um 14.30 Uhr nach einer weitgehend ereignislosen Rückfahrt ohne Todesfälle in Southampton fest, und nach einer diesmal etwas langwierigeren Ausschiffung waren um 22.30 Uhr die letzten Verwundeten an Land gebracht. Danach konnte der größte Teil des medizinischen Personals das Schiff zu einem diesmal siebentägigen Urlaub verlassen.

Die Transportabteilung war mit den Abläufen in Neapel recht zufrieden gewesen und dachte daran, dies zu einer stehenden Einrichtung zu machen. Bartlett wurde von seinen Vorgesetzten um einen Erfahrungsbericht gebeten und brachte unter anderem folgendes zu Papier:

> *„Da in Neapel kein Marineoffizier vorhanden ist, welcher die Kapitäne Patienten einbringender Dampfer instruiert, würde ich vorschlagen, dass in ihrer Segelorder definitive Anweisungen gegeben werden, sogleich bei Einlaufen (sofern Wetterbedingungen es erlauben) beim Schiff längsseits zu gehen, da viel Zeit eingespart werden kann und es für die Patienten so komfortabler ist, anstatt in Booten oder Schleppkähnen überbracht zu werden."*

Der in Moudros aus der Not geborene Usus des direkten Schiff-zu-Schiff-Transfers hatte letztendlich auch den Schiffer überzeugt. Auf seinen durchweg positiven Bericht hin und aufgrund der Beendigung der Dardanellenkampagne fiel bei der Transportdivision nun die Entscheidung, in Neapel ein neues Drehkreuz für die Verwundetentransporte aus dem Mittelmeer einzurichten. Einerseits ersparte dies den großen Schiffen den langen und durch U-Boote und Minen bedrohten Weg in die Ägäis, außerdem waren Farb- und andere Ausbesserungsarbeiten in Italien kostengünstiger als in England durchführbar. Doch just als der *Director of Transports* die Direktion von Cunard über die neuen Entwicklungen in Kenntnis setzen wollte, war der so wohlgesetzte Plan auch schon wieder hinfällig. In der Zwischenzeit hatte es nämlich zwischen England und Italien darüber, dass – wenn auch verwundete – britische Soldaten in Neapel eingeschifft wurden, diplomatische Unstimmigkeiten gegeben. Als am 1. Februar ein Vertreter der lokalen Gesundheitsbehörde das Schiff in Neapel inspizierte, hatte sich noch niemand viel dabei gedacht. Doch kurz darauf kam eine förmliche Mitteilung der italienischen Regierung bei der britischen Admiralität an, in der diese ersucht wurde, wegen „Ansteckungsgefahr" zukünftig auf einen anderen italienischen Hafen auszuweichen. Hinter dieser Aktion steckten allerdings nicht nur Bedenken über Hygiene, sondern und auch vielleicht noch mehr politische Besorgnis, denn Italien war im Jahre 1914 in den sogenannten Dreibund mit Deutschland und Österreich eingetreten. Zwar standen die Italiener mittlerweile in einem mörderischen Hochgebirgskrieg gegen Österreich, waren aber zugleich noch bestrebt, offiziell Frieden mit Deutschland zu halten. Sie waren also de facto auf Seiten der Alliierten, wollten aber dennoch eine Provokation der Macht nördlich des Brenners durch eine allzu offensichtliche Hilfeleistung für die Briten vermeiden und erlaubten von nun an in Neapel lediglich die Brennstoff- und Wasserergänzung. Als neuen Hafen für die Einschiffung von Verwundeten schlugen die italienischen Behörden nunmehr Augusta auf Sizilien vor. Die Transportabteilung wandte sich erneut an Kapitän Bartlett mit der Bitte um eine Stellungnahme. Der besah sich eine Seekarte und fand darauf eine als Ankergrund für große Schiffe geeignete Stelle.

Leider gab es handfeste Nachteile, denn statt in einer geschützten Bucht würde das Schiff hier mangels geeigneter Anlegestellen Wind und Seegang gegenüber exponiert liegen müssen, und die recht häufig auftretenden Winde aus Südost würden es erforderlich machen, die Kessel permanent unter Dampf zu halten. Für die Überführung verwundeter und kranker Soldaten waren dies alles andere als ideale Bedingungen. Auch der Leitende Transportoffizier in Malta hielt Augusta für ungeeignet, dennoch bestand die Transportabteilung darauf, einen Inspekteur zu entsenden. Dieser kam zu derselben Überzeugung, doch trotz aller Bedenken fiel die Entscheidung, der Aufforderung nachzukommen, in der Hoffnung, später wieder zurück nach Moudros wechseln zu können.

Am bitterkalten 21. Februar kehrte Dr. Goodman aus seinem verlängerten Landurlaub zurück und ging an Bord des noch immer an seinem Anleger vertäuten großen Schiffes. An Bord war es hundekalt, und der Doktor kam sich vor *„wie auf einem Eisberg"*. Tags darauf wurden die Festmacher losgeworfen, denn das Terminal wurde dringend benötigt. Die *Britannic* dampfte gemächlich den Solent hinab und ankerte vor Cowes, wo sie sich in der Gesellschaft von *Mauretania* und *Aquitania* wiederfand. Das Hafenstädtchen Cowes liegt auf der Southampton vorgelagerten Isle of Wight. Abermals wurden Zweifel über die unmittelbare Zukunft laut – der größere der beiden Cunarder war von seiner letzten Fahrt mit gerade mal 1500 Patienten zurückgekehrt, und auch der White Star Liner war alles andere als ausgelastet gewesen. Die Verwundetenzahlen an der Mittelmeerfront waren weiter rückläufig.

Fast vier Wochen lag die *Britannic* auf ihrem Ankerplatz, während sich das Personal an Bord, so gut es ging, die Zeit vertrieb. Leutnant John Cropper schrieb am 26. Februar an seine Verlobte:

> *„Gestern hatte ich einen Patienten, zwei Hockeyspiele mit den Krankenschwestern, eine Runde in der Sporthalle, eine mit Übungen in Flaggensignalen, zwei Partien Schach und eine Lektion angelsächsischer Geschichte dazwischen. Ich werde mich mit Winksprüchen bald ebenso gut auskennen wie Tom (...)"*

Wiederholt wurden Landpässe ausgegeben, und Goodman konnte Ausflüge nach Cowes, Newport und Portsmouth unternehmen. wo er zwei britische U-Boote liegen sah, nahe der HMS *Victory*, dem berühmten Flaggschiff Lord Nelsons, das 1805 bei der Schlacht von Trafalgar im Einsatz gewesen und nun beschädigt im Hafen von Portsmouth vertäut war. Anders als heute schwamm die *Victory* noch auf eigenem Kiel.

Die Langeweile wurde am 3. März unterbrochen, als ein Schlepper längsseits ging und acht Ärzte, 15 Krankenschwestern sowie 60 Pfleger abholte – sie wurden an Bord des Lazarettschiffes *Morea* gebracht und für eine Fahrt nach Le Havre detachiert. Alle waren 48 Stunden später wieder zurück.

Am 18. März schließlich wurden alle Urlaubsgenehmigungen widerrufen und alle Leute zurückbeordert, und zwei Tage später ging es, wie schon gewohnt mit für die Medizincrew zunächst unbekanntem Ziel, wieder in See. Während der Liegezeit hatte die seemännische Besatzung im Übrigen einen nicht alltäglichen Zuwachs erfahren – acht sogenannte *Sea Scouts*. Das Ganze geschah auf eine Initiative von Kapitän Bartlett hin. Der hatte gegenüber der White Star Line eines Tages den Vorschlag gemacht, Pfadfinder für den Dienst auf See zu begeistern, und seine Arbeitgeber traten daraufhin prompt an das Oberhaupt der englischen Pfadfinder und Gründer der Bewegung, Generalleutnant Sir Robert Baden Powell, heran. Dieser zeigte sich hocherfreut von dem einzigartigen Privileg, das seinen Jungs hier ermöglicht werden sollte. Der Kapitän des großen Lazarettschiffes nahm die Buben auch sogleich persönlich unter seine Fittiche. Als Mitbegründer des *Sea Urchins Clubs* (etwa: „Seebengelklub") der Royal Naval Reserve (R.N.R.) hatte er sich der Nachwuchswerbung für die Marine verschrieben; daran änderte auch der Tod seines einzigen Sohnes Charles Sidney Ellis nichts, welcher als Midshipman (Seekadett, Fähnrich zur See) am 13. Mai 1915 bei der Torpedierung des Schlachtschiffes HMS *Goliath* ums Leben gekommen war. An Bord der *Britannic* wurden die „Seepfadfinder“ sogleich für diverse Tätigkeiten im Borddienst eingeteilt und betätigten sich so als Aufzugswärter oder Meldeläufer, dazu paukten sie das Signalisieren mit Winkflaggen, prägten sich das Morsealphabet ein und beteiligten sich an den Rettungsübungen. Die Jungs waren von Anfang an mit Feuereifer bei der Sache, und noch am 6. März hatte Henry Concanon an Baden Powell geschrieben, dass man an Bord mit ihnen höchst zufrieden sei. Einige, die sich durch besondere Leistungen hervortaten, erhielten von Kapitän Bartlett persönliche Belobigungen, und die White Star Line stiftete ihrerseits Auszeichnungen für besonderen Fleiß.

Am 20. März schließlich machte sich das große Lazarettschiff wieder auf den Weg. Die sonst so ungemütliche Biskaya zeigte sich dieses Mal mit ruhiger See, es herrschte lediglich Regen. Am 23. wurde Gibraltar passiert, und das Mittelmeer erfreute alle an Bord mit milden Temperaturen und strahlend blauem Himmel. Harold Goodman verbrachte den Tag mit dem Überprüfen von Versorgungsgütern und Stationslisten sowie dem Korrigieren von Hausaufgaben seiner „Orderlies“, den ihm unterstellten Pflegekräften. Dann jedoch warf ihn eine ausgewachsene Influenza nieder und fesselte ihn bis zum Halt in Neapel ans Bett. Während der schon Routine gewordenen Versorgung mit Kohle und Wasser raffte sich der Doktor zu einem Landgang auf, ließ sich aber nach einem Besuch im Café Umberto wieder an Bord bringen – die Grippe war noch nicht ausgestanden. Der die ganze Nacht hindurch anhaltende Lärm während des Kohlens raubte ihm den Schlaf. Den folgenden Sonntag über, es war der 26. März, blieb der Liner in Neapel, während mit dem Grafen von Opporto ein weiterer ranghoher Besucher an Bord kam. In seiner Begleitung befand sich eine Abteilung italienischer Pfadfinder, welche sogleich mit Freuden von ihren britischen Kameraden durch das Schiff geführt wurden.

Nach 48 Stunden hievte der Liner den Anker und machte sich auf das letzte Wegstück nach Augusta, eine Tagesreise. Dr. Goodman war wieder so weit genesen, dass er das feurige Schauspiel des Lava speienden Stromboli von Deck aus bewundern konnte.

Es war 10 Uhr morgens, als sich den Bewohnern des verschlafenen Küstenstädtchens Augusta ein atemberaubender Anblick bot; Das riesige weiße Schiff

Die Krankenstation D gehörte dank der großen Bullaugen zu den tagsüber hellsten und den am besten belüfteten. (Sammlung Jonathan Mitchell)

mit den vier Schornsteinen lief ein und ging vor Anker. Es wurde sogleich von einem kleinen Schwarm Händlerbooten umkreist, deren Insassen Orangen feilboten. Viel Zeit für den Einkauf von Südfrüchten blieb indes nicht, denn auch die avisierten Verwundetentransporter waren bereits vor Ort. Goodman schrieb:

> *„Begannen das Einschiffen der Patienten von* Dunluce Castle *an Backbordseite (längsseits) gegen 10.15 Uhr. Die* Egypt *erschien in der Bucht und legte sich um 12.15 Uhr an die Steuerbordseite, wo ich mit Taylor und Walsh Dienst als Einschiffungsoffizier tat. Wir übernahmen alles in Allem 468 Personen. Anbordnahme ging hinten weiter von Lastkähnen und Leichtern – kanadisches Lazarett und Ausrüstung, so dass von vier Gangways gleichzeitig übernommen wurde. Fertig um 19 Uhr mit Verladung von Gepäck erkrankter Offiziere, das in Frachtraum Nr. 3 gestaut wurde. Im Bett um 23 Uhr. Während wir die* Egypt *entluden, nahm die* Glengorm Castle Dunluces *Platz ein und wurde entladen, und auf Bargen sandte die* Valdivia *ihre Patienten sowie das kanadische Lazarett mit 120 Mann Sanitätspersonal und Stab zu den hinteren Einschiffungspunkten auf dem E-Deck und ihre Ausrüstung zu den hinteren Frachtluken per Kran."*

Die Einschiffung des kanadischen Hospitals zog sich hin bis zum nächsten Vormittag, so dass Kapitän Bartlett die Zeit nutzte, einen Offizier mit einem Motorboot an Land zu entsenden. Sein Auftrag lautete, Sand zum Reinigen der

Decks zu organisieren – Bartletts zweiter Spitzname *„Holystone Charlie"* (*holystone* nach dem Scheuerstein zum Deckschrubben; zur Erinnerung: der erste Spitzname war „Eisberg-Charlie") den der Schiffer von seiner Deckscrew verpasst bekommen hatte, kam nicht von ungefähr. Goodman war mit seinen Aufgaben soweit zum Ende gekommen, dass er die Erlaubnis ergattern konnte, sich dem Landkommando anzuschließen. Die Barkasse tuckerte zur Südseite der Bucht und nahm dabei einen Fischkutter in Schlepp. Nachdem das Motorboot geankert hatte, stiegen der Doktor und der Schiffsoffizier auf das Fischerboot über und wurden von diesem zum Ufer gebracht; die beiden Briten gelangten schließlich auf den Schultern der wegen der Schlepphilfe dankbaren sizilianischen Fischer aufs Trockene.

Während einige Einheimische den gewünschten Sand einsackten, machte sich Goodman auf einen kleinen Spaziergang durch Zitrushaine und besuchte ein nahe gelegenes landwirtschaftliches Gehöft, wo er einige Zitronen und Orangen erstehen konnte. Damit sowie mit am Strand gesammelten Muscheln und merkwürdigerweise auch mit Eidechsen kehrte er an Bord zurück. Wollte sich der Doktor ein Terrarium einrichten?

Am Morgen des 30. März ging mit der *Formosa* das letzte Lazarettschiff dieses Transports längsseits. Goodman war zunächst wieder mit Einschiffungen beschäftigt, erhielt dann aber einen anderen Auftrag: um Platz für die Einquartierung von Personal der 1. Londoner Feldambulanz zu schaffen, musste er die bereits auf die Stationen L, M und N eingewiesenen Patienten auf andere Räume verteilen. Damit war er noch immer beschäftigt, als das Schiff um 15 Uhr den Anker lichtete und sich auf den Heimweg machte.

Am 4. April machte der Liner nach teilweise stürmischer Überfahrt um 11 Uhr wieder am Kai im Ocean Dock in Southampton fest. Am frühen Morgen war ein Verwundeter an Bord gestorben, und der Leichnam wurde wieder bis zum Anlegen im dafür bestimmten Deckshaus aufgebahrt. Während des Ausschiffens der Patienten wurde Oberstleutnant Anderson von seinem Posten weggerufen, weil er sich um einige höherrangige Gäste kümmern sollte – Sir Benjamin Franklin und Generalarzt O'Donovan erschienen gemeinsam mit einigen russischen Aristokraten zu einem unerwarteten Besuch an Bord und wurden mit einem Lunch bewirtet. Der Besuch eines Generalarztes ließ indessen erwarten, dass hinter den Kulissen wohl etwas im Schwange war, und bald kursierten erneut Gerüchte über die nähere Zukunft des Liners bzw. seine Weiterverwendung.

14 Außer Diensten

Am Tag nach der Rückkehr wurde Harold Goodman von seinem Chef Oberstleutnant Anderson gefragt, ob er ihm auf das Lazarettschiff *Dover Castle* folgen wolle, aber er lehnte ab – erst wolle er noch seine Aufgaben an Bord des großen Schiffes ordentlich zu Ende bringen.

Am 6. April gingen sämtliche ‚kriegsfreiwilligen' VAD-Schwestern zusammen mit ihren Oberinnen von Bord und ließen eine Handvoll MO's mit Bergen von Bettwäsche zurück; die verbliebenen RAMC-Pflegekräfte waren mit dem Ausladen der medizinischen Vorräte beschäftigt. Nach einer Woche anstrengender Arbeit waren die Stationen A bis H aufgeklart und gereinigt sowie alle sonstigen Angelegenheiten erledigt.

Am frühen Morgen des 11. April 1916 stand Oberstleutnant Anderson zusammen mit dem Rest seines medizinischen Stabes – den Doktoren Goodman, Urwick und Maclagan – am Ende des White Star-Docks, und zusammen sahen sie zu, wie das große weiße Schiff ablegte und sich langsam in Richtung Solent entfernte. Die Fahrt endete vor Cowes, wo der Liner für die nächste Zeit vor Anker gehen sollte. Dr. Goodman sollte die *Britannic* nur noch ein einziges Mal zu Gesicht bekommen, und zwar von Deck eines Transportschiffes aus, welches ihn nach Le Havre brachte. In der Tasche hatte er seine Kommandierung zur 76. Feldambulanz in Frankreich.

Da die Verwundetenzahlen an den Kriegsschauplätzen im östlichen Mittelmeer weiter rückläufig waren, sah das Kriegsministerium nun keine Rechtfertigung mehr, drei derart große Lazarettschiffe zu unterhalten, und so wurden *Mauretania* und *Aquitania* aus dem Dienst genommen und ihren Eignern zurückgegeben. Die *Britannic* sollte zunächst einmal für alle Fälle zur halben Rate einsatzbereit gehalten werden und lag fünf Wochen im Solent vor Anker, wo sie zeitweise als schwimmendes Krankenhaus genutzt wurde. Dann erschien dem Kriegsministerium die Instandhaltung zu kostspielig, und trotz Protesten der Transportabteilung wurde auch dieses Schiff freigestellt. Für die *Britannic* war der Krieg damit vorläufig beendet; die Regierung entrichtete an die White Star Line für die Rückrüstung die Summe von 76.000 Pfund. Nach der Ankunft in Belfast musterte die Besatzung ab und Kapitän Bartlett nahm wieder seine zivile Beschäftigung auf.

Doch bald musste das Kriegsministerium erkennen, dass die Entlassung der drei Superliner verfrüht erfolgt war. Die Kriegslage im Mittelmeer verschärfte sich wieder, als die Alliierten neue Offensiven auf Thessaloniki, in Palästina und Kleinasien starteten.

Der Strom von Verwundeten schwoll erneut an, und Moudros sollte wieder zur Drehscheibe in der Ägäis werden. Schon bald kam wieder die Anforderung nach mehr Schiffsraum.

Britannic mit längsseits festgemachtem, namentlich nicht bekanntem Lazarettschiff, vermutlich in Moudros. (Sammlung Mark Chirnside)

15 Zurück an die Front

Die Transportabteilung steckte in einer Zwickmühle, welchen der großen Dampfer sie als ersten reaktivieren sollte. Die *Britannic* war als letzte außer Dienst gestellt worden und hatte noch die Lazaretteinrichtung. Aber sie war zwischenzeitlich wieder nach Belfast überführt worden und lag am Ausrüstungskai von Harland & Wolff, wo bereits der Ausbau der medizinischen Ausrüstung im Gange war. Die *Aquitania* war schon fast wieder für den Passagierdienst hergerichtet, aber sie blockierte noch die Werftanlagen, die Harland & Wolff eigentlich für die White Star Line in Southampton eingerichtet hatte. So wurde also am 21. Juli 1916 der Cunarder als erstes requiriert.

Am 28. August kam schlussendlich die Anforderung für die *Britannic* zum erneuten Einsatz als Lazarettschiff. Wieder unter der Führung von Charles Bartlett dampfte sie zur Vervollständigung der medizinischen Ausrüstung nach Southampton. Am 9. September ging sie erneut bei Cowes vor Anker, um ihre Befehle und die Anmusterung einer neuen Crew abzuwarten. Noch einmal gingen zwei Wochen ins Land, was der neuen Medizincrew genügend Zeit verschaffte, sich mit dem Schiff vertraut zu machen. Zum Leitenden Medizinischen Offizier war wieder Oberstleutnant Anderson bestimmt worden.

Hinter den Kulissen sah sich indessen die Transportabteilung wiederholt mit dem Problem konfrontiert, große Kontingente von medizinischem Personal zu teils weit entfernten Einsatzorten transportieren zu müssen. Und was war für diesen Zweck naheliegender als die riesigen Passagierschiffe, die unter der Flagge des Roten Kreuzes liefen? So bestiegen in diesen Tagen mehrere hundert Krankenschwestern des VAD Tender in Southampton, welche sie zur Reede von Cowes bringen sollten.

Der Name einer dieser Schwestern lautete Vera Brittain. In späteren Jahren sollte sie sich einen Namen als Schriftstellerin machen. Ihr größter literarischer Erfolg war das Werk „Testament of Youth", in dem die *Britannic* eine Rolle spielt. Der Stoff wurde 2015 verfilmt. Vera Brittain war außerdem Pazifistin und Feministin, aber zur Stunde trug die damals 22-Jährige die Schwesterntracht des Voluntary Aid Detachment. Als sie am 15. September Nachricht von ihrem bevorstehenden Einsatz im Ausland erhielt, diente sie beim 1st London General Hospital in Camberwell. Eine hektische Woche verging, während der sie versuchte, eine zusätzliche Ausrüstung zusammen zu bekommen und

Das Passagierterminal in Southampton vom Deck der *Britannic* aus gesehen. Die Aufname zeigt, dass der Passagierbrückenblock nicht nur vor dem Gebäude verschoben wurde, sondern bei Bedarf auch ganz zur Seite geschoben werden konnte.
(Sammlung Jonathan Mitchell)

gleichzeitig ihren Dienst zu verrichten. Dann kam die Nachricht, dass sie sich am 23. September an Bord der *Britannic* einzufinden hätte. Ihre erste Begegnung mit dem Liner sollte sie nie vergessen, wobei sie eine sehr spezielle Anschauung über die Natur von Schwesterschiffen an den Tag legte:

„Endlich sahen wir in der Ferne die Britannic, *ein großes, weißes Ungeheuer mit vier Schornsteinen und drei an ihre Seite gemalten roten Kreuzen. Sie war als Schwesterschiff zur* Titanic *gedacht, aber wegen dieses Aberglaubens Schwesterschiffe betreffend, beendete die White Star Company ihren Bau, als die* Titanic *1912 unterging. Doch als der Krieg ausbrach, bestimmte die Regierung sie zum Lazarettschiff, so dass sie nicht länger das Schwesterschiff der* Titanic *war.*

Für uns, die wir nie einen Liniendampfer gesehen hatten, war ihre Größe beinahe erschreckend, besonders, wenn ich über das A-Deck blickte, nachdem es Nacht gewor-

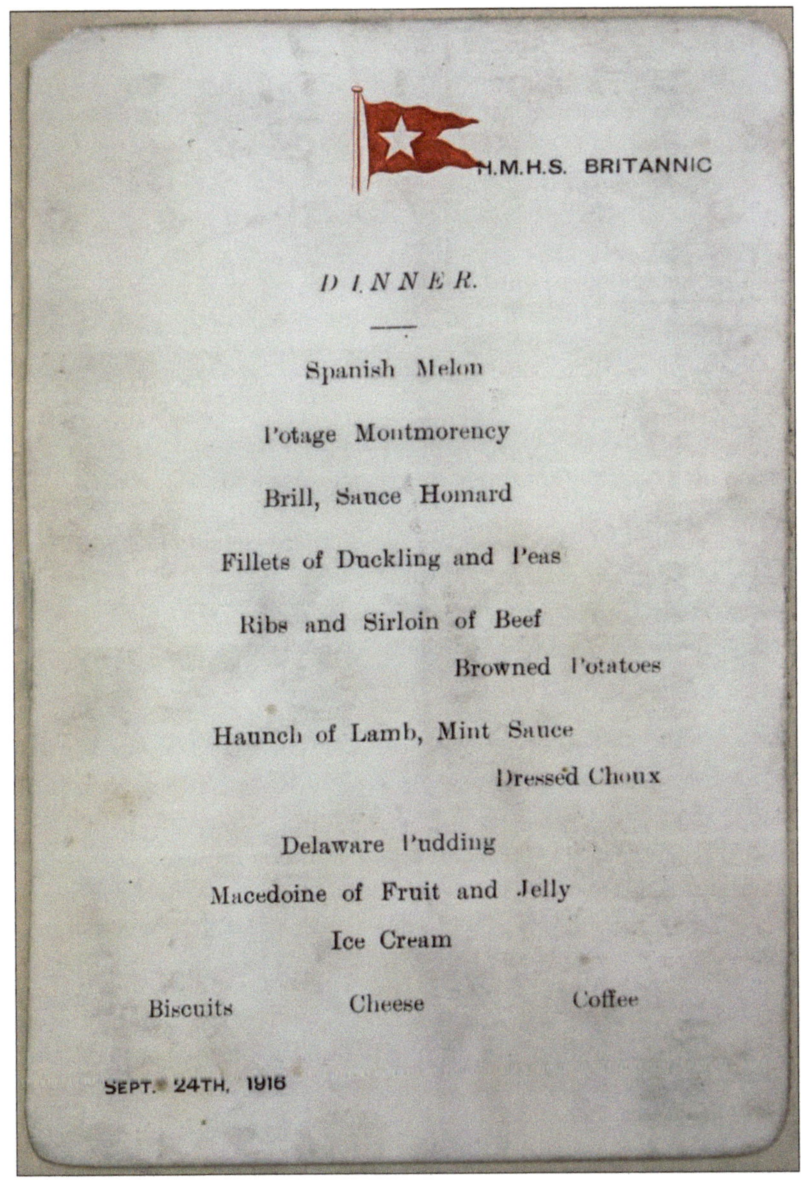

H.M.H.S. BRITANNIC

DINNER.

Spanish Melon

Potage Montmorency

Brill, Sauce Homard

Fillets of Duckling and Peas

Ribs and Sirloin of Beef

Browned Potatoes

Haunch of Lamb, Mint Sauce

Dressed Choux

Delaware Pudding

Macedoine of Fruit and Jelly

Ice Cream

Biscuits Cheese Coffee

SEPT. 24TH, 1916

Auch während des Krieges war die Borddruckerei in Betrieb. Diese Menükarte stammt vom ersten Dinner der vierten Mittelmeermission. Zu beachten die umfangreiche Menüauswahl auf einem Schiff im Dienste der Admiralität. (Sammlung Jonathan Mitchell)

den war, und bemerkte, wie groß der Abstand zum Wasser war. Wir warteten lange Zeit am Fuß des großen Haupttreppenhauses des Schiffes, während Betten zugeteilt wurden; nachdem der ganze Stab untergebracht war, erhielten wir unsere – Innenkabinen ohne Bullaugen, als wären wir Passagiere. Wir hatten insofern Glück, als die Leute, die am nächsten Tag kamen, in den Krankenräumen schlafen mussten."

Trotzdem fühlte sich Brittain nach ihrer Tätigkeit an Land angesichts der begrenzten Räumlichkeiten an Bord des Liners unwohl, und sie war froh, nicht zum Dienst an Bord eines solchen Schiffes bestimmt worden zu sein. Die Reise selbst empfand sie als überaus langweilig, wenn sie nicht gerade von Seekrankheit geplagt wurde.

Am 24. September ging es schließlich mit einer Zerstörer-Eskorte und von Wasserflugzeugen bewacht zum Englischen Kanal. Vera Brittain weiter:

„Nach dem Sonnenuntergang sahen wir die Sanitäter und Pfleger ein Deck tiefer singen und tanzen; es war, als würde man eine Theaterbühne von der Garderobe aus sehen. Ein Mann hatte eine Violine, welche er höchst ergreifend spielte. Ich erinnere mich unter anderem an Tostis ‚Goodbye'. Zu dieser Zeit waren wir wohl außer Sicht vom Land."

Auf der Fahrt durch die Biskaya zeigte die See einmal mehr ihr unfreundlichstes Gesicht, und bald schon lag ein großer Teil des neuen Personals mit *mal de mer* „flach". Zum Glück besserte sich das Wetter schon am dritten Seetag deutlich, und die Schwestern verbrachten den Morgen an Deck. Einen höchst beeindruckenden Anblick bot entgegen kommend die heimkehrende *Aquitania*, und dann begleitete noch eine ganze Schule von Tümmlern die *Britannic* ein Stück des Weges.

Die letzte Etappe vor Neapel wurde der Liner von einem Gewittersturm heimgesucht, der den leidgeprüften Pflegekräften und Medizinern schlimmer als alles erschien, was sie je in der Biskaya erlebt hatten. Die „Fahrgäste" erhielten Order, ihre Sachen zu packen, da die Möglichkeit bestand, dass sie schon in Neapel von Bord müssten. Brittain fühlte sich viel zu elend dafür. Ihrer Freundin und Zimmergenossin Stella Sharp ging es nicht besser, aber sie rappelte sich hoch. Da sie kaum stehen konnte, rutschte sie im Pyjama auf dem Boden der Kabine inmitten eines Haufens Gepäck hin und her und versuchte, Kleidungsstücke von ihren Haken herunter zu ziehen. Brittain konnte nicht anders, als

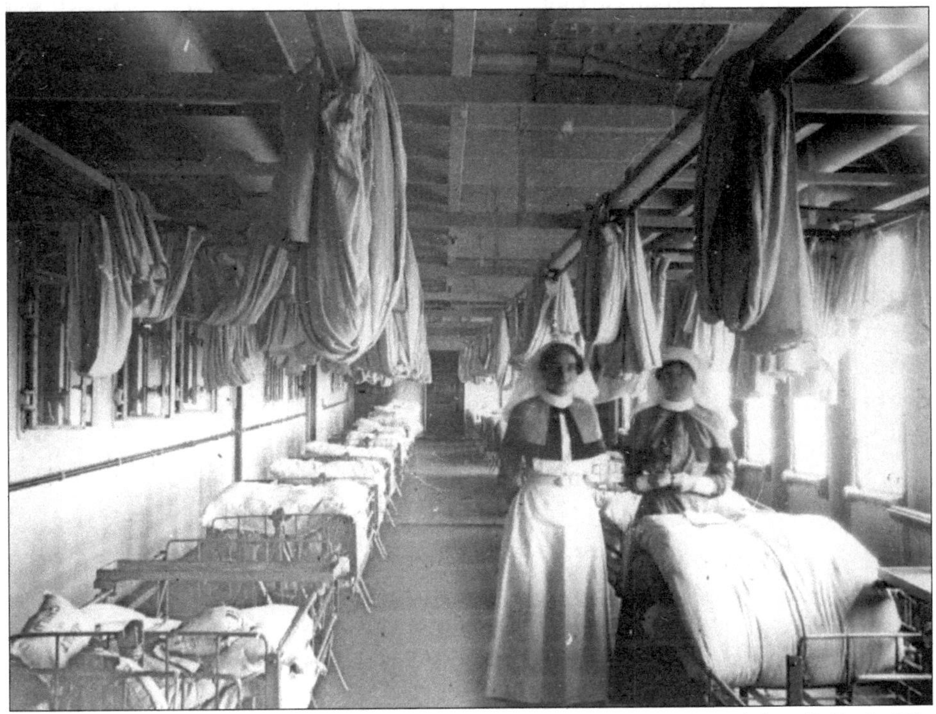

Das Revier für verwundete Offiziere auf der vorderen Promenade auf dem B-Deck. Die oben erkennbaren Stoffbahnen sorgten als Vorhänge für etwas Privatsphäre. (Sammlung Jonathan Mitchell)

über diesen Anblick in Gelächter auszubrechen, worauf ihr Sharp diverses Gewand auf den Kopf warf.

Am folgenden Morgen des 29. September glitt das große Schiff in die Bucht von Neapel und warf zum ersten Mal nach sechs Monaten an ihrem gewohnten Ankerplatz im Kriegshafen das Eisen. Die nicht zur Besatzung gehörenden sondern nur transportierten „VADs" erfuhren, dass sie nicht wie in Aussicht gestellt schon dort den Dampfer verlassen mussten, stattdessen erhielt ein Teil von ihnen Pässe für einen Landgang. Vera Brittain gehörte zu den Glücklichen und durfte sich die malerische Stadt zu Füßen des Vesuvs zu Gemüte führen. Aus dem geplanten Besuch von Pompeji wurde jedoch infolge einer dort grassierenden Epidemie nichts.

Immerhin konnten sie sich nach Herzenslust mit Geschenken für die Daheimgebliebenen eindecken; Brittain kaufte ein Schmuckstück aus Koralle für ihren Vater sowie eine hölzerne Terrakotta-Vase für ihren Bruder Edward, dazu erstand sie noch ein paar hübsche Aquarelle.

Tags darauf, es war ein Samstag, gab es noch ein weiteres Mal Landgang. Die Schwestern warteten lange und ungeduldig in einem Korridor unten im Schiff, während ihre Füße von Wasser umspült wurden – das verflixte Rückschlagventil machte wohl noch immer Schwierigkeiten. Umso kurzweiliger war dann der erneute Ausflug in die Innenstadt von Neapel, zumal nach dem Regen vom Vortag nun bestes Wetter herrschte. Bei einem erneuten Lunch in den Arkaden der berühmten Galleria Umberto I schlugen sich die Schwestern mit dem Problem herum, Spaghetti mit der Gabel zu essen. In eine Tour mit Pferdekutsche

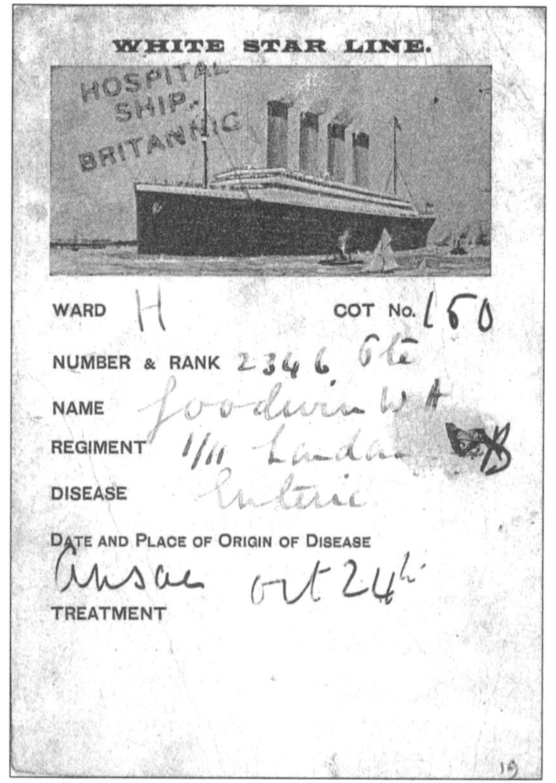

WHITE STAR LINE.

HOSPITAL SHIP. BRITANNIC

WARD H COT No. 150

NUMBER & RANK 2346 Pte

NAME Goodwin W A

REGIMENT 1/11 Lond…

DISEASE Enteric

DATE AND PLACE OF ORIGIN OF DISEASE Anzac Oct 24th

TREATMENT

Die medizinische Bordausweiskarte des Gefreiten Walter Goodwin. Auf ihr sind neben Angabe der Regimentszugehörigkeit des Patienten und seinem Quartier an Bord auch die Art von Krankheit u./o. Verwundung sowie deren Behandlung verzeichnet.
(Sammlung Simon Mills)

Die Backbord-Motorbarkasse wird bei einem Aufenthalt in Neapel abgefiert. Das Foto dokumentiert eindrucksvoll den großen Schwenkbereich der „Gantry-Davits". (Sammlung Jonathan Mitchell)

Da die *Britannic* nicht für den Einsatz im Mittelmeer konzipiert war, wurden Sonnensegel wie hier über das achtere Welldeck gespannt, aber auch über die offenen Promenaden. (Sammlung Jonathan Mitchell)

wurden elf Schilling investiert, und Brittain bemerkte das Entzücken der Italiener über die englischen Krankenschwestern; allenthalben sahen sie Winken und hörten Segenswünsche. Diverse Offiziere sprangen, ohne auf den Verkehr zu achten, mitten auf die Straße und salutierten den Frauen voll Dankbarkeit. Die Tour umfasste Sehenswürdigkeiten wie San Martino sowie die Festung St. Elmo mit grandioser Aussicht über die Bucht und endete im Englischen Quartier, wo die meisten Hotels geschlossen oder in Krankenhäuser umgewandelt waren. Mit der Barkasse ging es zurück an Bord.

Am Abend des Sonntags waren Kohle- und Wasserübernahme beendet, und die Fahrt ging mit Ziel Moudros weiter. Brittains Unwohlsein kehrte mit der Langeweile zurück, und als ihr jemand sagte, dass dieser Teil der Fahrt zugleich der gefährlichste sei, trug trug dies nicht zu ihrem Wohlbefinden bei. Für Abwechslung sorgte die Anordnung an die VAD-Passagiere, den Kolleginnen des Schiffes beim allfälligen Bettenmachen vor dem Einlaufen behilflich zu sein. Begeistert war Schwester Brittain von dieser Arbeit aber auch nicht, denn das Herrichten der Doppelstockkojen erschien ihr als geradezu halsbrecherische Turnübung:

> *„(...) um das obere zu machen, muss man sich auf ein am unteren Bett befestigtes Sims stellen, von dem man herunter rutscht, sobald das Schiff rollt. Das untere ist eben so übel; es scheint keine Alternative zu geben als sich entweder beinahe das Kreuz zu brechen oder aber sich gewaltig den Kopf anzuhauen."*

Am 3. Oktober lag der Liner nach fast neun Monaten wieder bei seinem bekannten Ankergrund in der Bucht von Moudros. Ab dem Morgen hatte die *Britannic* stets Geleit gehabt, mal durch einen Schlachtkreuzer, mal durch einen Zerstörer oder ein Torpedoboot. Wieder war das Rund der Bucht von einer Unzahl von Schiffen übersät, und neben einem Dreadnought-Schlachtschiff Seiner Majestät lagen einige kleinere französische und britische Kriegsschiffe vor Anker. Sieben Lazarettschiffe waren ein klares Zeichen dafür, dass der Krieg im Nahen und Mittleren Osten wieder seinen vollen Blutzoll forderte. Um 21 Uhr ging als Erstes der Dampfer *Galeka* längsseits, und Vera Brittain und ihre Kameradinnen sahen vom Bootsdeck aus zu, wie die Verwundeten auf das große Schiff gebracht wurden. Dann nahte für die Schwestern der Abschied von dem White Star Liner, denn die *Galeka* sollte sie von hier zu ihren verschiedenen Bestimmungsorten weitertransportieren. Wenn Schwester Brittain die Verhältnisse an Bord des Riesendampfers für beengt gehalten hatte, wurde sie nun

Die *Britannic*, von einem längsseits angelegten kleineren Fahrzeug (vermutlich ein Lazarettschiff) aus fotografiert. Blick nach vorne auf der Steuerbordseite. Der kleinere Dampfer reicht der *Britannic* etwa bis zum D-Deck. Auf dem A-Deck ist am vorderen Ende der offenen Promenade ein Ausleger zu erkennen, an dem eine Lampe befestigt ist. Bei Dunkelheit wurde der Ausleger ausgeschwungen, und die Lampe erhellte das rote Kreuz an der Schiffsseite (vgl. Illustration Seite 60). Auf dem Bootsdeck ist vorne ein weiteres rotes Kreuz angebracht. Die steuerbordvordere Bootsstation unter den „Gantry-Davits" ist zu erkennen, ebenso die zusätzlichen Boote unter herkömmlichen Welin-Davits. Auf dem kleinen Dampfer stehen im Vordergrund Besatzungsmitglieder vor einem kleinen Häuschen. Dabei handelt es sich vermutlich um eine mobile Krankenstation, welche bei Bedarf an Land transportiert werden konnte und sogar mit Betten ausgerüstet war. (Sammlung Ioannis Georgiou)

gründlich eines Besseren belehrt – anstatt in bequemen Schiffskabinen mussten die Schwestern von nun an in den stickigen Räumen logieren, die eben noch hunderte verwundete und kranke ‚Tommies' (frühere umgangssprachliche Bezeichnung britischer Soldaten) beherbergt hatten. Die vier Tage bis Malta fast ohne Privatsphäre und mit primitiven sanitären Einrichtungen waren für die Frauen so strapaziös, dass *„16 von ihnen an einem Leiden erkrankten, das niemand isolieren konnte"*. In der Zwischenzeit verlief in Moudros die Einschiffung der Patienten so routiniert, als hätte es keine monatelange Unterbrechung gegeben.

Das Heck der *Britannic* (Steuerbordseite), von einem längsseits gegangenen kleineren Schiff aus gesehen. Die rechteckigen Fensteröffnungen rechts oben gehören zum überdachten hinteren Welldeck; bei der erhöhten Struktur links oben handelt es sich um das Aufbaudeck über der Poop (shade deck) mit dem steuerbordseitigen Rettungsboot unter Welin-Davits. (Sammlung Ioannis Georgiou)

Nach nur zwei Tagen war das Schiff bis auf das letzte Bett ausgelastet und bereits wieder auf dem Weg nach Southampton. Moudros war kaum unter der Kimm verschwunden, als ein Unteroffizier des 1. Manchester-Regimentes seinen Verwundungen erlag. Der Soldat wurde am selben Abend nach einer kurzen Zeremonie auf dem Poopdeck der See übergeben. Es sollte der einzige Verlust dieser Reise bleiben, und am 11. Oktober lag die *Britannic* wieder an ihrem angestammten Platz des White Star-Docks in Southampton. Hier blieb sie die nächsten neun Tage, und der größte Teil der Medizincrew konnte auf den üblichen Sieben-Tage-Urlaub gehen.

16 Die „Causa Messany“

Zu diesem Zeitpunkt hatte das Lazarettschiff mit der Kennung G618 vier erfolgreiche Unternehmungen durchgeführt und bei gerade fünf Verlusten zehntausend Patienten sicher nach England befördert. Als aber am 28. Oktober das Lazarettschiff *Galeka* – von dem erst kurz zuvor Verwundete übernommen wurden – auf eine Mine lief, konnte dies manchem als Omen erscheinen, und es sollte nicht das einzige unangenehme Ereignis bleiben.

Während die *Britannic* für die nächste Unternehmung vorbereitet wurde, fragte das RAMC am 13. Oktober 1916 bei der Admiralität an, ob das Schiff auf seiner nächsten Fahrt ins Mittelmeer für die Beförderung von medizinischem Personal und Sanitätsgütern verwendet werden könnte. Die Genehmigung traf drei Tage später ein, doch schien sich die Kommandobehörde in London mit dieser Erlaubnis nicht ganz wohl zu fühlen und ließ durchblicken, dass dies eine einmalige Angelegenheit bleiben solle und in Zukunft lediglich die Mitreise von Krankenschwestern genehmigen wolle. Die Gründe für diese Bedenken bleiben rätselhaft, denn aus dem Tagebuch des Dr. Goodman ist ersichtlich, dass die Anbordnahme von Angehörigen zweier Feldlazarette plus Material gängige Praxis war.

So ging die *Britannic* am 20. Oktober 1916 ein weiteres Mal auf die Reise ins Mittelmeer. An Bord befanden sich dieses Mal 483 zusätzlichen Personen: 232 Offiziere und Mannschaften des RAMC, 17 Feldgeistliche, 10 Ärztinnen und vier Assistenzärzte, 209 freiwillige Krankenschwestern des VAD, acht Zahntechniker sowie vier Angehörige des britischen Roten Kreuzes. Sie reisten zusammen mit mehr als 200 Tonnen medizinischer Ausrüstung und sonstiger Fracht nach Moudros und wurden von dort an ihre Bestimmungsorte in Ägypten, Griechenland (Thessaloniki), Indien und Kleinasien weitergeleitet.

Diese „Zweckentfremdung“ der *Britannic* sollte ein Nachspiel haben. Der Transport von Einheiten des zwar nicht kämpfenden, aber militärisch geführten RAMC tauchte später in einer Liste von sogenannten Missbräuchen britischer Lazarettschiffe auf, welche die Deutschen bei der Rechtfertigung für den 1917 proklamierten uneingeschränkten U-Bootkrieg vorlegten.

Bis dahin hatten sich die deutschen U-Boote im Atlantik gewisse Beschränkungen auferlegen müssen, um die Vereinigten Staaten nicht zum Kriegseintritt zu

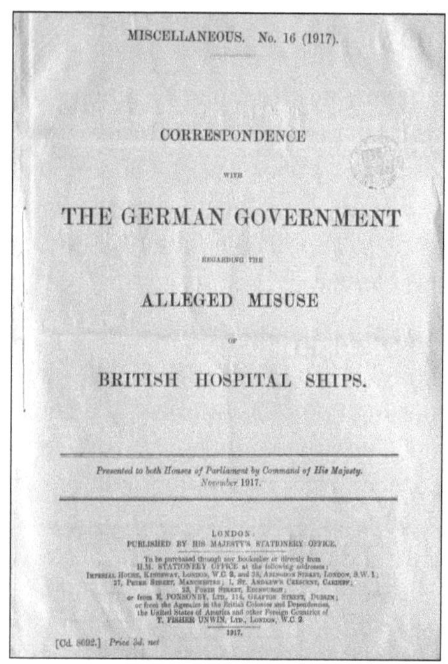

MISCELLANEOUS. No. 16 (1917).

CORRESPONDENCE

WITH

THE GERMAN GOVERNMENT

REGARDING THE

ALLEGED MISUSE

OF

BRITISH HOSPITAL SHIPS.

Presented to both Houses of Parliament by Command of His Majesty.
November 1917.

LONDON:
PUBLISHED BY HIS MAJESTY'S STATIONERY OFFICE.

To be purchased through any bookseller or directly from
H.M. STATIONERY OFFICE at the following addresses:
IMPERIAL HOUSE, KINGSWAY, LONDON, W.C. 2, and 28, ABINGDON STREET, LONDON, S.W. 1;
37, PETER STREET, MANCHESTER; 1, ST. ANDREW'S CRESCENT, CARDIFF;
23, FORTH STREET, EDINBURGH;
or from E. PONSONBY, LTD., 116, GRAFTON STREET, DUBLIN;
or from the Agencies in the British Colonies and Dependencies,
the United States of America and other Foreign Countries of
T. FISHER UNWIN, LTD., LONDON, W.C. 2.

1917.

[Cd. 8692.] *Price 3d. net*

Deckblatt der Korrespondenzen zwischen der britischen und deutschen Regierung zum angeblichen Missbrauch britischer Lazarettschiffe. Aufgrund zahlreicher Beobachtungen und teils unter Eid gemachter Aussagen von Augenzeugen meinten die Deutschen, von einem regelmäßigen Missbrauch ausgehen zu können und kündigten an, „nach Ablauf einer gewissen Frist" jegliches Lazarettschiff „auf der Linie Flamborough Head-Terschelling sowie zwischen Ouessant und Land's End" als legitimes Angriffsziel zu betrachten. Auch ein gewisses Seegebiet im Mittelmeer sollte zu einer „Sperrzone" erklärt werden.
(Sammlung Günter Bäbler)

provozieren. Die Deutschen setzten auf das bis dahin unterschätzte Kampfmittel des U-Boots, nachdem sich die britische Grand Fleet einer möglicherweise entscheidenden Schlacht mit der Deutschen Hochseeflotte bis dahin entzogen hatte bzw. in der großen Skagerrakschlacht wenige Monate zuvor nur ein Patt erreicht worden war. Die Royal Navy hatte es schlicht nicht nötig, sich der unerwartet kampfstarken deutschen Hochseeflotte zu stellen; die Abschneidung der „Hunnen" von allen ozeanischen Zufahrtswegen in die Nordsee erwies sich als weit wirkungsvoller. Diese völkerrechtswidrige „Hunger-Blockade" hatte in Deutschland bis einschließlich 1919 den Tod von rund 760.000 Menschen zur Folge und führte zur Kriegsmüdigkeit im Volk, was später ein wichtiger Faktor für die deutsche Niederlage werden sollte. 1915 erklärte die deutsche Führung das Seegebiet um England zur „Kriegszone", in der alliierte Fahrzeuge warnungslos angegriffen werden sollten, um so im Gegenzug das Inselreich auszuhungern. Dieser erste bedingungslose U-Bootkrieg zerstörte zeitweilig mehr Schiffe als neue gebaut werden konnten, von den menschlichen Verlusten ganz zu schweigen, wurde aber nach scharfem diplomatischen Protest aus den USA zunächst eingestellt. Die U-Boote wurden angewiesen, zur Kriegführung nach Prisenordnung zurückzukehren. Diese Ordnung als Teil des

Seekriegsrechts regelte Aktionen von Kriegsschiffen gegen zivile Schiffe. Die Umsetzung dieser Prisenordnung wurde wegen der Bewaffnung von Frachtern und anderer Abwehrmaßnahmen immer schwieriger und in der Folge verlustreicher für die Deutschen. 1917 setzten sie dann alles auf eine Karte und nahmen dabei den Kriegseintritt der Amerikaner in Kauf – in der Hoffnung, die Engländer würden in Friedensverhandlungen einwilligen, ehe die Hilfe aus den USA sich entscheidend auswirken konnte. Dieses Kalkül sollte bekanntermaßen nicht aufgehen, und 1918 würde es letztendlich „finis Germaniae" heißen.

Am 28. Oktober 1916 legte die *Britannic* nach einer ereignislosen Überfahrt in Moudros an. Die „Passagiere" gingen von Bord und machten Platz für die Personen, für welche das Schiff eigentlich gedacht war.

Während der nächsten zwei Tage wurden von sechs kleineren Lazarettschiffen, darunter die alten Bekannten *Dunluce Castle, Glenart Castle, Llandovery Castle, Grantully Castle* und *Valdivia* 3022 Verwundete übernommen. Unter diesen befand sich ein nicht alltäglicher Fahrgast, der später noch für einige Aufregung sorgen sollte: Der österreichische Opernsänger Adalbert Franz Messany, 24 Jahre alt, war in Ägypten vom Ausbruch des Krieges überrascht worden, wo er als „Angehöriger eines Feindstaates" umgehend interniert wurde. Als er sich im Internierungslager auf Malta eine Tuberkulose einfing, beschlossen die britischen Behörden, ihn in seine Heimat zurückzuführen. An Bord der *Wandilla* gelangte er nach Moudros und hier zusammen mit deren Patienten auf die *Britannic*.

Während des Aufenthalts in Moudros konnte Messany beobachten, wie Teile des schon beschriebenen Personals zusammen mit Fracht von der *Britannic* auf die *Wandilla* wechselten.

Am 30. Oktober waren die Einschiffungen beendet, und das große Schiff begab sich einmal mehr auf die Rückfahrt. Messany wurde im leeren „Leichenhaus" auf dem Poopdeck untergebracht, und zunächst war es ihm untersagt, diesen Raum zu verlassen. Am 2. November starb allerdings ein verwundeter Unteroffizier, worauf der Arrestant sein Quartier für den Leichnam räumen musste. Der Sänger wurde für den Rest der Überfahrt in eine der Krankenstationen verlegt und konnte sich von da an relativ frei und offenbar fast ohne Aufsicht an Bord bewegen. Dabei verfolgte er rege die Aktivitäten um ihn herum. Dabei fiel ihm auf, dass etliche Offiziere Handfeuerwaffen mit sich führten. Er unter-

Die *Britannic* liegt bei Mourdos vor Anker. Der achtere „Gantry-Davit" ist ausgeschwungen, vermutlich liegt das herabgelassene Motorboot an der achteren E-Deck-Gangway, während an Backbord ein kleineres Schiff längsseits liegt. Die Steuerbordseite ist von einer vorangegangenen Bekohlung stark verschmutzt. (Sammlung I. Georgiou)

Ein weiterer Schnappschuss, welcher die *Britannic* 1916 bei Mourdos zeigt. Auf der Höhe des vorderen Welldecks ist ein Mast eines kleineren Schiffes zu sehen, welches an Backbord liegt. Vermutlich werden Verwundete auf die *Britannic* gebracht.
(Sammlung Ioannis Georgiou)

hielt sich außerdem mit einigen Mitpassagieren und stieß auf zwei Soldaten, die des Deutschen mächtig waren und auf ihn keineswegs einen kranken Eindruck machten. Beide wären auf dem Weg nach Frankreich, wo sie als Dolmetscher eingesetzt werden sollten. Von ihnen wollte der Österreicher gehört haben, dass sich 2500 Mann an Bord befänden, welche Befehl hatten, unter Deck zu bleiben und welche gesonderte Kost bekämen. Nach der Ankunft in Southampton am 6. November will Messany gesehen haben, wie diese uniformierten Männer in militärischer Formation vom Schiff wegmarschierten. Nachdem er später in Wien von den Behörden über seine Erlebnisse befragt worden war, tauchten seine Aussagen auf einem am 29. Januar 1917 von der deutschen Militärführung herausgegebenen und oben schon erwähnten Dokument auf, das 22 angebliche Missbräuche englischer Lazarettschiffe reklamierte.

Die britische Seite geriet darüber in Aufregung und versuchte herauszufinden, was hinter diesen Beschuldigungen steckte.

Im besonderen Fall der *Britannic* wurde festgestellt, dass Adalbert Messany allzu große Freiheiten genehmigt worden waren. Der Österreicher hatte sich selbst darüber gewundert, dass er auf dem englischen Schiff ohne Restriktion herumwandern hatte können. Auch seine beiden Gesprächspartner wurden ermittelt; sie hatten tatsächlich Fremdsprachenkenntnis und trugen auf ihrer Uniform deswegen ein „L". Der eine war Gefreiter des RAMC und litt an einer schweren Darmerkrankung. Der andere gehörte den Walisischen Husaren an und wurde wegen einer Malariaerkrankung repatriiert. Beide waren also entgegen Messanys Beobachtung tatsächlich krank und damit reguläre Patienten.

Beide bestritten, dass sie Dolmetscher waren, das „L" auf ihrer Uniform besagte nur, dass sie einer Fremdsprache mächtig waren – bei den britischen Einheiten an der Saloniki-Front war es gebräuchlich, Soldaten mit Sprachkenntnissen so zu kennzeichnen. Messany scheint einiges missverstanden zu haben, auch in Bezug auf die angeblich gesondert verpflegten 2500 Männer, die unter Deck bleiben mussten. Aufgrund der sich kaum von den Uniformen der kämpfenden Truppe unterscheidenden Bekleidung der RAMC-Kräfte konnte man getrost von einer Verwechslung ausgehen. Was die bewaffneten verwundeten Offiziere anging, so wurde festgestellt, dass es sich um Handfeuerwaffen in deren persönlichem Besitz gehandelt hatte, die ihnen im Gegensatz zu den Uniformen belassen wurden. Dies stand im Gegensatz zu den sonstigen Gepflogenheiten an Bord von Lazarettschiffen und war wohl mit einer gewissen Nachlässigkeit einhergegangen. Allerdings ist zu erwähnen, dass eine Gruppe von Besatzungsmitgliedern regulär Handfeuerwaffen führen durfte, und zwar die sogenannte Schiffswache. Dabei handelte es sich um einen Offiziersdienstgrad und acht Mannschaften, welche in Zweierteams die oberen Decks patrouillierten. Außerdem waren sie für die Bewachung psychiatrischer Patienten zuständig und konnten im Notfall an den Rettungsbooten stationiert werden.

Eine nähere Überprüfung der 3022 Verwundeten der fraglichen Fahrt ergab, dass sich darunter nur 367 bettlägerige Patienten befanden. Die Gehfähigen durften sich an Deck bekanntlich nur in der speziellen Bordkleidung zeigen, während ihre Uniformen bis zur Ankunft in der Effektenlast verstaut waren. Die Sache mit der gesonderten Verköstigung basierte darauf, dass die Bordküche die Patienten nach deren jeweiligem Gesundheitszustand verpflegte und bei Bedarf auch diätetische Speisen verabreicht wurden.

Der ganze Disput um vermeintliche Truppenverlegungen lag noch in der Zukunft, als die *Britannic* erneut für eine Mission ins Mittelmeer klargemacht wurde.

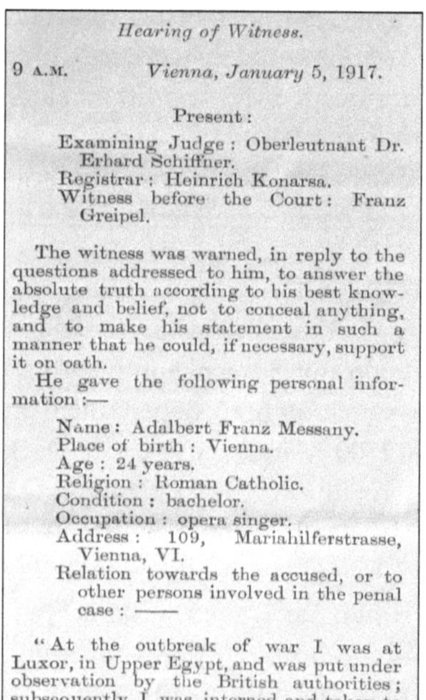

Hearing of Witness.

9 A.M. *Vienna, January 5, 1917.*

Present:

Examining Judge: Oberleutnant Dr. Erhard Schiffner.
Registrar: Heinrich Konarsa.
Witness before the Court: Franz Greipel.

The witness was warned, in reply to the questions addressed to him, to answer the absolute truth according to his best knowledge and belief, not to conceal anything, and to make his statement in such a manner that he could, if necessary, support it on oath.

He gave the following personal information:—

Name: Adalbert Franz Messany.
Place of birth: Vienna.
Age: 24 years.
Religion: Roman Catholic.
Condition: bachelor.
Occupation: opera singer.
Address: 109, Mariahilferstrasse, Vienna, VI.
Relation towards the accused, or to other persons involved in the penal case: ——

"At the outbreak of war I was at Luxor, in Upper Egypt, and was put under observation by the British authorities; subsequently I was interned and taken to Malta, where I arrived on the 1st December, 1914.

Auszug des Protokolls der vereidigten Aussage mit den Personalien von Franz Messany. Seine Schilderungen waren Bestandteil der Korrespondenz zwischen den verfeindeten Regierungen – es ging um nichts Geringeres als die Anerkennung der Lazarettschiffe durch die deutschen Kriegsschiffe und U-Boote. (Sammlung Günter Bäbler)

17 Der unheimliche Feind

Im westlichen Mittelmeer, der Adria und der Ägäis trieben während jener Jahre insgesamt 44 deutsche U-Boote ihr Unwesen, die größtenteils in den österreichungarischen Adriahäfen Pola (das heute kroatische Pula) und Cattaro (heute Kotor, Montenegro) stationiert waren. Andere operierten von türkischen Häfen aus und waren in der „Mittelmeerdivision Konstantinopel" zusammengefasst. Teilweise waren sie zerlegt und auf Güterzügen verladen an ihre Stützpunkte gelangt. Die U-Boote richteten in diesem Seegebiet ein wahres Gemetzel unter der alliierten Transportschifffahrt an, da hier die Einsatzbedingungen wesentlich günstiger waren als in der Nordsee – das betraf sowohl die Wetterverhältnisse als auch die viel geringere Anzahl der gegnerischen Sicherungsfahrzeuge, welche auch noch falsch eingesetzt wurden.

Trotz alledem kam diesen Vorgängen keine kriegsentscheidende Bedeutung zu, da sich das eigentliche Geschehen in der Nordsee abspielte. Cattaro war Stützpunkt für die deutsche „U-Flottille Pola". Eines der von dort operierenden Boote war U 35 unter dem Kommando von Kapitänleutnant Lothar v. Arnauld de la Periére, der es zum führenden „U-Boot-As" beider Weltkriege bringen sollte.

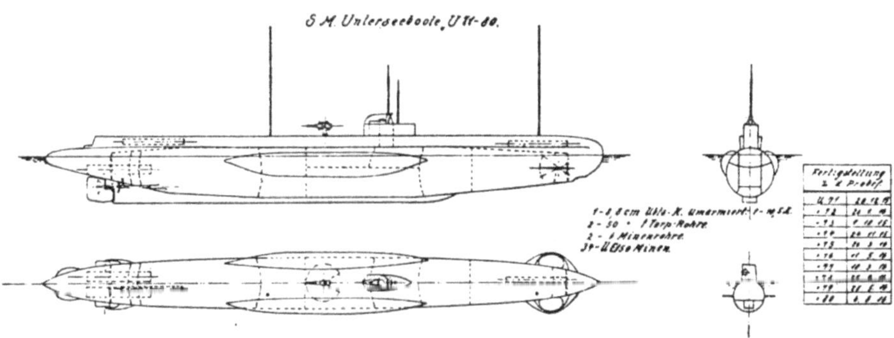

Typskizze der U-Minenleger U 71 bis U 80. (Stiftung Traditionsarchiv Unterseeboote)

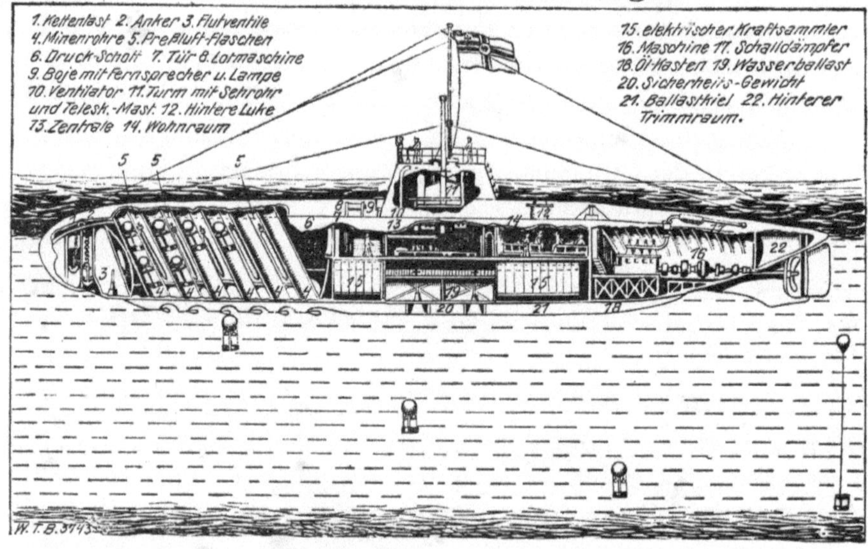

Postkarte mit symbolischer Schnittdarstellung eines deutschen Minentauchbootes im Ersten Weltkrieg, wobei die Minenrohre von U 73 im Gegensatz zur Abbildung am Heck waren. (Sammlung Günter Bäbler)

Weniger prominent war U 73 unter dem Kommando von Kapitänleutnant Gustav Sieß. Am 1. April 1916 war es aus Cuxhaven ausgelaufen, um ebenfalls zur U-Flottille Pola zu stoßen.

Als frischgebackener Wachoffizier war der Leutnant zur See Martin Niemöller auf diesem Boot eingestiegen. 1935 veröffentlichte er, mittlerweile evangelisch-lutherischer Pfarrer im noblen Berliner Stadtteil Dahlem, seine Autobiografie „Vom U-Boot zur Kanzel". Niemöller erfuhr bald nach seiner Abkommandierung, warum diese U-Minenleger vom Typ UE in der Marine „Kummerkinder" genannt wurden:

> *„Auf U 73 ging alles langsam, viel zu langsam: Über Wasser entwickelten wir mit unsern beiden Körting-Diesel-Motoren die fabelhafte Geschwindigkeit von 9,5 Seemeilen. Aber die gewaltige Bugsee, die wir dabei aufwarfen, konnte nicht*

U 73 in schwerer See. Der Blick geht vom Turm aus nach achtern über das 10,5-cm-Seezielgeschütz. (Sammlung Günter Bäbler)

darüber hinwegtäuschen, daß uns jeder normale Frachtdampfer davonlief! Unter Wasser brachten wir es für ganz kurze Viertelstunden bis auf 4 Seemeilen."

Schon bei der Umfahrung der stürmischen Shetlands – der Englische Kanal war wegen starker Überwachung zu vermeiden – kamen die schlechten Seeeigenschaften schonungslos zum Vorschein. Nach dem Durchbruch in den Atlantik steuerte das U-Boot die irische Südwestküste an und versenkte hier einen Frachtsegler mit Geschützfeuer – obwohl die beiden Torpedorohre und die 10,5-cm-Kanone hinter dem Turm mehr zur Selbstverteidigung gedacht waren, setzte sie U 73 manchmal auch offensiv ein. Die Hauptwaffen bildeten jedoch die 34 Kontakt- oder Ankertauminen in den beiden Heck-Unterwasserrohren. Diese kamen erstmals beim Hafen von Lissabon zum Einsatz, dessen beide Einfahrten vermint wurden.

Martin Niemöller als Leutnant zur See der Kaiserlichen Marine. (Sammlung Ioannis Georgiou)

Nach dieser Aktion schmuggelte sich das Boot durch die Straße von Gibraltar ins Mittelmeer und steuerte danach Malta an, um in einer nächtlichen Aktion den dortigen Hafen Valetta zu „verseuchen“, wie Niemöller berichtete:

> *„Im Heckraum, wo unsere großen Minenausstoßrohre untergebracht sind, wird unter Leitung von Oberleutnant Rohne schwer und unter Strömen von Schweiß gearbeitet; der Leitende Ingenieur hat das Kommando in der Zentrale und sorgt dafür, daß das Boot durch peinlich genauen Gewichtsausgleich – für jede geworfene Mine muß das gleiche Gewicht Wasser ins Boot genommen werden – tauchbereit bleibt; der Steuermann* (der Navigationsoffizier an Bord – Anm. d. Verf.) *trägt für jede Mine den Standort in die Karte ein.“*

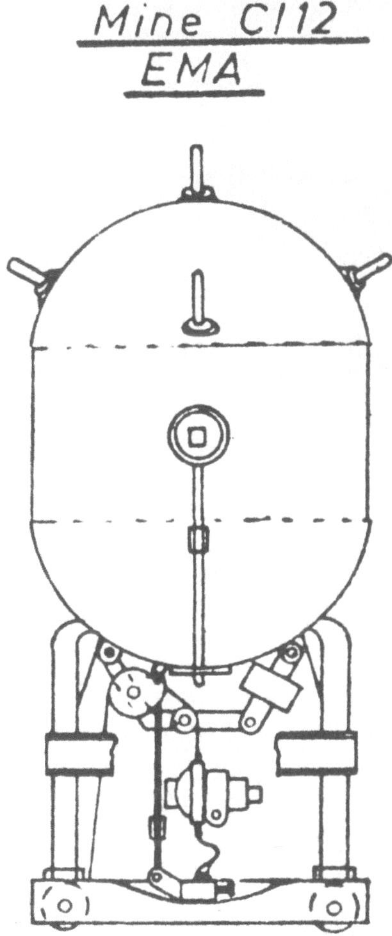

Zeichnung einer deutschen EMA-Standard-Ankertaumine (Kontaktmine). Gebaut ab 1912, Sprengladung 150 Kilogramm Nitrocellulose (auch Schießbaumwolle genannt). Verwendbar bis 150 Meter Wassertiefe. Das Minengefäß ist mit dem Ankerstuhl (Platte unten) verbunden und zwischen den vier Beinen der Stuhlplatte aufgebockt. Nach dem Absinken auf Grund gibt eine aus einem Salzstück bestehende Lösevorrichtung nach dessen Auflösung im Seewasser Beine und Minengefäß frei, das daraufhin mittels einer Drahtseiltrommel auf die vorher eingestellte Tiefe steigt. Gezündet wird die Mine durch die oben am Gefäß erkennbaren Bleikappen („Hörner"). Diese enthalten ein Glasröhrchen mit Chromsäure. Wird eine dieser Kappen durch einen Stoß verbogen, zerbricht das Glas, und die als Elektrolyt wirkende Säure fließt zu einer Monozelle. So wird der für den Zündvorgang erforderliche Strom erzeugt. Die Mine war fast unbegrenzt haltbar, da sie ihren Zündstrom im Moment des Bedarfs selbst produzierte.
(Sammlung Frank Gutmann)

Nachdem 22 Minen ausgebracht waren, fuhr U 73 um den italienischen Stiefelabsatz herum, und steuerte den Stationierungshafen Cattaro an. Unterwegs wurde über Funkentelegrafie die folgende Nachricht gehört: *„Schlachtschiff* Russell, *das die Flagge des Konteradmirals Freemantle führte, ist im Mittelmeer auf Minen gelaufen und gesunken. 124 Mann vermisst, 676 Mann gerettet."* Tatsächlich war das Schlachtschiff den von U 73 vor Valetta gerade erst gelegten Minen zum Opfer gefallen, wobei 126 Mann der Crew ums Leben gekommen waren.

U 73 erreichte Cattaro, wurde in Pola repariert und war für weitere Unternehmungen bereit.

Am 22. Oktober war U 73 wieder auf See, um seine zweite Minenunternehmung in die Ägäis anzugehen; vorangegangen war im Juli ein Vorstoß in die Bucht von Thessaloniki. Erstes Ziel war der Golf von Athen, wo bei der Insel Phlebes die erste Minensperre gelegt wurde. Anschließend ging es bei Nacht mit Südwestkurs nach den Kykladen zu. Niemöller:

> *„In der Keosstraße sehen wir, in dieser einzigen Nacht, zwei Lazarettschiffe hell erleuchtet nach Süden fahren; die übrigen ohne Lichter fahrenden Dampfer entgehen unseren Blicken.*
>
> *Früh um 5 Uhr stoßen wir unter Wasser in die Keosstraße vor und suchen uns dort einen geeigneten Platz für unsere Sperre. Das ist nicht schwer, weil alle Dampfer dicht unter der Küste von Keos entlangfahren. Allerdings machen wir auch gleich die weniger angenehme Entdeckung, daß auf der Dampferroute mehrere Gruppen Minensuchboote mit ausgebrachtem Suchgerät tätig sind. Man rechnet hier also bereits mit unserem Besuch. Zwischen 8 und 9 Uhr vormittags werfen wir aber trotzdem auf gut Glück zwei Sperren zu je sechs Minen unter der Küste von Keos und bleiben dann bis zum Nachmittag in der Nähe, um zu sehen, ob sich etwas ereignet, und um unter Umständen havarierte Schiffe vollends abzuschießen. Gegen 11 Uhr liegt ein großer Dampfer mit starker Schlagseite in der Nähe unserer Sperre, läuft aber eine Viertelstunde später, noch ehe wir heran sind, nach Süden weiter. Minentreffer? – Wir wissen's nicht!*
>
> *Im Laufe des Tages kommen noch viele Schiffe vorbei, auffallend häufig Lazarettschiffe, die in ihrem weißen Kleid mit dem grünen Band weithin kenntlich sind. Entweder muß bei den Franzosen an der Salonikifront eine schwere Epidemie herrschen oder man benutzt hier den Schutz des Roten Kreuzes, um Truppen und Kriegsmaterial zu transportieren! Am Spätnachmittag geben wir unsere Wartestellung auf und laufen unter Wasser nach Nordosten durch die Dorodurchfahrt ab, um für die Nacht möglichst ungestört zu sein und die Batterie* (die Akkumulatoren der E-Maschinen für die Unterwasserfahrt – Anm. d. Verf.) *wieder laden zu können.*

Wir haben Glück: die Nacht verläuft ruhig. Am nächsten Morgen machen wir einen Abstecher in die Mykonosdurchfahrt und legen auch dort – natürlich unter Wasser fahrend – zwei Minensperren, ohne irgendwie vom Gegner belästigt zu werden. Abends marschieren wir, da sich kein Verkehr gezeigt hat, nach der Dorodurchfahrt zurück, um dort, nachdem alle Minen gelegt sind, Schußgelegenheit für unsere Torpedos zu finden."

Nachfolgende Doppelseite:

Kriegstagebuch von U 73. Hier ist das Werfen jener Minensperre am 28. Oktober 1916 aufgezeichnet, der höchstwahrscheinlich die *Britannic* zum Opfer fiel.

Interessant ist ein handschriftlicher Vermerk aus dem Jahre 1933:
1) Nach französ. Liste ist die Fgfr. *Burdigala,* 12.009 t, am 14.11.16 bei Keos auf Minen gesunken.
2) Nach „Merch. Shipp. Losses" Seite 26 ist das engl. Lazarettschiff *Britannic,* 48.158 t, am 21.11.16 im Zea-Kanal auf Minen verloren gegangen.
3) Nach „Merch. Shipp. Losses" P. 135, ist das engl. Lazarettschiff *Braemar Castle,* 6318 t, am 23.11.16 im Mykonos-Kanal auf Minen gelaufen, dann aber auf Strand gesetzt worden.

Die Erfolge 1, 2 und 3 kommen für die von U 73 gelegten Sperren in Betracht.

(Mit freundlicher Genehmigung des Bundesarchivs/Militärarchivs Freiburg im Breisgau)

.10.16. Ägäisches Meer.

2h35Vm. Wind SW 6, See 5. — Aufgetaucht.

1h20Vm. klar, sehr sichtig. — Querab an St.B. ein Fahrzeug in Sicht mit hoher Topplaterne; ausgewichen.

1h30Vm. — U 73 ist anscheinend bemerkt; das Fahrzeug löscht sein Licht. Alarm, auf 20 m gegangen.

4h18Vm. — Aufgetaucht, Boot durchventiliert.

5h Vm. — Getaucht zum Unterwasser-Marsch in den Golf von Athen.

Zunächst wird Beobachtungsstellung bei Phlebes eingenommen. Da nach den Admiralstabsnachrichten die Linie Phlebes-Ägina mit Netzen und Minen gesperrt ist, ist hier wegen des Leuchtfeuers die wahrscheinliche Durchfahrtslücke zu suchen.

1h Vm. Golf v. Athen bei Phlebes. — Rundblick: Ein französischer Zerstörer Typ „Enseigne Henry", voraus, ein Dampfer aus-, 2 Dampfer mittlerer Grösse einlaufend; die Dampfer passieren an der SW-Seite der Jnsel.

Eine Durchfahrtslücke ist somit festgestellt. — Vom Einlaufen in die innere Bucht nehme ich Abstand, da nach den letzten Nachrichten der Kreuzerdivision in Cattaro im Jnnern der Bucht neue Minensperren ausgelegt sind, durch die sämtliche Schiffe durchgelotst werden. — Jch bleibe deshalb zum weiteren Beobachten auf der Stelle liegen.

2h Nm. Der Verkehr ist indessen gering. Um 2 h Nm. wird noch ein Dampfer beobachtet, der zwischen Phlebes und dem Festlande einläuft.

Jch beabsichtige daher, die beiden Lücken — östlich und westlich der Jnsel — zu sperren.

2h22Nm. bis 3h10Nm. — Zwei Sperren zu je 6 Minen geworfen. (s. Sperrmeldung)

Bei dem sehr starken Seegang und der Vertrimmung des Bootes infolge des Minenwerfens kommt das Boot mehrfach an die Oberfläche und ist nur durch sofortiges Fluten wieder unter Wasser zu bekommen. Der Zerstörer ist dabei immer in nächster Nähe, ausserdem 2 Bewachungsfahrzeuge. Dass diese Schiffe U 73 nicht bemerkt haben, ist wohl lediglich dem schweren Wetter zuzuschreiben.

3h10Nm. — Aus der Bucht gesteuert zum Aufladen.

Wegen des schlechten Wetters, der lästigen Bewachung und, da wegen des sehr geringen Verkehrs ein sofortiger Erfolg nicht zu erwarten ist, nehme ich davon Abstand, hier eine längere Beobachtungsstellung einzunehmen, sondern laufe erst nach Süden, dann mit Kurs in die Keos-Strasse ab.

h15Nm. — Einem Lazarettschiff ausgewichen.

h15Nm. — Achteraus hohe Topplaterne eines Zer-

störers

27.10.16.

störers in Sicht, nähert sich schnell. Alarm, auf 20 m gegangen.

88

10h15Nm. Aufgetaucht zum Laden.

Sip.

28.10.16. Keos =Strasse.

2h23Vm. | Wind SO 2, See 1, klar, sichtig. | Fahrzeug mit hoher Topplaterne(Zerstörer) St.B.achteraus, hat Kurs auf U 73. Alarm, auf 20 m gegangen.

3h25Vm. | Aufgetaucht zum Laden.

3h50Vm. | Petalioi = Golf | Jm Golf ein Zerstörer in Sicht; in der Keos=Strasse mit S=Kurs ein Lazarettschiff.

5h10Vm. | Bei Hellwerden getaucht und auf Platz für Minenwerfen gesteuert. Die Dampfer fahren alle auf der Keos=Seite der Strasse. Nach Hellwerden sind viele Dampfer in Sicht.

8h07Vm. bis 8h27Vm. | Zwei Sperren zu je 6 Minen geworfen. (s. Sperrmeldung).

Während des Werfens sind mehrere Dampfer und ein Zerstörer in der Nähe.

10h Vm. | Auf der Dampferstrasse bei Keos 2 Fischdampfer in Suchformation.

8h35Vm. bis 3h30Nm. | Jn Nähe der Sperre zur Beobachtung gekreuzt.

10h45Vm. | Ein grösser Passagierdampfer mit 2 Schornsteinen (nach Schätzung 10000 t) liegt gestoppt, nach BB. krängend, mit gesetztem Signal in der Nähe des Minenfeldes quer zur Keos=Strasse.

11h Vm. | Der Dampfer läuft mit SW=Kurs ab.

Eine Detonation wurde nicht festgestellt, obwohl es den Anschein hatte, als ob der Dampfer auf Mine gelaufen sei. Abstand U 73 vom Dampfer betrug etwa 3 sm. Kurze Zeit später läuft noch ein Dampfer über die Sperre, ohne indes auf Minen zu kommen.

12hMitt. bis 1h Nm. | Mehrere Dampfer passieren in Nähe der Sperre.

Jch nehme nunmehr nördlich der Sperre eine Wartestellung ein, um Dampfer, welche die Sperre passiert haben, mit Torpedo abzuschiessen.

2h Nm.

Bemerk:

1) Nach französ. Liste ist der Dpfr. „Burdigala", 12009 t, am 14.11.16 bei Keos auf Minen gesunken.

2) Nach „Merch. Shipp. Losses", Seite 26, ist das engl. Lazarettschiff „Britannic", 48158 t, am 21.11.16 im Zea-Kanal auf Minen verloren gegangen.

3) Nach „Merch. Shipp. Losses", S. 135, ist das engl. Lazarettschiff „Braemar Castle", 6318 t, am 23.11.16 im Mykonos-Kanal auf Minen gelaufen, konnte aber auf Strand gesetzt werden.

Die Erfolge (1, 2 u. 3) kommen für die von „U 73" gelegten Sperren in Betracht!

G. 4.2.33.

18 Rendezvous mit dem Schicksal

Die fünfte Mission der *Britannic* war die bisher schnellste gewesen; fünfzehn Lazarettzüge waren zum Weitertransport der über 3000 Verwundeten benötigt worden. Allerdings geriet das Schiff am letzten vollen Tag der Reise in einen schweren Sturm, welcher schon der *Aquitania* einige Tage vorher schwer zu schaffen gemacht hatte. Auf ihr waren Verwundete aus ihren Kojen gefallen, und die Beschädigungen am Schiff waren so schwer, dass es wegen Reparaturen nicht planmäßig zu seiner nächsten Unternehmung auslaufen konnte; normalerweise begegneten sich *Aquitania* und *Britannic* beim Aus- bzw. Einlaufen. Als Folge des vorübergehenden Ausfalles des Cunarders hieß es für den White Star Liner, beschleunigt wieder seeklar zu machen, und der übliche „seven-day leave" für das medizinische Personal wurde auf fünf Tage verkürzt.

Das Foto wurde während der Rückreise von der fünften Mission der *Britannic* aufgenommen. Es erschien im Daily Mirror vom 24. November 1916. Darauf sind neben in Zivil gekleideten Damen RAMC-Angehörige und Krankenschwestern beim achteren Mast zu erkennen. Die waagerechten Träger sind Vorrichtungen zum Aufspannen von Sonnensegeln. (Sammlung Ioannis Georgiou)

Die *Britannic,* mutmaßlich in Moudros, mit einem kleineren Lazarettschiff längsseits, wahrscheinlich die *Glennart Castle.* (Sammlung Mark Chirnside)

Am 12. November 1916 um 14.32 Uhr, verließ das große Lazarettschiff das Ocean Dock von Southampton, um seine sechste Fahrt ins Mittelmeer anzutreten. An Bord befanden sich 673 Mann Besatzung, 25 medizinische Offiziere (MOs), 75 Krankenschwestern vom Voluntary Aid Detachment und 392 Sanitäter und Krankenpfleger des Royal Army Medical Corps. Wie üblich sollte das Med-Personal aufgrund von Geheimhaltungsmaßnahmen erst nach Ankunft in Neapel über das Endziel der Reise informiert werden. Und ob nun die Admiralität Bedenken wegen irgendwelcher Bestimmungen zur Beförderung medizinischen Personals an Bord von Lazarettschiffen bewegten oder auch nicht, so gab es auf dieser Fahrt keinerlei Passagiere, weder VAD noch RAMC, außer jenen die auf der *Britannic* ihren Dienst verrichteten. Der „Kuhsturm", der dem Schiff einlaufend zu schaffen gemacht hatte, war inzwischen abgeklungen. Es war ein sonniger, wenn auch frostiger Tag.

Gegen Mitternacht des 15. November wurde die Straße von Gibraltar passiert, und am Morgen des 17. machte der Liner erneut in Neapel Station, um Kohle und Wasser aufzunehmen. Das Bunkern war gegen Nachmittag beendet, doch

Die drei Krankenschwestern Barbara Mattison, Constance R. Ward und Sheila Macbeth im Treppenhaus der ersten Klasse, das noch nicht mit den edlen Hölzern ausstaffiert war. (Sammlung Jonathan Mitchell)

Sheila Macbeth, Barbara Mattison, und Constance R. Ward in Wards Kabine. Über dem linken Bettpfosten hängt die Rettungsweste stets bereit. (Sammlung Jonathan Mitchell)

als das Schiff gerade seeklar machte, kam ein heftiger Sturm auf. Es „steamte" so gewaltig, dass der Kapitän es nicht wagte, bei den vorherrschenden beengten Platzverhältnissen mit dem Riesenschiff auszulaufen. Stattdessen machten die Matrosen das Heck mit zwanzig starken Trossen an der etwas zu kurzen Pier fest, und als Zusatzmaßnahme wurden alle drei Buganker ausgebracht.

Zwei Tage dauerte die unfreiwillige Verlängerung des Neapel-Aufenthalts. Während einer Sturmpause am Sonntagnachmittag konnte das Schiff aus dem Hafen hinausschlüpfen, doch der Sturm setzte schon bald wieder mit solcher Heftigkeit ein, dass der Lotse nur unter großer Gefahr wieder ins Versetzboot hinabentern konnte. Den ganzen restlichen Tag und die Nacht über musste der Liner gegen heftige Seen voranknüppeln. Als am folgenden Morgen die Straße von Messina passiert wurde, hatte Windgott Rasmus sich aber wieder beruhigt. Das medizinische Personal konnte nun Vorbereitungen für die baldige Ankunft in Moudros treffen.

Die 26-jährige Krankenschwester Sheila Macbeth aus Edinburgh hatte sich in Southampton gefreut, wieder die gleiche anheimelnde Kabine, mit derselben Zimmergenossin beziehen zu können wie auf der vorherigen Fahrt und richtete sie behaglich ein. *„Sonntag nachmittags war es bitter kalt, so trafen wir uns, statt an Deck einen letzten Blick auf England zu werfen, zum Tee in unserer Kabine."* Der weitaus größte Teil der Krankenschwestern kam in den Genuss einer Erste-Klasse-Kabine auf dem B-Deck. Über die tägliche Routine während der Hinfahrt und den Aufenthalt in Neapel notierte Schwester Macbeth:

> *„Unsere Tage sind wohl ausgefüllt. Einer der Unteroffiziere erteilt uns jeden Morgen auf dem Bootsdeck Unterrichtsstunden in Gymnastik, zum großen Amüsement der MO´s, die heraufkommen und Schnappschüsse von uns machen, wenn wir gerade am lächerlichsten aussehen und nicht in der Lage sind, es ihnen heimzuzahlen. Jeden Nachmittag haben wir eine Vorlesung des Bakteriologen, und sobald wir entwischen können, fliegen wir hinunter, um unsere kostbare Stunde im Schwimmbad zu haben.*
>
> *Nach dem Schwimmen trinken wir Tee und spielen dann entweder Cricket oder ein anderes Spiel an Deck.*
>
> *Da wir keine Passagiere zur Unterstützung hatten, waren wir gut mit dem Herrichten der 3000 Betten beschäftigt, bis wir in Neapel ankamen – was wir*

zur Frühstückszeit am Freitag taten. Sobald wir unsere Pässe hatten, gingen wir an Land. Acht von uns mieteten zwei Automobile und einen Führer für den Tag. Der Führer war gut, aber diese Autos – die Höhe! Zwei Horrorvehikel mit Reifen voller Löcher. Jeder Fahrer hatte einen Jungen bei sich, nicht nur um den Teufelssitz zu belegen (in Italien und auch auf Malta waren die Leute sehr abergläubisch und wären nicht mit einem leeren Beifahrersitz losgefahren, weil sie glaubten, dass sich der Teufel hineinsetzen würde), sondern auch, um alle paar Meter hinauszuspringen und den Motor wieder anzuwerfen oder die Nüsse aufzulesen, die über die Fahrbahn verstreut waren. Unglücklicherweise konnte man sich darauf verlassen, dass, wenn ein Auto liegenblieb, das zweite nach kurzer Strecke ebenfalls den Geist aufgab. Dennoch war es ein Riesenspaß, außer beide Fahrer lieferten sich gerade ein Wettrennen auf Straßen, welche mit ein Fuß tiefen Spurrinnen übersät waren."

Die Tour führte zu Sehenswürdigkeiten wie dem „Kleinen Vesuv" in Solfatara und dem Amphitheater von Pozzuoli, mit dem in einen Felsen gehauenen Palast Neros. Macbeth weiter:

„Unweit des Palastes befand sich sein Felsen-Dampfbad. Ich wünschte, der Führer hätte uns gewarnt, ehe wir hineinstiegen – obwohl wir nur so hindurch rannten, wären wir unterwegs beinahe zerflossen!

Einige der MO´s standen draußen, und als sie uns sahen, weigerten sie sich, selber reinzusteigen – die Feiglinge!

Ungefähr zehn Minuten Fahrt die Straße hinunter stand ein alter griechischer Tempel, und da wir glaubten, nie mehr eine zweite Chance zu bekommen, einen zu sehen, gingen wir dort hin anstatt zum Lunch. Wir ahnten nicht, dass wir binnen einer Woche in Griechenland sein sollten und jede Menge alte Tempel zu sehen kriegen würden!

Wir hatten unseren Lunch in einem kleinen Landgasthof – wo ich nicht zum Essen kam, weil ich zuschaute, wie sich die Einheimischen Spaghetti meterweise hineinschaufelten – ein wundervoller Anblick!"

Nachdem sich die Schwestern mit Weihnachtsgeschenken eingedeckt hatten, ging es zurück an Bord. Als dann das Schiff aufgrund des erwähnten Sturmes seinen Aufenthalt in Neapel verlängern musste, hatte der presbyterianische

Kaplan Reverend John A. Fleming – einer von drei Bordgeistlichen und dazu noch der erste Priester seiner Kirche, der an Bord eines Schiffes Dienst tat – eine Idee, wie man etwas zur Zerstreuung tun konnte. So arrangierte er für einige Schwestern Führungen durch die Maschinen- und Kesselräume, welche der wachfreie Senior-Fünfte Ingenieur Scott mit Vergnügen persönlich durchführte.

Die Fahrt durch die Straße von Messina war für Schwester Macbeth wieder der schönste Teil der Reise, auch wenn sie wenig Gelegenheit hatte, die Aussicht zu genießen. *„Von der Frühstückszeit bis zum nachmittäglichen Schwimmen schufteten wir wie die Fabrikarbeiter, um unsere Sachen für den nächsten Abend fertig zu haben"* – damit würden sie vor der Ankunft in Moudros noch Gelegenheit zum Ausspannen haben, bevor die grausame Wirklichkeit des Krieges sie mit der Pflege der vielen schwerverletzten Männer wieder einholte.

Die Oberin der Krankenschwestern war Elizabeth Anne Dowse. Nach ihrer Zeit am Krankenhaus St. Mary's in Paddington zwischen 1878 und 1885 trat sie der Nationalen Gesellschaft für Kranke und Verwundete in Kriegszeiten bei und machte während der Ägyptenkampagne 1885 ihre ersten Fronterfahrungen. Als eine der ersten Krankenschwestern fuhr sie den Nil hinauf und gelangte bis nach Wadi Halfa, im heutigen Nordsudan gelegen. Nachdem sie verwundete Soldaten auf dem Rückweg nach England betreut hatte, trat sie dem Army Nursing Service (ANS) bei.

Während des Burenkrieges diente sie als Oberin des Intombi-Hospitals in Ladysmith, während die Garnison belagert wurde. Neben der ständigen Nahrungsknappheit war sie dem Artilleriekreuzfeuer beider Seiten ausgesetzt, und Miss Dowse wurde später mit dem Royal Red Cross (RRC) ausgezeichnet. 1902 wurde aus dem ANS der Queen Alexandra's Imperial Military Nursing Service (QAIMNS), und Schwester Dowse blieb bis zu ihrer Versetzung in den Ruhestand in den Diensten dieser Organisation. Sie erhielt die Erlaubnis, das Abzeichen des QAIMNS als Anerkennung ihrer Verdienste auch nach Ende ihrer aktiven Zeit zu tragen.

Bei Ausbruch des „Großen Krieges" hatte sie sich eilends reaktivieren lassen, und sowohl Vera Brittain als auch Sheila Macbeth schilderten später belustigt, wie die resolute Matrone verhindern wollte, dass es zwischen den VAD-„Böcken" und den RAMC-„Ziegen" zu unerwünschten – weil disziplinfeindlichen – Techtelmechteln kam: zusammen mit der diensthabenden

Schwester trennte sie die für VAD und RAMC vorgesehenen Bereiche voneinander ab, indem sie Taue spannte. Diese Absperrung brachte jedoch nicht den gewünschten Erfolg, wie in Brittains Buch nachgelesen werden kann:

> *„Nach einigen Tagen, in denen sich Unternehmungslustigere beiderlei Geschlechts so nah sie sich trauten an die Seile herangerückt und andere aus der Entfernung mit Augen voller Skepsis gemustert hatten, waren die Wächter erst über unsere Tugendhaftigkeit erstaunt und dann maßlos erbost, als sie ein, zwei Pärchen, denen die normale Konversation an Deck verwehrt war, in verfänglicher Situation unter den Gangways antrafen."*

Am Morgen des 21. November, einem Dienstag, hatte HMHS *Britannic* Kap Matapan und die Bucht von Athen hinter sich und ging mit strammen 20 Knoten Fahrt um 7.52 Uhr vier Meilen von Angalistros Point auf der Insel Makronisos entfernt auf Kurs N 48° O. An Bord genossen alle einen herrlichen Sonnenaufgang; es versprach ein sonniger Tag zu werden.

Um 8 Uhr – acht Glasen – ertönte der Frühstücksgong, und das medizinische Personal nahm in den jeweiligen Räumen Platz zum Frühstück. Für die Krankenschwestern, die Sea Scouts und die Offiziere diente höchstwahrscheinlich der Raum als Messe, der in Friedenszeiten der Speisesaal der dritten Klasse gewesen wäre. Die Männer vom RAMC speisten in ihrem Kasino auf dem C-Deck. Auf der Brücke traten der Chefoffizier Robert Hume und der Vierte Offizier Duncan McTavish ihre Wache an, während sich Kapitän Bartlett noch in seiner Kabine aufhielt. Im Ausgucktopf am Fockmast wurde Matrose J. Conelly von seinem Kameraden J. Murray abgelöst. Der 15-jährige Pfadfinder George Perman nahm seinen Posten bei den hinteren Aufzügen ein, während sein gleichaltriger Kamerad James Vickers im Ruderhaus noch neben dem Rudergänger stand und überlegte, was es wohl zum Frühstück gab. Früh am Morgen hatte die Britannic noch den Kurs des auf einer Postfahrt zwischen Moudros und Salamis befindlichen Hilfskreuzers HMS *Heroic* gekreuzt.

Es war gerade 8.12 Uhr, als das Schiff plötzlich von einer massiven Detonation erschüttert wurde.

19 Das Verhängnis beginnt

Sheila Macbeth hatte verschlafen. Später schrieb sie in ihr Tagebuch:

„Dienstag, 21. November 1916: Spät aufgestanden – so gerade erst zwei Löffel voll Porridge zu mir genommen, dann Bäng! und ein Zittern entlang dem Schiff. Natürlich wussten wir alle, was es war! Wir hatten zu oft über Torpedos nachgedacht, um darüber überrascht zu sein, dass uns zuletzt einer getroffen hatte. Alle sprangen auf die Füße, und nachher erfuhr ich, dass viele schnurstracks zu ihren Kabinen liefen, um ihre Seenotausrüstung zu holen.

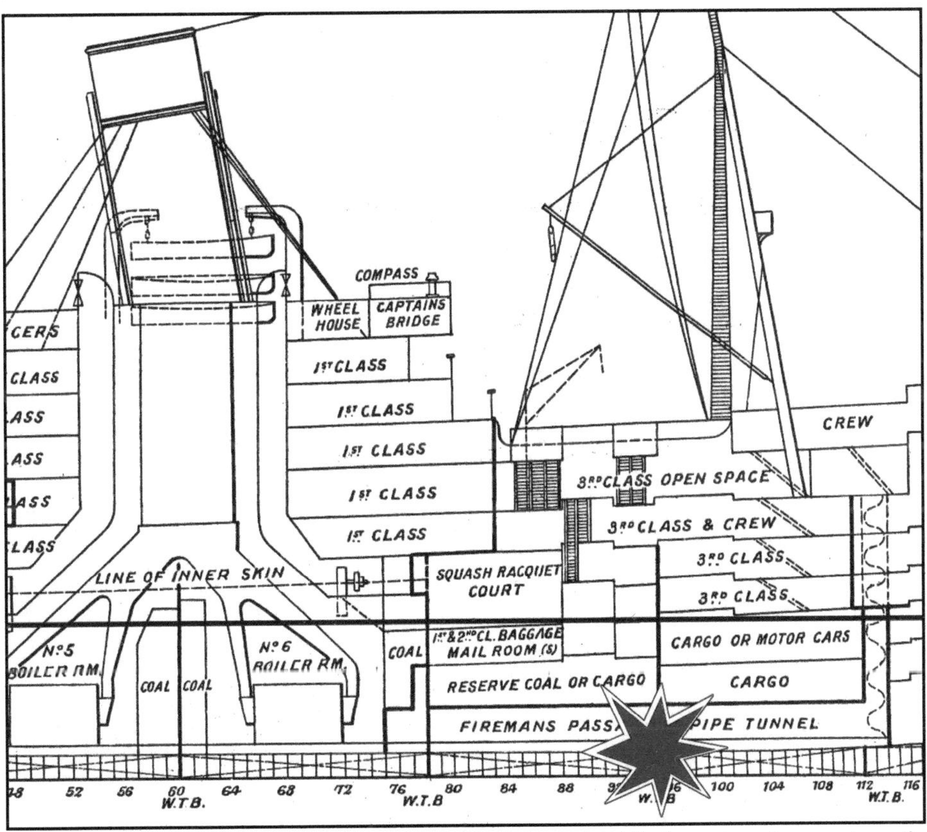

Die Lage des tiefsitzenden Minentreffers lässt darauf schließen, dass bewusst große Schiffe mit entsprechendem Tiefgang getroffen werden sollten – kleinere Schiffe sollten vermutlich unbehelligt über die Mine hinweg fahren. (Sammlung Brigitte Saar)

Major Priestly ergriff das Kommando und befahl uns, Platz zu nehmen, solange die Sirenen noch nicht ertönt waren. Es war schon besser so, da es nur wenige Türen gab und sie eng waren, da hätte es leicht zu einer Panik kommen können."

Auch Reverend Fleming hatte sich etwas verspätet, weil er von dem wunderschönen Panorama dieser Inselwelt und dem herrlichen Sonnenaufgang ganz verzaubert war und den Gong überhört hatte. Erst als sich sein Magen zu Wort meldete, trat er den Weg zum Speisesaal an:

„Ich verließ gerade meine Kabine zum Frühstück, als es einen Knall gab, als ob eine Anzahl von Glasplatten gegeneinander geschmettert würden, und das Schiff erzitterte für einen Moment vom einen Ende zum anderen."

Von den Sanitätern hatten die meisten das Frühstück schon beendet, als das Schiff von der Explosion erbebte. In einer der Unterkünfte achtern saß der Gefreite Percy Tyler gerade auf seiner Koje und polierte seine Uniformknöpfe, als ihn ein heftiger Stoß plötzlich *„ein paar Schritte vor- und wieder rückwärts taumeln ließ, und dann tanzte das Boot regelrecht."* Zunächst machten sich Tyler und seine Kameraden keine besonderen Sorgen. Es gab Bemerkungen, dass der Dampfer wohl auf irgendetwas aufgelaufen sei, während einer sein Bedauern für das Boot ausdrückte, *„das wir gerade über den Haufen gefahren haben"*. Tyler widmete sich ungerührt weiterhin seinen Knöpfen. Doch fünf Minuten später kam ein Mann herein und sagte, es wäre Alarm gegeben worden, worauf alle zu den Rettungswesten griffen und sich auf den Weg zum Bootsdeck machten.

Violet Jessop konnte fürwahr eine besondere Beziehung zu den drei großen White Star Linern nachgesagt werden. Sie war Stewardess an Bord der *Olympic*, als diese mit dem Kreuzer *Hawke* zusammenstieß. Und sie gehörte zu den 21 Stewardessen der *Titanic*. Auf HMHS *Britannic* war sie nun abermals als Stewardess tätig; außer ihr befand sich ein weiterer *Titanic*-Überlebender an Bord, der Heizer John Priest. Darüber hinaus gab es ein Besatzungsmitglied namens Jack Symons, dessen Bruder George Ausguck an Bord der *Titanic* gewesen war. Beide Brüder überlebten „ihre" Schiffsuntergänge. Die Symons-Familie soll eine Fotografie von Jack und den anderen Überlebenden im Rettungsboot besessen haben, auf dem im Hintergrund die sinkende *Britannic* zu erkennen war. Das Bild hing angeblich jahrelang im Haus der Familie, wurde aber leider bei einem Bombenangriff der deutschen Luftwaffe während des Zweiten Weltkriegs zerstört.

Violet Jessop war zu dieser Zeit eigentlich ausgebildete Krankenschwester des VAD. Der Organisation war sie im November 1914 beigetreten, nachdem die *Olympic* aufgelegt worden war, und nach Abschluss der Schulung tat sie Dienst in einem Krankenhaus an der englischen Ostküste. Dabei verletzte sie sich eines Tages an einer Injektionsnadel, und die Folge davon war eine üble Entzündung der Hand. Deswegen und auch wegen genereller Übermüdung wurde sie dienstunfähig geschrieben. Einer der Ärzte wusste von ihrer vorherigen Beschäftigung und meinte, dass eine gewisse Zeit auf See ihre Erholung beschleunigen könnte. So fragte sie bei ihrem alten Arbeitgeber, der White Star Line, nach, ob es für sie wohl eine Beschäftigung gäbe. Die Antwort kam prompt, und ihr wurde eine Stellung als Stewardess an Bord der *Britannic* in Aussicht gestellt, sobald ein Platz frei werde. Und tatsächlich – nach einer Rundreise mit der *Cedric* konnte sie die Stelle an Bord von White Stars größtem Dampfschiff antreten.

In ihren 1934 verfassten Memoiren, mit denen sie an einem Literaturwettbewerb teilnehmen wollte, erinnert sich Violet Jessop an den letzten Morgen auf dem großen Schiff und schildert, wie Offiziere und Krankenschwestern nach der von Reverend Atkinson in der Lounge abgehaltenen Frühmesse scherzend und unter fröhlichem Plaudern in den Speisesaal hinunter gingen. Die Stewardess stand in diesem Moment in der Anrichte des Speisesaals und stellte für eine im Schiffshospital liegende Krankenschwester einen Frühstücksteller zusammen:

> *„Plötzlich war da ein dumpfes, ohrenbetäubendes Brüllen. Die* Britannic *erzitterte in einem langanhaltenden Schauer von Bug bis Heck, schüttelte das Geschirr auf den Tischen durch und zerbrach Dinge, bis sich wieder alles beruhigte und sie langsam weiterfuhr. Wir alle wussten, dass sie getroffen war. Alle im Saal erhoben sich gleichzeitig von ihren Plätzen. Ärzte und Schwestern verschwanden im Handumdrehen auf ihre Posten."*

Natürlich musste Violet Jessop unwillkürlich an ihre noch gar nicht lange zurückliegenden Erlebnisse auf der *Titanic* denken und stand einen Moment wie angewurzelt da mit einer Teekanne in der einen Hand und einer Portion Butter in der anderen. Zu stark war die Erinnerung, und besonders der Unterschied zwischen den beiden Situationen wurde ihr bewusst – damals die angespannte Ruhe und Ratlosigkeit an Deck und nun das zweifellos durch die Kriegssituation begünstigte planmäßige Notfallverhalten. *„Dann besann ich* *mich, dass ich zu der Krankenschwester im Bordhospital musste, um ihr beim Ankleiden zu helfen und sie zu den Rettungsbooten zu führen."*

Auf der Brücke spürten die wachhabenden Offiziere, wie das Schiff unter einer gewaltigen und doch gedämpften Explosion für etliche Sekunden auf seiner ganzen Länge heftig zitterte und vibrierte. Kapitän Bartlett sprang von seinem Frühstückstisch auf, kam noch im Pyjama auf die Brücke gestürzt und versuchte, sich einen Überblick zu verschaffen. Danach wartete der Schiffsführer ohne jedes äußere Zeichen von Aufregung erst einmal auf das Eingehen der Schadensberichte. Pfadfinder Vickers schrieb später:

> *„Ich stand kurz davor, in Tränen auszubrechen, doch als ich den Kapitän hier so ruhig und gefasst stehen sah, dachte ich, es ist schon gut und fühlte mich gleich viel wohler."*

Der Junge holte aus einem nahebei stehenden Spind ein Megafon, begab sich danach zum Kapitän und fungierte von da an als dessen persönlicher Meldeläufer und Befehlsübermittler. Ein anderer Sea Scout namens Henry Pope war als Helfer des Zahlmeisters Claude Lancaster eingeteilt. Ohne jedes Zeichen von Angst meldete er sich bei ihm und fragte, ob er sich nützlich machen könne. Dieser antwortete: *„Ja, aber warte noch ein Weilchen; in ein paar Minuten kann ich dich vielleicht tatsächlich brauchen."* Lancaster erinnerte sich später:

> *„Er stand dann für etwa zehn Minuten ruhig auf seinem Posten, bis er seine Befehle erhielt und bemerkte dann mit heiterem Tonfall: ‚Es war eine Riesenexplosion, Sir, aber ich glaube nicht, dass sie uns viel anhaben kann.'"*

Seepfadfinder George Perman erinnerte sich noch 83 Jahre später als vermutlich letzter Überlebender überdeutlich an den Treffer:

> *„Als uns das Ding traf, oder wir es trafen, erzitterte das ganze Schiff. Dies war für mich das erste Zeichen, dass etwas passiert war. Oh, sie zitterte absolut, und unmittelbar danach ging der Ruf ‚Das Schiff geht unter!' um."*

Perman erwartete richtigerweise , dass die Aufzüge wegen der Schräglage über kurz oder lang ausfallen würden, weshalb er seinen Posten verließ und sich zur ihm zugewiesenen Bootsstation auf dem Heck begab.

Kapitän Bartlett befahl, die Maschinen zu stoppen und die wasserdichten Türen zu schließen. Dann erhielt der Funkraum via Rohrpost die Anordnung, vorsorglich einen Notruf mit dem Wortlaut „*SOS. Haben Minentreffer vor Point Nikola*" abzusetzen. Gemeint war eigentlich „Port of St. Nikolo", ein natürlicher Hafen auf der Insel Kea. Außerdem ging an die Deckscrew die Anweisung, die Rettungsboote abzudecken.

Als nächstes galt es, das Ausmaß des Schadens festzustellen. Die auf der Brücke in rascher Folge einlaufenden Schadensmeldungen waren entmutigend.

Die Explosion hatte auf der Steuerbordseite des Bugs zwischen den Laderäumen 2 und 3 stattgefunden. Dabei war ein wasserdichtes Schott zerstört worden, was gleichbedeutend mit der Überflutung der dritten und vierten wasserdichten Abteilung war. Die Wucht der Detonation hatte sogar ausgereicht, das Kollisionsschott zwischen vorderem Frachtraum und Vorpiek zu beschädigen. Gefreiter John Cuthbertson, RAMC, bekam die Wucht des Wassereinbruchs wie kein anderer zu spüren; er war die einzige Person, die sich zum Zeitpunkt des Treffers in seinem Quartier im Vorschiff auf dem G-Deck aufhielt. Auf der Flucht vor der einbrechenden Flut stellte er fest, dass der Niedergang zum F-Deck verschwunden war; das Wasser holte ihn im Handumdrehen ein und spülte ihn durch den Treppenschacht bis hinauf zum E-Deck – ohne dass er einen einzigen blauen Flecken davontrug. Ein anderer RAMC-Mann kam gerade vom Waschraum auf dem E-Deck, als die gewaltige Woge den Treppenschacht hochkam und in Sekunden die Steward- und Pfadfinderquartiere überschwemmte. Der Mann stolperte durch die ansteigende Flut mit darin herumwirbelnden Trümmern in Richtung des Haupttreppenhauses und schaffte es gerade noch durch eine wasserdichte Tür, ehe diese heruntерglitt.

Doch das war noch nicht alles. Das Schott zwischen Kesselraum 6 und Laderaum 3 blieb zwar intakt, doch der Verbindungsgang zwischen den Kesselräumen und den Heizerlogis bildete wie bei der *Titanic* eine Achillesferse. Seine wasserdichten Türen, welche obendrein nicht mit der zentralen Schottenschließanlage verbunden waren, sondern per Hand geschlossen werden mussten, standen zum Zeitpunkt der Detonation offen, weil gerade der Wachwechsel stattfand. Über diesen unseligen Tunnel lief nun der vorderste Kesselraum voll, was wiederum bedeutete, dass die fünf vordersten Abteilungen komplett der See preisgegeben waren. Dennoch wäre das Schiff mit dieser

Beschädigung noch schwimmfähig gewesen, doch die wasserdichte Tür in der Schottwand zwischen den beiden vorderen Kesselräumen 6 und 5 schloss sich nicht vollständig. Möglicherweise war der Schottrahmen durch die Explosion verzogen und die Tür deswegen beim Heruntergleiten in der Führung steckengeblieben. Wegen des Wachwechsels waren die Schottschiebetüren zwischen den Kesselräumen ebenfalls geöffnet, um das Passieren der Mannschaften zu ermöglichen. Dies war folgenschwerer Leichtsinn. Beide vorderen Kesselräume wurden in kürzester Zeit geflutet und mussten fluchtartig verlassen werden.

Die sechs vordersten Abteilungen waren also vollständig verloren. Rein rechnerisch wäre das Schiff damit aber immer noch zu halten gewesen, denn das Schott zwischen den Räumen 4 und 5 war unbeschädigt. Es reichte bis zum Brückendeck B hinauf, während es bei der *Titanic* bereits am E-Deck geendet hatte.

Kapitän Bartlett wägte nun ab, welche Möglichkeiten ihm noch blieben, denn der Bug begann bereits rasch tiefer zu sacken. Das rettende Ufer der Insel Kea lag nur ein paar Meilen querab, also wagte Bartlett den Versuch, sein Schiff auf den Strand zu setzen.

Zunächst sollte der Bug in Landrichtung drehen. Allerdings reagierte das Schiff nicht auf das Ruder – vermutlich blockierte letzteres aufgrund seines Gewichts in Verbindung mit der Schlagseite die Rudermaschine. Die Maschinen waren aber noch voll funktionsfähig, und so konnte der Bug mit gegentörnenden Schrauben in Südrichtung gedreht werden. Danach klingelten die Kommandotelegrafen „Volle Kraft voraus", und der Liner setzte sich in Bewegung. Doch schon nach kurzer Zeit wurde Bartlett gemeldet, dass das Wasser in den Frachträumen rapide anstieg. Auch aus den Kesselräumen 5 und 6 wurde Wassereinbruch gemeldet, gleichzeitig bekam das Schiff Schlagseite nach Steuerbord. Die Maschinen wurden wieder gestoppt, und der Kapitän beschloss den Liner erst einmal zu evakuieren, bevor er weitere Versuche unternehmen wollte; an einen möglichen Untergang glaubte in diesen Minuten noch niemand ernsthaft.

(Beim interessierten Laien drängt sich die Frage auf, was es gebracht hätte, wenn Kapitän Bartlett seinen Rettungsversuch über den Achtersteven fahrend gewagt hätte. Es gibt mehr als ein Beispiel für solche Fälle – etwa der deutsche Große Kreuzer *Seydlitz*, der nach schweren Treffern in der Skagerrakschlacht mit fast untergetauchtem Vorschiff in Rückwärtsfahrt noch nach Wilhelmshaven zurückkehren konnte – Anm. d. Verf.)

20 In die Boote!

Derweil liefen die Vorbereitungen an, das Schiff zu verlassen, während ein Trupp Matrosen nach unten geschickt wurde, um möglichst viele offene Bullaugen zu schließen.

Stellvertretender Kommandant Dyke nahm seine Station bei den steuerbordachteren „Gantry-Davits" ein, während sich der Sechste Offizier Welch bei den Rettungsbooten unter Welin-Quadrant Davits auf derselben Seite aufbaute. An Backbord war der Fünfte Offizier Gordon Fielding für die beiden hinteren „Gantry"-Garnituren zuständig, während der „Dritte" David Laws das Fieren der Backbordboote unter den Welin-Davits beaufsichtigen sollte.

Im Speisesaal auf dem F-Deck saßen Ärzte und Krankenschwestern mit erzwungener Ruhe noch auf ihren Plätzen, als die Schiffssirene den erwarteten allgemeinen Alarm gab. Die Schwestern gingen noch einmal in ihre Quartiere hinunter, um ihre Rettungswesten und einige Habseligkeiten zu holen. Sheila Macbeth verabschiedete sich wehmütig von ihrer behaglichen Kabine *„mit meinen Chintz-Kissen und unserem hübschen Topf mit braunem Buchenlaub"* und ließ schweren Herzens ihre Depeschentasche mit persönlichen Sachen sowie den in Neapel erstandenen Weihnachtsgeschenken zurück, da es im Rettungsboot erwartungsgemäß zu wenig Platz für so etwas geben würde; stattdessen nahm sie nur ihre Kissen und eine Daunendecke mit. Sorgfältig legte sie sich ihren „Gieve Life-Saving Waistcoat" als Schwimmhilfe um, eine auf den ersten Blick gewöhnliche Stoffweste mit einem eingearbeiteten Gummiring, der innerhalb weniger Sekunden aufgeblasen werden konnte. Da sie aber befürchtete, dieses „modische" Teil könnte durch irgendwelche Schiffstrümmer durchlöchert werden, legte sie darüber sicherheitshalber noch eine der schiffseigenen Rettungswesten an, die mit Fasern des tropischen Kapokbaumes gefüllt waren.

Reverend Fleming schienen die Ereignisse etwas konfus gemacht zu haben. Nach dem, was Schwester Macbeth mit „bäng!" lautgemalt hatte, ging er instinktiv erst einmal hinunter, um seine für den Notfall zugewiesene Station in einem der tiefer gelegenen Krankenräume aufzusuchen und dort seelsorgerisch tätig zu werden. Aber die Lazaretträume waren naturgemäß noch nicht belegt, so dass es für ihn nichts zu tun gab. Auf dem Weg zurück lief ihm im Korridor zum Speisesaal auf dem F-Deck ein medizinischer Offizier über den Weg. Fleming sagte zu diesem, er fürchte, dass das Schicksal des Schiffes besiegelt sei. Der Mediziner antwortete, dass er sich das nicht vorstellen könne, es hätte doch noch keinen Alarm gegeben. Kaum hatten diese Worte den Mund des Arztes verlassen, setzte prompt die Schiffssirene ein und schrie ihre kurzen, scharfen Alarmtöne hinaus. Schon kamen die Krankenschwestern in den Gang geströmt und gingen in perfekter Ruhe und Ordnung an den beiden Männern vorbei, um sich aus ihren Kabinen ihre Rettungswesten zu holen.

Fleming ging nun in sein Quartier, wo er nach seinem Mantel griff, und begab sich darauf zum Bootsdeck, wo das Fieren der Boote eben begonnen hatte. Der Kaplan stieg noch einmal hinunter in den Speisesaal, um sich einige Brote als Verpflegung für den bevorstehenden Aufenthalt im Rettungsboot in die Manteltaschen zu stecken.

Nachdem die unerschrockene Oberin Dowse ihre Schäfchen mit *„Hurry up my children!“* zusammengetrommelt hatte, ließ sie sie in Reih und Glied antreten und zählte sie für die Einbootung ab. Anschließend stand sie in unerschütterlicher Ruhe an Deck, bis alle ihre Schützlinge in den Booten saßen; erst dann stieg sie selbst ein.

Pater Fleming (oben) verfasste einen Erlebnisbericht. Es handelt sich dabei um den einzigen zeitgenössischen Überlebensbericht, der in Buchform publiziert wurde. (Sammlung Günter Bäbler/Jonathan Mitchell)

Während dieser Aktion gab es eine plötzliche Stockung: Stellvertretender Kommandant Dyke bemerkte, wie sich eine Gruppe von Heizern mit einem der Rettungsboote auf dem Poopdeck (*„vierzehn oder fünfzehn in einem Boot, das achtundfünfzig Personen aufnehmen konnte"*, empörte sich Macbeth) davonmachen wollte. Er stürzte nach achtern und rief den Geflüchteten zu, sie sollten einige bereits außenbords gesprungene Männer auffischen. Danach kümmerte er sich wieder um seine eigenen Boote.

Sheila Macbeth sah erst jetzt in dem zur Wasseroberfläche niedergehenden Boot, wie tief das Vorschiff schon weggesunken war:

> *„Der Kapitän rief zur Eile, das Schiff sinke schnell. Einige unserer Boote hatten keine Seeleute an Bord, und es war reichlich schwierig für die Sanitäter und Schwestern, die Stöpsel der Wasserablauflöcher zu finden und sich von dem Schiff abzusetzen, da alle Anweisungen von so weit oben per Megafon zu uns herabgerufen wurden und von Dingen handelten, von denen wir wenig oder gar nichts verstanden."*

Violet Jessop behielt in bemerkenswerter Weise die Ruhe, verabreichte der Krankenschwester ihr Frühstück, half ihr, sich anzuziehen und geleitete sie zum Bootsdeck. Dabei benutzte sie einen der Fahrstühle und hatte dabei großes Glück – kurze Zeit später fiel dieser infolge der Schlagseite aus.

Danach lief sie durch bereits geneigte Korridore zu ihrer Kabine und griff sich neben Uhr und Rosenkranz auch ihre Zahnbürste. An Bord der *Carpathia* hatte sie diese seinerzeit schmerzhaft vermisst, weil sie sie auf der *Titanic* zurückgelassen hatte; das sollte ihr nicht wieder passieren. Ein scherzhafter Ratschlag ihres Bruders Patrick kam ihr wieder in den Sinn: *„Lass Dich nie wieder auf einen Schiffbruch ein, ohne sicherzugehen, dass Du eine Zahnbürste hast."*

Auf dem Bootsdeck fand sie sich inmitten einer Menge von Soldaten und Seeleuten wieder und fragte einen Offizier, wo denn die anderen Frauen seien. Der sagte ihr, dass sie alle bereits in den ersten beiden Booten das Schiff verlassen hätten; sie wurde in das ihr gemäß Musterliste zugewiesene Boot Nr. 4 auf der Backbordseite gesetzt.

21 Tragische Verluste

Während bei der furchtbaren Explosion im Vorschiff anscheinend niemand verletzt wurde, kam es beim Verlassen des Schiffes zur Tragödie. Weil sich das Schiff achtern bereits deutlich gehoben hatte, peitschten die noch drehenden Schrauben schon die Wasseroberfläche. Die legendäre Sogwirkung der *Olympic*-Klasse, mit der schon der Kreuzer *Hawke* und der Dampfer *New York* Bekanntschaft gemacht hatten, beförderte zwei eigenmächtig und voreilig gewasserte Boote in die rotierenden Propeller. Der Fünfte Offizier Gordon Fielding schrieb in seinem Tagebuch:

> *„Dienstag, 21. November 1916, 8.15 Uhr Fahrt von Neapel nach Moudros. Im Kea-Kanal, 30 bis 40 Meilen von Athen. Kein anderes Fahrzeug in Sicht. Glaube, von zwei Torpedos eines deutschen U-Bootes versenkt worden zu sein, es gab eine doppelte Explosion. Getroffen an der Steuerbordseite vorn, nahe der Brücke.*
>
> *Zur Zeit der Explosion war ich nicht angekleidet, hatte gerade gebadet und rasierte mich in meiner Kabine – welche gerade etwas mehr als zehn Meter vom Ort des Kontakts entfernt lag. Ich wurde sehr heftig quer durch die Kabine geschleudert, und zahlreiche Gegenstände der Einrichtung landeten auf mir. Das Schiff hob sich zweimal und alles schien zu tanzen, und der Rauch von der Explosion machte mich vorübergehend blind. Hastig warf ich mir ein paar Kleidungsstücke über und eilte zu meiner Bootsstation auf der achteren Backbordseite des Decks. Diese bestand aus zwölf Booten unter zwei Gantrys, die elektrisch betrieben waren. Ich schwang unverzüglich zwei Boote aus, welche prompt von Stewards überrannt wurden, gefolgt von meinen zwölf Seeleuten. Es handelte sich nur um eine vorübergehende Panik, und so war ich in der Lage, die Matrosen wieder zum Aussteigen zu bringen und dazu, stattdessen auf ihren Bootsstationen zu bleiben."*

Nach dieser kurzzeitigen Ausfallerscheinung sollte der „Fünfte" im Übrigen keine weiteren Kalamitäten solcher Art mit seiner Crew haben. Fielding wollte die Stewards, welche die Panik verursacht hatten, aus dem Weg haben und ließ sie kurzerhand gleich in den von ihnen „geenterten" Kuttern sitzen. Der Offizier fierte diese beiden Boote ab und ließ sie trotz der Flüche ihrer Insassen in etwa zwei Metern Höhe über dem Wasser erst einmal hängen, bis *„definitive*

Das achterste Paar „Gantry-Davits" auf dem Bootsdeck an Steuerbord mit den Booten 17A bis 17F, bei „17A" (links oben) handelt es sich um die Steuerbord-Motorbarkasse. Sie trägt, wie ihr „Mutterschiff", einen weißen Rotkreuzanstrich mit grünem Farbband. (Sammlung Jonathan Mitchell)

Befehle von der Brücke kamen" – die Maschinen arbeiteten zu diesem Zeitpunkt noch. Fielding weiter:

> *„Kurz danach kam die Anweisung von der Brücke, keines der Boote zu fieren, da Hoffnung bestand, dass wir die* Britannic *stranden lassen konnten. Schon bald war klar, dass dies durch das schnelle Tiefersacken und die schreckliche Schlagseite nach Steuerbord unmöglich war."*

Die Schlagseite wurde dadurch verstärkt, dass schon eine Viertelstunde nach dem Treffer die Bullaugen auf der Steuerbordseite des E-Decks unter Wasser gerieten. Diese waren fatalerweise großenteils geöffnet, weil das Personal die Räume vor der Aufnahme der Verwundeten noch einmal durchlüften wollte.

Die wie weiter oben erwähnt mit dem Schließen dieser Fenster beauftragten Besatzungsmitglieder schafften es scheinbar nicht rechtzeitig, diese zu sichern. Insgesamt lag hierbei ein klares Versagen der Schiffsleitung vor, denn in dieser gefährlichen Gegend wäre es oberstes Gebot gewesen, stets alle Schottschiebetüren und sonstigen Öffnungen geschlossen zu halten, egal wie stickig es unter Deck geworden wäre. Das Farbkleid des Lazarettschiffes schützte zwar normalerweise vor einem Torpedoangriff, aber eine Mine kann nun einmal nicht zwischen einem Kreuzer und einem neutralen Fahrzeug unterscheiden. Es ist bekannt, dass sich Handelsschiffsbesatzungen oftmals damit schwer taten, sich auf die durch den Kriegszustand veränderten Anforderungen einzustellen. Weshalb es selbstredend Aufgabe der Schiffsleitung gewesen wäre, die Schiffscrew und das medizinische Personal ausreichend zu vergattern und regelmäßig den Verschlusszustand zu kontrollieren. So wurden alle Anstrengungen von Harland & Wolff, das Schiff sicherer als die *Titanic* zu machen, ohne Not zunichte gemacht. Der Fünfte Offizier weiter:

> *„8.30 Uhr Zwei der Boote unter dem Kommando des Dritten Offiziers wurden zu Wasser gelassen (ohne sein Wissen, unter Verwendung der automatischen Lösevorrichtung). Da diese schwer beladenen Boote etwa sechs Fuß ins Wasser gestürzt waren, müssen sie beschädigt worden sein und waren nicht steuerbar. Die starke Strömung beförderte sie direkt zu den Propellern der* Britannic. *Diese beiden Boote wurden zerschmettert und die Leute darin wurden schlimm zugerichtet und viele getötet.*
>
> *Eine Stewardess in einem dieser zwei Boote wurde von einem Propeller im Kreis geschleudert; sie zog sich Prellungen zu und ihre Kleidung wurde zerfetzt, ansonsten wurde sie aber nicht weiter verletzt. Diese eine Frau hatte die* Titanic *überlebt und stellte nun fest, dass ihre jetzigen Erfahrungen viel schlimmer waren als die auf der* Titanic, *und ich glaubte ihr das sofort. Die Männer in meinen Booten sahen dem Unglück zu, und ich kann sagen, sie hörten auf darüber zu schimpfen, dass ihre Boote so lange nicht freigegeben worden waren."*

Diese Stewardess war niemand anderes als Violet Jessop, und dieses Mal stand ihr wahrlich mehr als nur ein Schutzengel bei. Schon das Fieren des Bootes Nr. 4, in dem sie saß, war mit einigen Fährnissen verbunden. Sie erinnerte sich später:

„Das Schiff begann sich immer mehr nach Steuerbord zu neigen, als unser Boot zum Hinablassen vorbereitet wurde. Der kleine Sea Scout in meiner Nähe nahm einen tiefen Atemzug, als er einstieg; es war ein weiter Weg hinunter zum Wasser, gerade im Sonnenschein, und er war immer noch ein Kind, trotz seines mannhaften Gebarens."

Zuerst blieb das Boot mit dem Dollbord am Messingrahmen eines der geöffneten Bullaugen hängen und wurde dabei fast umgekippt. Nachdem es sich mit einem heftigen Ruck wieder losgehakt hatte, schrammte es über die vorstehenden Nietköpfe und Plattengänge weiter nach unten; die Welin-Davits konnten es wegen der Schlagseite nicht weit genug hinaus schwenken. Dann fiel ein Schauer von Glasscherben herab: einer der Kästen, mit denen die grüne „Bauchbinde" an der Bordwand bei Nacht elektrisch beleuchtet werden konnte, war zu Bruch gegangen. Diese Beleuchtungskörper beschrieb allein Violet Jessop in ihren Erinnerungen, sie schienen also erst kurz vor der letzten Fahrt angebracht worden zu sein.

Voller Schrecken blickten nun alle nach achtern zu den immer noch drehenden Propellern, die bereits ein Boot in Stücke geschlagen hatten. Jessop sah, wie sie Wrackteile und strampelnde Menschen durcheinander quirlten und bemerkte auch Blut an der Wasseroberfläche. An den nun leer herabhängenden Leinen des verunglückten Bootes krallten sich einige Menschen verzweifelt fest.

Der Sea Scout, der Jessop beim Einsteigen aufgefallen war, klammerte sich mit aller Macht am Taljenläufer fest und bedachte die Stewardess mit einem Grinsen, das anscheinend besagte: *„Ich bin nicht wirklich ängstlich, ich tu das nur, um das Boot ruhig zu halten."* Nachdem das Boot mit einem fürchterlichen Stoß aufs Wasser geplumpst war, sah Jessop nach ihrem kleinen Freund und fand ihn immer noch an dem Fall festgeklammert – nun allerdings baumelte er an der Bordwand, ein ganzes Stück über dem Boot, das nach der späteren Aussage des Fünften Offiziers etwa zwei Meter über der Wasseroberfläche ausgeklinkt worden war. *„Es bedurfte des guten Zuredens einer ganzen Bootsladung von Leuten, um den Jungspund dazu zu überreden, sich in das Boot fallen zu lassen."*

Boot 4 befand sich nun in einer kleinen Traube weiterer Kutter, und es gelang den Insassen nicht, von dem immer noch vorwärts dampfenden Schiff freizukommen.

Oben: Nicht auszumalen, welchen Ausgang das Unglück genommen hätte, wenn die tausenden Betten (im Bild Krankenstation F) beim Untergang belegt gewesen wären. (Sammlung Jonathan Mitchell)

Das Bootsdeck der *Britannic* mit den beiden achteren Schornsteinen. In der unteren Bildmitte im Vordergrund zwei Carley-Flöße. (Sammlung Jonathan Mitchell)

Violet Jessop sah, wie um sie herum plötzlich alle Mitinsassen ins Wasser sprangen: *„Nicht ein Wort, nicht ein Ruf war zu hören, nur hunderte von Männern, die in die See flüchteten wie vom Feind verfolgt."* Außer ihr befand sich lediglich noch ein Arzt an Bord:

> *„Ich wandte mich um, um den Grund für diesen Exodus herauszufinden, und sah zu meinem Entsetzen die Propeller der* Britannic, *die alles in ihrer Nähe zerteilten und durcheinander rührten – Menschen, Boote und alles andere waren nur noch ein grausiger Wirbel."*

Als Jessop sich wieder umdrehte, war auch der Arzt verschwunden. Kurz bevor das Boot ebenfalls von den tonnenschweren Bronzeflügeln zerhackt wurde, sprang sie endlich selbst ins Wasser, obwohl sie nicht schwimmen konnte. Vom Schraubensog wurde sie sofort hinuntergezogen und einmal um den Backbordpropeller gewirbelt. Dabei klammerte sie sich verzweifelt an ihre Rettungsweste, welche sich gelöst hatte und ihr gegen das Kinn drückte. Nach einem schier endlosen Moment wurde sie endlich wieder an die Oberfläche getragen. Dort stieß sie mit dem Kopf sehr hart gegen den Kiel eines zertrümmerten Rettungsbootes und wurde dann auch noch von einem Gegenstand am Hinterkopf getroffen. Nachdem sie sich panikartig und stark benommen von dem Gegenstand befreien konnte und an die Oberfläche gekämpft hatte, fühlte sie mit großer Erleichterung, wie sie jemand am Arm ergriff und festhielt:

> *„Ich öffnete meine Augen und blickte auf eine Szene wie aus einem Schlachthaus; ich schloss die Augen sofort wieder, um das nicht sehen zu müssen. In dem Moment fühlte ich, wie ich unterging; meine Rettungsweste hatte sich gelöst und war nicht mehr fähig, mich zu tragen."*

Zum Glück trieb gerade in dem Moment eine herrenlose Weste vorbei, und Jessop griff sich diese. Drastisch beschreibt sie die blutige Szenerie um sich herum:

> *„Das Erste, was meine brennenden Augen sahen, war ein Kopf nahe bei mir, ein aufgesprungener Kopf wie der Schädel eines Schafes nach der Behandlung des Metzgers; das arme Gehirn tröpfelte herunter auf die khakigekleideten Schultern. Überall umher gab es herzzerreißende, quälende Szenen; Gliedmaßen, ausgerissen wie von einem Riesen im Zorn."*

Pfadfinder George Perman musste das Gemetzel mit ansehen, während er sich wie sein Pendant aus Jessops Boot aus Leibeskräften an den Bootstaljenläufer klammerte. Die furchtbaren Bilder der vom Backbordpropeller in alle Richtungen geschleuderten Menschen und Trümmerteile sowie das Blut im Wasser und an der weißen Schiffsseite sollten ihn noch Jahre verfolgen. Und schon wurde ein drittes Boot dem mörderischen Propeller entgegengetragen. Das Schicksal von Hauptmann T. Fearnhead und einer kleinen Schar von RAMC-Männern schien besiegelt, als im letzten Moment die Schrauben stehen blieben. Schon prallte ihr Boot gegen den nun bewegungslosen Propeller, und Fearnhead stieß sich mit aller Kraft ab, ehe der Propeller noch ein weiteres Mal anlaufen konnte. Perman ließ sich die letzten Meter an dem Tau hinunter, wobei er sich böse die Handflächen verbrannte, und schwamm zu einem Rettungsboot.

Auch Reverend Fleming erlebte das Drama der beiden Boote aus nächster Nähe:

> *„Ich hatte das Deck gerade wieder erreicht, als ich zwei verunglückte Boote erblickte, die unerklärlicherweise von den riesigen Propellern angezogen zu Kleinholz zerschlagen wurden. Acht unserer Sanitätskräfte, einer unserer medizinischen Offiziere und über zwanzig Leute vom Schiff verloren ihr Leben, und ebenso viele wurden übel verletzt."*

Was nun den genauen zeitlichen Ablauf der Rettungsbootskatastrophe angeht, ist dieser nicht genau bekannt; die Zeugenaussagen widersprechen sich. Gemäß dem Fünften Offizier Fielding war es 8.30 Uhr, als die beiden Boote an Backbord mittschiffs eigenmächtig gewassert und anschließend aus einer Kombination von der Vorwärtsbewegung des Schiffes, dem starken Gezeitenstrom sowie dem Schraubensog ins Verderben gezogen wurden. Kapitän Bartlett gab erst fünf Minuten später den Evakuierungsbefehl. Violet Jessop berichtete allerdings, dass die Schwestern schon von Bord waren, als sie selbst auf das Bootsdeck kam; sie sah sie bereits in einigem Abstand vom Schiff in Booten treiben, wobei die *Britannic* zu diesem Zeitpunkt noch in Fahrt war.

Gegen 8.45 Uhr bemerkte Kapitän Bartlett, dass sich die *Britannic* etwas zu stabilisieren schien. Schon schöpfte er Hoffnung, das großartige Schiff doch noch retten zu können und befahl, noch einmal Fahrt aufzunehmen. Doch die Vorwärtsbewegung zog den Bug noch tiefer hinunter, und dann bekam er von

Ein imposanter Blick auf die beiden hinteren Schornsteine der *Britannic*. Links sind die für je zwei Boote eingerüsteten Welin-Davits zu erkennen. Der helle Kasten ganz links unten enthält Rettungswesten. Auf der erhöhten „Mittelinsel" vor dem dritten Schornstein sind als zusätzliche Rettungsmittel für jeweils zehn Personen ausgelegte Carley-Flöße positioniert. Die halb rechts erkennbare Elektrowinde diente dazu, mit den Welin-Davits gefierte Boote wieder an Bord zu hieven. (Sammlung Jonathan Mitchell)

unten mitgeteilt, dass das Wasser die Höhe des D-Decks erreicht hatte. Die Maschinen wurden wieder gestoppt, diesmal für immer. Von jetzt an blieb nichts anderes mehr zu tun, als alle Menschen vom Schiff zu bekommen. Zum Glück befand sich die *Britannic* in Landnähe, und das Wasser war verhältnismäßig warm – die äußeren Umstände waren ungleich günstiger als in jener Aprilnacht vier Jahre zuvor, als die *Titanic* sank.

Wie auch immer nun der exakte Hergang der blutigen Ereignisse gewesen sein mag, das Ergebnis waren hunderte Menschen, die im Wasser trieben, siebzig davon tot oder zum Teil schwer verletzt. Die Insassen der unbeschädigten

Rettungsboote bemühten sich trotz eines gravierenden Mangels an Seeleuten nach Kräften, den Unglücklichen rasch zu Hilfe zu kommen. So stand VAD-Schwester Barbara Mattison aufrecht in einem der Boote und dirigierte das Rudern. In Sheila Macbeths Boot konnten zum Glück einige der Frauen ganz gut mit den Riemen umgehen, wodurch sie bald aus der Gefahrenzone entkommen konnten. In dem Boot, das die VAD-Schwester Ada Garland auf genommen hatte, erwiesen sich die acht extra zum Rudern hineingesetzten Männer hingegen als restlos ungeschickt – ständig schlugen die Riemenblätter gegeneinander. Ada war froh, dass die See im Gegensatz zum Vortag so ruhig wie ein Mühlteich war. Sofort begannen die Schwestern, die Menschen aus dem Wasser zu ziehen. Viele wiesen zum Teil grässliche Verstümmelungen auf, und aus Mangel an Verbandsmaterial begannen die Krankenschwestern bald damit, ihre Kittel und Kissenbezüge in Streifen zu reißen, um sie als Notverbände zu benutzen. Einige von ihnen stiegen auf Anweisung von Oberin Dowse auch in andere Boote mit Verletzten über, in denen sich nur Männer befanden. *„Unsere Flachmänner mit Brandy wurden bald unbezahlbar"*, erzählte Sheila Macbeth.

22 Die letzte halbe Stunde

Der Fünfte Offizier Fielding sah, wie die Schrauben endlich zum Stillstand kamen, und konnte seine beiden in Wartestellung gehaltenen Boote nun das letzte Stück zu Wasser lassen. Kurz darauf fiel die vordere Garnitur der beiden nebeneinander postierten „Gantry-Davits" aus, und Fielding setzte sein Rettungswerk mit dem achteren Set fort. Damit wurde nun ein weiteres vollbeladenes Boot abgefiert. Dank der elektrischen Winschen konnten die Taljen danach nochmals rasch und ohne Taugeschlinge an Deck hochgewunden und die Fünf-Tonnen-Motorbarkasse angeschlagen werden. In diesem Moment erschien der Erste Offizier George Oliver in Begleitung von Oberstleutnant Anderson und teilte mit, dass der Kapitän sie angewiesen habe, dieses Boot zu übernehmen und im Wasser treibende Schiffbrüchige von den zertrümmerten Kuttern aufzufischen. Oliver und Anderson stiegen also in die Barkasse, begleitet von Pfadfinder Vickers – dieser war als persönlicher Läufer des Kapitäns von seinem Kameraden Edward Ireland abgelöst worden. Beim Einsteigen geriet der Sea Scout mit einem Fuß zwischen Bootsrand und Bordwand und klemmte sich dabei schmerzhaft ein – *„Hat schon ein bisschen wehgetan"*, bemerkte er später. Zusammen mit den dreien saßen noch dreißig RAMC-Männer sowie zwei oder drei Seeleute in dem Motorboot.

Der ranghöchste medizinische Offizier an Bord der *Britannic*, Oberstleutnant Henry Steward Anderson. Er diente ab November 1915 bis zum Untergang auf dem Lazarettschiff. (Sammlung Jonathan Mitchell)

Nach dem sicheren Wassern der Barkasse holte Fielding die Fallen noch ein weiteres Mal ein und beförderte mit dem nächsten Boot dann 75 RAMC-Kräfte. Dabei schlitterte der Kutter schon bedenklich an der Bordwand hinunter und schlug ein paar Mal fast um.

Schließlich, gerade zehn Minuten nach dem Räumungsbefehl des Kapitäns, wurde die Schlagseite so stark, dass auf der nun hoch aus dem Wasser ragenden Backbordseite sogar das letzte Paar „Gantry-Davits" unbrauchbar wurde.

Fielding ging mit seinen sechs Matrosen zu dem erhöhten Dach der Lounge auf dem A-Deck, und sie begannen damit, die hier gestauten faltbaren Carley-Rettungsflöße für je 25 Personen sowie alle greifbaren Deckstühle über die schon beängstigend tief liegende Steuerbordseite ins Wasser zu werfen. Unterstützt wurden sie dabei von 30 RAMC-Männern, welche Fielding schon in das nächste Rettungsboot gesetzt hatte, das dann aber nicht mehr gefiert werden konnte. Als sie diese Arbeit vollbracht hatten, wollte Offizier Fielding zur Brücke gehen und dem Kapitän Bericht erstatten. Da sah er, wie sich auf der Steuerbordseite der Sechste Offizier Chapman zusammen mit drei Seeleuten abmühte, eines der mit Welin-Davits ausgestatteten Boote klarzumachen. Fielding kam ihm mit seiner Crew zu Hilfe, und gemeinsam wuchteten sie das Boot außenbords. Der Fünfte blieb zusammen mit den beiden Matrosen, die die Kontrollbremsen bedienten, an Deck und überwachte den Vorgang. Nachdem das Boot sicher aufgeschwommen war, ließen sich die drei Männer an den Taljenläufern hinunter.

Percy Tyler machte noch einmal zwei Besorgungsgänge unter Deck, um so viele Rettungswesten wie möglich zu organisieren und stellte fest, dass sich an den letzten verbliebenen Booten an Steuerbord nun allmählich so etwas wie Verzweiflung breitmachte. Dann bemerkte er einen der Pfadfinder, der noch immer an Deck stand und sich standhaft weigerte, seinen Posten zu verlassen. Dem RAMC-Gefreiten blieb schließlich nichts anderes übrig, als den Knaben mit sanfter Gewalt förmlich ins nächste Boot zu werfen. Tyler wurde sogleich aufgefordert, selbst in das schon schwer überladene Boot einzusteigen, und es wurde als das das drittletzte überhaupt abgefiert:

> *„In einem mit etwa achtzig Personen vollgestopften Boot, das für gerade sechzig Insassen gedacht war, kämpften wir nun, um vom Schiff wegzukommen. Wir waren in dem engen Fahrzeug so zusammengedrängt, dass wir vor lauter Angst,*

das Boot könnte beim unangenehm nahen Passieren der laufenden Steuerbordschraube umkippen, gerade einmal fünf der zehn Riemen frei bekommen konnten."

Währenddessen versammelte Major Harold Edgar Priestly alle Leute vom RAMC um sich, die er finden konnte, ließ sie auf dem A-Deck antreten und schickte sie auf Anweisung von oben immer in Gruppen zu fünfzig Mann auf das darüber liegende Bootsdeck. Major Priestly wurde zu einem herausragenden Akteur in diesem Drama. Geboren 1879, war er 1905 als Leutnant in das Royal Army Medical Corps eingetreten, wurde 1909 zum Hauptmann und 1915 zum Major befördert.

1915 diente er beim Britischen Expeditionskorps in Frankreich und geriet dort in Kriegsgefangenschaft. Bis er aus gesundheitlichen Gründen entlassen und repatriiert wurde, machte er sich in einem deutschen Kriegsgefangenlager nahe Wittenberg in Sachsen einen besonderen Namen, als unter seiner Anleitung eine dort ausgebrochene Typhusepidemie erfolgreich bekämpft werden konnte. Violet Jessop beschrieb ihn als ruhigen und bescheidenen Mann, zu dem seine Untergebenen jederzeit kommen konnten. Schon vor dem Drama genoss er an Bord einen gewissen „Heldenstatus", weil er, wie Jessop schrieb, *„aus dem Kriegsgefangenenlager in Ruhleban"* hatte ausbrechen können. Damit muss sie das Gefangenenlager in Ruhleben bei Berlin gemeint haben, in dem männliche Gastarbeiter und Urlauber feindlicher Nationen beim Ausbruch des Krieges interniert wurden, später auch Mannschaften ziviler Schiffe. Ab 1916 war Priestly wieder in Diensten des Medizinischen Korps und wurde dann zum Dienst auf der *Britannic* eingeteilt.

Zurück zum Geschehen an Bord: Reverend Fleming unterstützte Priestly und geleitete die abgezählten Männer auf das Bootsdeck, während die übrigen in mustergültiger Ordnung warteten, bis auch sie an die Reihe waren. Als alle oben waren, nahm die Schlagseite des Schiffes nach Steuerbord nochmal deutlich zu. Fleming warf noch einige Deckstühle für im Wasser Treibende außenbords. Dann fuhr er fort:

„Ich kann mich nicht erinnern, was dann geschah. Ich denke, ich muss noch einmal hinuntergegangen sein. Ich fand mich die Haupttreppe hinter der Brücke hinauf stürmend wieder, am anderen Ende des Schiffes. Das Deck schien völlig entvölkert, doch als ich nach vorne kam, fand ich ein Boot vor, das gerade gewassert werden sollte."

Hier traf der Kaplan auch wieder auf Major Priestly, welcher der letzten Gruppe seiner Sanitäter nicht ins Boot gefolgt war, sondern versuchte, sich noch irgendwie an Bord nützlich zu machen. Reverend Fleming schrieb dazu:

> *„Die Männer in den Booten riefen mir zu, mit ihnen einzusteigen, und versuchten, den Major aufzufordern, ebenfalls zu kommen; doch in dem gleichen Geist, der seine Arbeit in Wittenberg ausgezeichnet hatte, machte er noch einen letzten Rundgang, um zu sehen, ob noch jemand zurückgeblieben war; wenige Momente später entkam er im nächsten Boot, welches als letztes das Schiff verließ."*

In dieses Boot stieg auch Zahlmeister Claude Lancaster, welcher die Schiffspapiere und das Logbuch in Sicherheit bringen sollte. Später behauptete Priestly, das Ganze sei für ihn im Vergleich mit einem Tag im Gefangenenlager „mehr ein Picknick" gewesen. Jener Zahlmeister Lancaster scheint ein Teufels-

Reverend John Fleming, aufgenommen vor dem das Bootsdeck durchbrechenden Salondach (*„raised roof"*) der Lounge erster Klasse auf dem A-Deck, gelegen zwischen den Schornsteinen 2 und 3. Auf dem erhöhten „Dach" sind links neben dem Militärpfarrer übereinander gestaute Carley-Flöße zu erkennen; dahinter erhebt sich die Messingplattform des Haupt-Magnetkompasses der *Britannic* (*standard compass*). Die erhöhte Plattform hielt den Kompass außerhalb des Schiffsmagnetfeldes. (John Fleming)

kerl gewesen zu sein – Dr. J. C. H. Beaumont schrieb in seinem Buch „Ships and People", dass der Purser gleich zwei Schiffsuntergänge überlebt hat (auch jenen der *Justicia*) und jedes Mal sowohl sein eigenes als auch das Geld der Reederei sowie die Schiffspapiere retten konnte, er soll sogar bei beiden Untergängen seine nagelneue Uniform gerettet haben. Es war 9 Uhr, als das letzte Rettungsboot vom untergehenden Liner abstieß. Die restlichen Boote waren nutzlos, da es keine Fiermannschaften mehr gab.

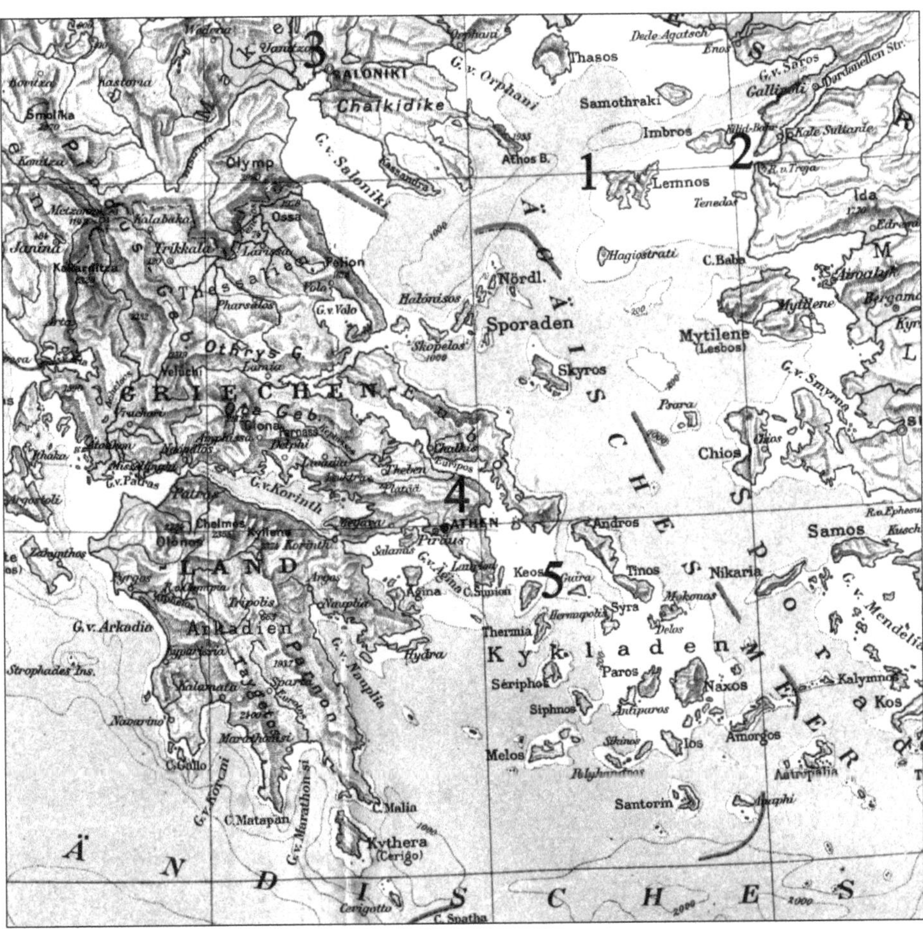

Übersichtskarte Griechenlands mit der Ägäis: Insel Limnos mit Moudros (1), Einfahrt in die Dardanellen-Meerenge (2), Thessaloniki/Saloniki (3), Athen (4) und der Insel Kea (5). (Sammlung Günter Bäbler)

23 Hilfe ist unterwegs

An Bord der sinkenden *Britannic* wusste zunächst niemand, ob die ausgesandten Notrufe irgendwo gehört wurden. Die Sendeeinrichtung funktionierte zwar, aber die Empfangsanlage war ausgefallen. Dazu kam noch, dass die potenziellen Retter mit einer recht unpräzisen Nachricht konfrontiert wurden – der ersten Mitteilung über den *„Minentreffer vor Point Nikolo"* wurden aus schleierhaften Gründen keine genauen Koordinaten hinzugefügt, und das, obwohl es in der Ägäischen See mehrere Orte dieses Namens gibt. Kapitän Bartlett wusste sich auf einer wohlbefahrenen Route vor einer wohlbekannten Landmarke und meinte vielleicht, dass seine knappe Positionsangabe ausreichend war. Von daher war es ein glücklicher Umstand, dass der Hilfskreuzer *Heroic* das Lazarettschiff nur eine Stunde vor dem Treffer passiert hatte. Als um 8.28 Uhr der Notruf einging, wusste der Kommandant der *Heroic,* Fregattenkapitän z. S. d. Res. Percival Ram, welches „St. Nikolo" er anzusteuern hatte.

Die *Heroic* der Belfast Steamship Company verband in Friedenszeiten ab 1906 die Städte Belfast und Liverpool miteinander, tagsüber in östlicher Richtung, nachts gegen Westen, wofür der Dampfer über 116 Kabinen verfügte. Das Schiff erreichte beachtliche 20 Knoten und konnte somit der *Britannic* nach deren Notruf zügig zu Hilfe eilen.
(Sammlung Günter Bäbler)

Die Notrufe wurden auch von anderen Fahrzeugen in aussichtsreicher Nähe aufgefangen. Der britische Zerstörer *Scourge* war gerade dabei, die Bergung des bei der Insel Phleva aufgelaufenen griechischen Dampfers *Sparti* in die Wege zu leiten, als er um 8.15 Uhr Nachricht von der Havarie erhielt. Das kleine Kriegsschiff sammelte die beiden für die Abbergung des Griechen organisierten französischen Schlepper *Goliath* und *Polyphemus* sowie einen Trawler um sich und eilte dem Liner zu Hilfe. Der Zerstörer *Foxhound* fuhr gerade in der Bucht von Athen Patrouille, als er durch *Scourge* von dem Seenotfall informiert wurde, und machte sich ebenfalls auf den Weg, um dem großen Schiff zu helfen.

Währenddessen brachen die letzten Minuten der *Britannic* an. In Reverend Flemings überfülltem Rettungsboot gab es keine Seeleute, und es kam mehr schlecht als recht weg vom Schiff. Trotzdem bemühten die Männer sich, noch möglichst viele Schwimmer aus dem Wasser zu fischen. *„Und dann warteten wir mit schwerem Herzen darauf, das Schiff untergehen zu sehen."*

Der 17-jährige Trimmer William Hainsworth hatte die Explosion lediglich als leichtes Beben wahrgenommen; sein Arbeitsplatz war in einem der hinteren Kesselräume gewesen. Als er und seine Kameraden aufs Oberdeck gelangten, waren die meisten Rettungsboote bereits weggefiert, und das Schiff lag weit über. Hainsworth sah, wie ein Rettungsfloß über Bord geworfen wurde und ließ sich über ein leeres Bootsfall ins Wasser gleiten. *„Ich rutschte so schnell hinunter, dass ich mir meine Hände in Fetzen riss"*, berichtete er später. Er flehte einen noch auf dem Schiff zurückgebliebenen und vor Furcht erstarrten Kameraden an, ihm zu folgen, doch vergeblich. Dann sah der Heizer, wie sein Kamerad plötzlich zusammenbrach, über die Deckskante kippte und bewusstlos ins Wasser stürzte – vor lauter Schrecken hatte ihn vermutlich eine Herzattacke ereilt.

Kapitän Bartlett blieb an Bord, bis der Liner buchstäblich unter ihm weg sank; neben ihm stand der Stellvertretende Kommandant Dyke, und zusammen beobachteten sie, wie die die Back unter die Wasseroberfläche glitt und die See unaufhaltsam die Brückenfront hinaufzuklettern begann. Die Steuerbord-Brückennock war nur noch knapp über der Wasseroberfläche, als der Kommandant zum Schalter für die großen Dampfpfeifen griff und die Stimme der *Britannic* ein letztes Mal zu einem langgezogenen Ton erklingen ließ – dem schwersten Signal, das ein Kapitän geben kann: *„Alle Mann aus dem Schiff"*.

Damit waren auch die Sea Scouts Ireland und Price von ihren Aufgaben als Läufer des Kapitäns und des Chefoffiziers entbunden. Beide mussten feststellen, dass es für sie kein Boot mehr gab, und so ließen sie sich an einem Bootsfall 15 Meter hinab, von wo sie zu einem fast 50 m entfernten Rettungsfloß schwimmen konnten. Hauptmann E. Fenton vom Medizinkorps verließ das Schiff auf dieselbe Weise – aufgrund seiner Leibesfülle wusste er, dass er in einem Rettungsboot den Platz zweier Männer einnehmen würde und hatte deshalb darauf verzichtet, eins zu besteigen. Er schaffte es zum selben Floß wie die beiden Pfadfinder.

Der Fünfte Offizier Fielding musste sich mit seinem Boot eilig vom Heck der *Britannic* entfernen, da sie zu kentern begann – so war für ihn nun der Blick Richtung Brücke frei:

> *„Ich sah dann die beiden Kapitäne und den Chefingenieur von der Brücke wegschwimmen (daran kann man erkennen, wie weit sie mit dem Bug zu dieser Zeit schon weggesunken war). Zur selben Zeit gingen die Ingenieure – zwanzig oder dreißig von ihnen – die noch nicht „abgeklingelt“ worden waren und ausgehalten hatten, bis sie von austretendem Dampf und der Überflutung des Maschinenraumes an Deck getrieben wurden, ins Wasser.“*

Chefingenieur Robert Fleming, der bis zum Schluss an Bord der *Britannic* blieb. (Sammlung Jonathan Mitchell)

Die von Fielding erwähnten Ingenieure und Maschinisten waren über den Luftschacht, der in den „blinden" vierten Schornstein hinauf führte, bis aufs Bootsdeck geklettert; da sie keine Boote mehr vorfanden, sprangen sie über Bord. Immerhin mussten sie nicht das Schicksal ihrer Kollegen auf der *Titanic* teilen, die allesamt beim Untergang ihr Leben verloren. Ihr „Chief" Fleming hatte sich entschlossen, noch an Bord zu verweilen und sich zu Bartlett und Dyke gesellt. Etwa um diese Zeit sprangen auch die letzten noch an Deck befindlichen RAMC-Leute außenbords. Fielding weiter:

> *„Der Offizier, der versucht hatte, die Türen und Schotte zu schließen, sprang um dieselbe Zeit ins Wasser. Mein Boot war gerade eben vom Heck des Schiffes klargekommen, als der Chefingenieursassistent über das Heck der* Britannic *gleitend gesehen wurde. Er fiel 150 Fuß in das von Wrackteilen übersäte Wasser. Glücklicherweise fiel er nicht auf die Trümmer und wurde von meinem Boot aufgenommen wie viele der anderen Ingenieuroffiziere; einige von ihnen waren schon halb ertrunken, als wir sie erreichten. Die Stewardess (oben erwähnt) hing an den Sorgleinen meines Bootes, bis sie an Bord einer der Fünf-Tonnen-Motorbarkassen genommen wurde."*

Fieldings Boot war massiv überfüllt, und zahlreiche Menschen klammerten sich an die Halteleinen. Drum herum hielten sich viele an Wrackstücken und Flößen fest. Sie alle mussten aushalten, bis die Motorboote erschienen.

Mehr als 1000 Menschen sahen nun zu, wie das große Lazarettschiff seinen letzten Weg antrat. Dunkle Rauchwolken quollen aus den vorderen drei Schornsteinen. Die *Britannic* rollte sich vollends auf die Seite. Etwa zu diesem Zeitpunkt verließ als Letzter Leutnant John Starkie das Schiff. Er hatte Verpflegung von unten geholt und kam erst im letzten Moment wieder nach oben. Als der RAMC-Mann vom Bootsdeck weg schwamm, war die Brücke schon untergetaucht, und das Schiff lag komplett auf der Seite.

In 120 Metern Tiefe traf der Bug auf den Grund, wodurch sich das Schiff nicht noch steiler aufstellen konnte. Offizier Fielding schätzte, dass das Achterschiff zuletzt etwas mehr als dreißig Meter aus dem Wasser ragte. Die Schornsteine waren für eine solche Neigung nicht konstruiert, sie kollabierten einer nach dem anderen und brachen weg bis auf den ersten, der erstaunlicherweise dem Wasserdruck standhielt; er liegt noch heute direkt neben dem Schiff. In den Davits befanden sich noch 23 nicht mehr gefierte Boote. Im Schiffsinnern grollten dumpfe Explosionen, als die See in die Rauchgasschächte strömte und die letzten noch befeuerten Kessel bersten ließ. Um 9.07 Uhr schloss sich die See über dem Heck der *Britannic,* 55 Minuten nach dem Minentreffer.

Damit war eines der Prunkstücke unter all den Schiffen, die Harland & Wolff geschaffen hatte, schmachvoll nahe einer weltvergessenen Kykladeninsel im Ägäischen Meer dahingegangen, ohne sich jemals auf der traditionsreichen Nordatlantikroute mit Ballins Dickschiffen und den großen Vierschornsteinern von Cunard im friedlichen Wettbewerb messen zu können. Das große Lazarettschiff HMHS *Britannic* war damit nicht nur der größte Schiffsverlust des Ersten Weltkrieges, sondern – lässt man die diversen Supertankerunglücke der 70er bis 90er Jahre des 20. Jahrhunderts außer Acht – das größte überhaupt je gesunkene Seefahrzeug (die *Normandie, Queen Elizabeth* und *Costa Concordia* waren größer, aber sie gingen nicht im herkömmlichen Sinne unter – Anm. d. Verf.). Rein vom Deplacement her kommen neben ihrem unsterblichen Schwesterschiff *Titanic* nur die drei während des Zweiten Weltkriegs versenkten großen Schlachtschiffe *Bismarck, Musashi* und *Yamato* in ihre unmittelbare Nähe.

Kapitän Charles Alfred Bartlett zog sich in eines der zusammenlegbaren Rettungsboote hinein, die leer von dem kenternden Liner aufgeschwommen waren und musste von dort zusehen, wie sich sein tödlich getroffenes Schiff der See ergab. Später wechselte er in eines der motorisierten Rettungsboote. Er konnte von nun an für sich in Anspruch nehmen, als vermutlich einziger Führer eines Ozeanliners dem Bau, dem Stapellauf und dem Untergang seines Schiffes beigewohnt zu haben – ein Privileg, auf das er sicher gern verzichtet hätte. Reverend John Fleming sah den Schiffer von seinem Rettungsboot aus:

> *„Nicht mehr als hundert Meter entfernt, in einem der zusammenklappbaren Boote, war die einsame Gestalt vom Kapitän des Schiffes. Wir jubelten ihm so gut wir konnten zu, als er uns in einer Motorbarkasse passierte und allen Booten den Befehl gab, sich zu sammeln und aufs Land zuzuhalten. Doch das war gar nicht mehr nötig. Die SOS-Signale, unmittelbar nach dem Attentat auf das Schiff ausgesandt, waren angekommen. Drüben am fernen Horizont konnten wir große Mengen von Rauch eines nahenden Fahrzeuges erkennen."*

Der Schiffer befahl den Besatzungen der Motorbarkassen, die Verwundeten, von denen etliche noch immer im Wasser trieben, zu übernehmen und sie in die nahegelegene Bucht St. Nikolo mit dem Fischereihafen des Dorfes Livadi (heute

Korissia) auf Kea zu bringen. Von dort aus erreichten auch die ersten Helfer den Schauplatz: einheimische Fischer in ihren kleinen Fischerbooten, „Kaikia" genannt. Sie konnten etliche Menschen aus dem Wasser ziehen. Einem der Retter, Francesco Psilas, wurde später von der britischen Admiralität, vertreten durch den Konsul von Syrien, sein Einsatz mit 4 Pfund Sterling vergolten.

Im Rettungsboot von Sheila Macbeth griff ein Seemann nach einem Stuhl, der im Wasser trieb, und zog ihn im Wasser mit. Nach einer Weile löste sich der Leim und der Stuhl zerbrach in Einzelteile. Der Mann zog ein Bruchstück ins Boot und gab es Macbeth zur Erinnerung an die *Britannic*.

Violet Jessop klammerte sich immer noch an ihre beiden Rettungswesten und wagte kaum, sich zu bewegen. In einiger Entfernung sah sie eines der Motor-

Oben: Bruchstück eines Stuhls aus dem à-la-carte Restaurant, das Sheila Macbeth ihr Leben lang aufbewahrte und das noch immer im Familienbesitz ist. (Günter Bäbler)

Links: Ein entsprechender Stuhl des Restaurants der *Olympic*. (Sammlung Günter Bäbler)

boote; es hielt mit hoher Fahrt auf sie zu. Dann stoppte es in der Nähe, und seine Insassen begannen damit, Überlebende aus dem Wasser zu ziehen:

„Ich hörte ganz nahe bei mir eine Stimme, die zum Boot rief: „Da ist eine Frau im Wasser!“ Als ich meinen Kopf drehte, voller Überraschung und Dankbarkeit für diesen Akt von Selbstlosigkeit, sah ich den Besitzer der Stimme angstvoll nach Luft schnappen und aus der Sicht verschwinden.“

Die Besatzung der Barkasse hatte den Ruf des Unbekannten vernommen und kam herbei, um die Stewardess aus dem kalten Wasser zu holen. Im Boot versuchte sie, aufzustehen und spürte erst jetzt, wie sehr sie diese Höllenfahrt mitgenommen hatte. Jessop weiter:

„Mein Bein war übel verstaucht und hatte eine klaffende Wunde. Ich hatte gar nicht gemerkt, wie es passiert war; alles was ich im Wasser gemerkt hatte, war, dass mein Kopf beinahe zu Brei gestoßen wurde. Als ich in der Barkasse Platz nahm, bemerkte ich einen jungen Burschen, der mich mit einem Augenzwinkern ansah. Er gab mir den Spitznamen ‚Die Königin‘, und als meine Augen den seinen folgten, bemerkte ich den Grund für seinen Humor.

Das Rückenteil meines Mantels war heruntergerissen und hing an mir wie eine Schleppe. Meine Frisur hatte sich gelöst; an seinem äußersten Ende hing das traurige Überbleibsel der Haube, auf die ich immer so stolz gewesen war. Als ich mich niederließ, murmelte der Knabe mit einem stillvergnügten Glucksen: ‚Königin, Du hast einen furchtbaren Schlag abgekriegt.‘“

Zu meiner Linken war ein Mann, an dessen Armen die Haut nur noch in Fetzen hing. Er sagte mir immer wieder, wie glücklich er sei, nicht getötet worden zu sein.“

Keine Rettung gab es dagegen für den 17-jährigen Küchenjungen Leonard George und für einen jungen RAMC-Mann; beide Leichname der im Boot verstorbenen Männer wurden über Bord gegeben.

„Dann wurde unser Kommandant, der zuvor einen guten Job an Land aufgegeben hatte, um das Kommando zu übernehmen, in seinen Pyjamas aus dem Wasser gerettet, sein Gesicht gelassen wie immer.“

Plötzlich war der verzweifelte Hilferuf eines Mannes zu hören. Jessop:

„Er ging unter, er ächzte, und er hielt einen verdrehten Stumpf hoch, der einst ein Arm gewesen war; die Erschöpfung in seinen Augen schien mitzuteilen, dass er eine Ewigkeit gewartet hatte.

Der kommandierende Offizier, der auch vorher nicht sonderlich beliebt gewesen war, entgegnete in schroffem Ton vom sicheren Boot aus: ‚Warten Sie, bis Sie an der Reihe sind.'"

Über diese Kaltschnäuzigkeit des Bootsführers war Jessop erbost. Leider verrät sie uns nicht, wie der ebenfalls im Boot befindliche Kapitän sich zu der Sache verhielt. Immerhin hatten beide Motorfahrzeuge ihre Mätzchen mit dem Antrieb abgelegt; beide Motoren funktionierten bei den Rettungsaktionen tadellos. Die Insassen der Backbordbarkasse unter dem Kommando vom Ersten Offizier Oliver zogen einen Überlebenden nach dem anderen aus der See, und der junge Pfadfinder James Vickers mühte sich trotz seines schmerzenden Fußes an der Handlenzpumpe ab, weil mit den geretteten Menschen jede Menge Wasser in das Boot gelangte. Sobald die Barkasse voll war, verteilte Oliver die Menschen auf die nicht vollbesetzten anderen Boote, und das Rettungswerk wurde sofort wieder aufgenommen.

Schließlich machten sich die Motorboote auf den Weg zur nahe gelegenen Insel Kea, um die Verwundeten an Land zu bringen und zu versorgen.

Das erste *Britannic*-Rettungsboot, das um 11.15 Uhr den Strand der Insel erreichte, war jenes unter dem Kommando des Fünften Offiziers Fielding. Die Crew brauchte mehr als zwei Stunden, um das hoffnungslos überladene Fahrzeug zu dem nur zweieinhalb Meilen entfernten Ufer zu pullen, zumal noch eine kräftige Strömung gegenan stand. Auch die Motorbarkassen trafen bald ein. Die Verletzten wurden auf dem Strand notdürftig hingebettet, damit sie weiterversorgt werden konnten. Fielding berichtet:

„Die hiesigen Leute waren Griechen und sprachen kein Englisch. Ich fand jemanden, der Französisch sprach, und konnte so zwei oder drei Flaschen Brandy und Sauerbrot für die Verwundeten erhalten. Das [von den Inselbewohnern gereichte] Wasser war nicht trinkbar, und wir benutzten den Vorrat aus dem Boot."

Violet Jessop sah, wie die Ärzte, obwohl sie teilweise selbst verletzt waren, aufopferungsvoll und ohne Ausrüstung für die Verwundeten sorgten. Eine kleine, unbenutzte Kaianlage diente als Operationsstätte. Den herbeigekommenen Inselbewohnern stand der Schrecken über diese Szenen ins Gesicht geschrieben, und sie versuchten trotz der Sprachbarriere zu helfen, wo sie konnten. Nachdem sie einem RAMC-Offizier mit schlimmen Beinverletzungen Trost zugesprochen hatte, wurde Jessop von einem Arzt gebeten, ihm beim Aufschneiden von Rettungswesten behilflich zu sein, die als Notverbände dienen sollten. Als sie nichts mehr weiter tun konnte, ließ sie schließlich zu, dass eine Inselbewohnerin sich um sie kümmerte:

> *„Eine der Einwohnerinnen, eine sehr freundliche Frau, nahm mich mit zu ihrem ärmlichen weißgetünchten Haus und packte mich ins Bett, während sie sich daranmachte, meine Kleider auf einer kleinen Veranda zu trocknen."*

Als sie später aufstand, um sich wieder anzukleiden, fand sie auf der Veranda einen Haufen Leute des Schiffsstabes vor und musste feststellen, dass ihre Korsetts nicht nur immer noch feucht waren; obendrein hatte ein sehr korpulenter Doktor auf ihnen Platz genommen und *„tauschte fantastische Geschichten mit unserem beliebten Zahlmeister aus."*

Hilfskreuzer HMS *Heroic*, hier noch im zivilen Anstrich der Belfast Steamship Company, sollte die Untergangsstelle der *Britannic* als eines der ersten Schiffe erreichen. (Sammlung Günter Bäbler)

24 Die Retter sind da

Eine halbe Stunde, nachdem das Wasser der Ägäis über der *Britannic* zusammengeschlagen war, stiegen zwei Rauchsäulen über den Horizont. Kurz danach erschien als erstes britisches Fahrzeug der Hilfskreuzer *Heroic* auf dem Schauplatz, dem im Abstand von einigen Minuten der Zerstörer *Scourge* folgte.

Während der nächsten zwei Stunden nahmen beide Einheiten so viele Menschen auf, wie nur irgend untergebracht werden konnten. Auf dem Hilfskreuzer drängten sich bald 494 Personen (darunter Reverend Fleming), während der G-Klassen-Zerstörer die erstaunliche Zahl von 339 Menschen beherbergte – sehr viel für ein so kleines Fahrzeug, das schon für die eigene Crew kaum genügend Platz bot. Gerade rechtzeitig erschien die Ablösung in Gestalt von HMS *Foxhound,* einem Schwesterboot der *Scourge.* Im Gefolge des Zerstörers nahten auch der Hilfskreuzer HMS *Chasseur* und der Leichte Kreuzer HMS *Foresight,* so dass die beiden ersten Retter mit ihrer menschlichen Fracht den Ort des Geschehens verlassen konnten. An Bord der Scourge befand sich auch Sheila Macbeth:

> *„Wir mussten eine Weile warten, während die Seeleute noch einmal eine Runde machten, um weitere Überlebende zu suchen. Während dieser Zeit sahen wir die Kapitänsbrücke* (dabei dürfte es sich um die aus Holz gebaute Brückenfront gehandelt haben, die sich anscheinend vom Wrack gelöst hatte und aufschwamm – Anm. d. Verf.) *und andere vertraute Gegenstände vorbeischwimmen – darunter ein Schild ‚Nur Offiziere', was einen Spaßvogel zu der Frage veranlasste, warum wir nie die Anweisung erhalten haben, dass Offiziere und Krankenschwestern nicht auf derselben Seite des Schiffes ertrinken dürfen!"*

Vor dem Ablaufen gab der Zerstörer noch Rot-Kreuz-Material auf der Insel ab, dazu gingen noch einige an Bord befindliche Ärzte und Krankenschwestern des versunkenen Schiffes an Land, um ihren dortigen Kollegen beizustehen. Trotz aller Bemühungen verstarb an diesem Nachmittag William Sharpe, ein Feldwebel des RAMC, am Strand von Kea.

Um 13 Uhr steuerte HMS *Foxhound* ebenfalls Livadi in der Bucht St. Nikolo an, nachdem sie den Untergangsort einmal nach etwaigen Überlebenden abgesucht hatte. In Zusammenarbeit mit Kapitän Bartlett ging die Zerstörercrew sogleich daran, die Menschen an Bord zu bringen. Etwa eine Stunde danach lief der Kreuzer *Foresight* ein, dessen medizinische Offiziere ebenfalls zur Unterstützung an Land gingen. Der Kommandant des Kreuzers bot dem kommandierenden Offizier der *Foxhound* an, die Verwundeten mit nach Moudros nehmen, doch Kapitänleutnant Shuttleworth lehnte ab, da alle schon an Bord seines Bootes gebracht worden waren und er mit seiner menschlichen Fracht möglichst ohne Verzug nach Piräus ablaufen wollte. So blieb es der *Foresight* überlassen, sich um die zurückgebliebenen Rettungsboote zu kümmern sowie die Bestattung des verstorbenen RAMC-Mitgliedes in die Wege zu leiten.

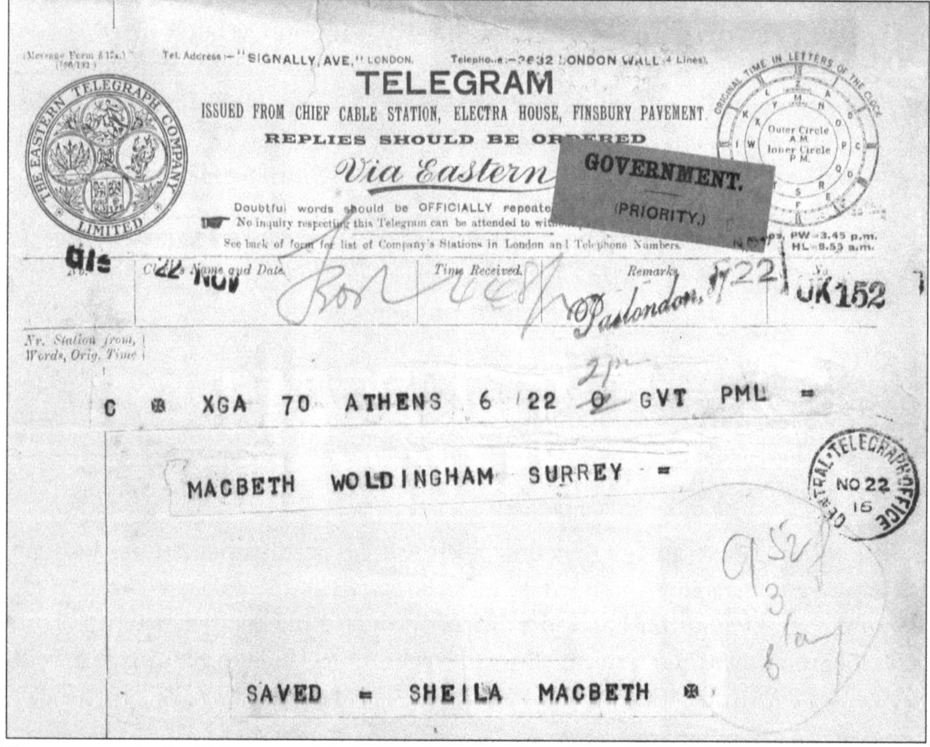

Tel. Address:—"SIGNALLY, AVE," LONDON. Telephone:—2632 LONDON WALL (4 Lines).

THE EASTERN TELEGRAPH COMPANY LIMITED

TELEGRAM

ISSUED FROM CHIEF CABLE STATION, ELECTRA HOUSE, FINSBURY PAVEMENT.

REPLIES SHOULD BE ORDERED

Via Eastern

GOVERNMENT. (PRIORITY.)

ORIGINAL TIME IN LETTERS OF THE CLOCK — Outer Circle A.M. Inner Circle P.M.

Doubtful words should be OFFICIALLY repeate[d]

No inquiry respecting this Telegram can be attended to wit[hout …]

See back of form for list of Company's Stations in London and Telephone Numbers.

PW = 3.45 p.m. HL = 8.53 a.m.

No. | Clerk's Name and Date | Time Received | Remarks | No.

22 NOV — UK152

Nr. Station from, Words, Orig. Time

C XGA 70 ATHENS 6 22 GVT PML =

MACBETH WOLDINGHAM SURREY =

SAVED = SHEILA MACBETH

CENTRAL TELEGRAPH OFFICE NO 22 16

Das pragmatische Telegramm „gerettet" von Sheila Macbeth an ihre Familie wurde erst am Tag nach dem Untergang in Athen versendet, erreichte dann die Empfänger noch gleichentags. (Sammlung Jonathan Mitchell)

Mützenbänder der *Scourge* und *Duncan,* die Sheila Macbeth zur Erinnerung an Bord der Schiffe erhielt. (Günter Bäbler)

Der Leichte Kreuzer HMS *Foresight,* der zunächst nach Überlebenden suchte; später in Livadi half das medizinische Personal bei der Betreuung der Verletzten der *Britannic.* (Sammlung Günter Bäbler)

25 Piräus

Für Violet Jessop war es die erste Fahrt auf einem Kriegsschiff, und die Aufmerksamkeit und Fürsorglichkeit der Crew war rührend. Ein Seemann geleitete die Stewardess zu einer winzigen Kammer, wo schon ein dampfendes Vollbad wartete: *„Ich wurde zurückgelassen mit der Aufforderung, mich mit frischer Kleidung zu bedienen, und ich wurde gefragt, ob ich meine Korsetts gerne im Maschinenraum getrocknet haben möchte."* Als sie zurück an Deck kam, wartete dort schon ihr Freund von eben mit einer Tasse heißem Navy-Kakao, *„so dick, dass der Löffel darin stecken blieb"*, doch der Zerstörer stampfte so heftig, dass der Inhalt der Tasse unversehens auf dem Deck landete. Ein Ausbruch von Heiterkeit unter den Umstehenden war die Folge.

Gegen 16 Uhr erreichte HMS *Heroic*, auf der mittlerweile ein Angehöriger des RAMC und ein Heizer an ihren schweren Verletzungen verstorben waren, die Bucht von Salamis und ging bei dem dort liegenden Flaggschiff der britischen Adriaflottenverbände HMS *Duncan* längsseits. Der Hilfskreuzer gab seine Geretteten an das Schlachtschiff ab (genauer gesagt ein Vor-Dreadnought-Linienschiff und Schwester der auf eine Mine von U 73 gelaufenen *Russell*). Gleiches geschah mit denen der ebenfalls einlaufenden *Scourge*.

Als letzte traf Stunden später HMS *Foxhound* ein. Jessop stolperte das Fallreep zur *Duncan* hoch und blickte dort in zwei strahlende Gesichter:

> *„Einer sagte, als er mir unter die Arme griff: ‚Ich weiß, was Sie heute gerettet hat, junge Lady!' und ich erkannte die beiden Ärzte, neben denen ich bei der Heiligen Kommunion heute Morgen gekniet hatte."*

Jessop, immer noch von Schmerzen an Bein und Kopf geplagt und außerdem hungrig, suchte sich unter Deck eine ruhige Ecke hinter einer Decksstütze. In der Nähe stand eine Gruppe von *Britannic*-Überlebenden beisammen, die sich just in diesem Moment über eine Stewardess unterhielten, die von der Schraube des sinkenden Schiffes getötet worden war. Sie trat aus ihrem Versteck hervor und sagte zu den Leuten: *„Würden Sie bitte aufhören, mich hier in Stücke zu reden und mir etwas zu Essen besorgen?"* Niemand von der Gruppe kannte Jessop persönlich, so dass sie ihnen erst einmal klarmachen musste, dass sie die Person war, über die sie sich eben unterhalten hatten.

HMS *Duncan,* Flaggschiff des britischen Mittelmeergeschwaders unter Konteradmiral Arthur Hayes-Sadler, übernahm vom Hilfskreuzer *Heroic* und dem Zerstörer *Scourge* 800 *Britannic*-Überlebende. Später war das Schlachtschiff Schauplatz der eher improvisierten – und wie sich zeigte einzigen – Untersuchung des Untergangs.
(Sammlung Günter Bäbler)

Die verantwortlichen Offiziere in Piräus unter Konteradmiral Hayes-Sadler sahen sich nun mit dem Problem konfrontiert, wie sie über tausend Menschen unterbringen und verpflegen sollten. Als hilfreich erwies sich, dass gerade ein Geschwader französischer Kriegsschiffe zugegen war. Der Chef der Bundesgenossen, Admiral Darrieus, schickte Boote, und sie nahmen einen Teil der unverletzten Überlebenden auf. Weitere 300 Personen wurden auf einem Depotschiff untergebracht, während einige Offiziere und andere Besatzungsmitglieder an Bord des internierten österreichischen Dampfers *Marienbad* unterkamen.

Die 76 Krankenschwestern erfuhren von der Besatzung der *Duncan* besondere Aufmerksamkeit – die jüngeren Offiziere opferten Übermäntel und was sie sonst noch entbehren konnten. Konteradmiral Hayes-Sadler lud die Frauen zu einer Teestunde ein. Anschließend wurden sie nach Phaleron gefahren, wo sie in Hotels einquartiert wurden. Gordon Fielding dazu:

*„Zusammen mit über hundert Anderen wurde ich auf die Austro-Lloyd-*Marienbad *verlegt, die von den Franzosen als Gefängnis für deutsche und österreichische Kriegsgefangene verwendet wurde.*

Hier wurde uns um 20 Uhr ein Abendessen angeboten — die erste Mahlzeit seit dem Abendessen vergangene Nacht. Das Essen war sehr armselig. Ich hatte ein Gespräch mit einem französischen Hauptmann, der erklärte, dass sie eine große Anzahl von Gefangenen erwarteten, und er bat mich, mit meiner Crew dafür zu sorgen, dass alles reibungslos läuft. Doch diese Gefangenen kamen nicht. Es gab keine Störung."

Nach den Überlebenden gelangten auch die Rettungsboote nach Piräus. Die letzten vier wurden um 16 Uhr von einem französischen Dampfer abgegeben, so dass schließlich über 30 Boote um HMS *Duncan* herum im Wasser dümpelten. Die Crew des Schlachtschiffes überführte sie schließlich zu einer der Dockanlagen in Salamis.

Währenddessen wurde eine Untersuchung des Vorfalls eingeleitet, mit deren Leitung der Kommandant der *Duncan*, Kapitän zur See Hugh Heard und sein Leitender Ingenieur George Staer betraut wurden. Mit Unterstützung von Kapitän Bartlett ging man zuerst einmal daran, festzustellen, wie viele Menschen sich an Bord der *Britannic* befunden hatten und wie viele umgekommen waren.

Insgesamt 21 Besatzungsmitglieder des Schiffes sowie 8 Mitglieder des Medizinischen Armeekorps (RAMC) hatte der Untergang von Lazarettschiff G618 das Leben gekostet. So gut wie alle hatten in den voreilig gefierten und in die Schrauben geratenen Booten gesessen. Vier von ihnen starben nach der Rettung an ihren schweren Verletzungen – einer davon an Bord des französischen Schleppers *Goliath* – und wurden mit militärischen Ehren in Piräus beigesetzt, die Gräber auf dem Friedhof von Drapetsona existieren noch heute. Somit gab es 1036 Überlebende, von denen 21 verwundet waren. Die meisten lagen in der Krankenstation der *Duncan*, während die restlichen von der *Foxhound* nach Piräus verbracht wurden. Ein nahegelegenes russisches Hospital nahm sie auf. Die Oberin wurde zusammen mit ihren Krankenschwestern im glücklicherweise wegen der Winterzeit gerade leer stehenden Hotel Aktaion einquartiert, während die medizinischen Offiziere zusammen mit Reverend Fleming im wenige hundert Meter entfernten Hotel Phalére Unterschlupf fanden. Dort war der Empfang allerdings nicht unbedingt freundlich.

Britannic-Überlebende vor dem Aktaion-Hotel in Piräus. (Sammlung Jonathan Mitchell)

AKTAION
PHALÈRE, GRÈCE
DIRECTION
Cocotaki - Tsantilys

23rd November 1916.

Dearest Mother & All.
This is just to tell you that although the Britannic has gone down. that I am safe & well. I sent a cablegram but I don't think they were allowed to go. I cannot tell you anything that I have seen. & I know nothing of what is to happen to us. We heard that we were to return on a french hospital ship. but when or if it is true even - one cannot tell. Everyone here is as kind as can be and

I have found some friends of M. Maurice Le Blan & of Alton Mills - already. I am working at a Russian Hospital at night because our wounded are there & many french sailors & I speak enough french to understand the doctors etc:
I hope to see you soon - but yet I would rather stay out here than to return to a home hospital. I have nothing except what I stand in - my slippers are in ribbons - & I have been drawing clothes from a store for Serbian refugees.
Well - au revoir & I will hope to tell you everything one day with my best love to all & please tell my friends I am well but cannot write. Yours as ever Sheila.

Am 23. November 1916, zwei Tage nach dem Untergang, schrieb Sheila Mitchell im Hotel Aktaion einen Brief an ihre Mutter:

„Liebste Mutter (und alle anderen).
Ich schreibe dies nur um Dir zu sagen, dass ich in Sicherheit bin und es mir gut geht, obschon die Britannic *gesunken ist. Ich habe ein Telegramm geschickt aber ich glaube, dass solche nicht weitergeleitet werden durften. Ich kann Dir nicht sagen, was ich alles erlebt habe, ich habe keine Ahnung was jetzt mit uns geschehen wird. Wir hörten, dass wir auf einem französischen Lazarettschiff zurückkehren sollen, aber wann und ob das überhaupt stimmt, weiß ich nicht – niemand weiß es. Alle hier sind so nett wie man überhaupt nur sein kann. Ich habe bereits einige Freunde vom Maurice Le Blan und von Alton Mills getroffen. Ich arbeite nachts in einem russischen Krankenhaus, weil unsere Verletzten und viele französische Seeleute dort sind, und ich spreche genug Französisch, um die Doktoren etc. zu verstehen.*
Ich hoffe, Dich bald zu sehen, dennoch würde ich gerne noch etwas hier bleiben, um dann zuhause in einem Krankenhaus zu arbeiten. Ich besitze nur noch das, was ich am Leib trage, meine Pantoffeln sind in Fetzen & ich trage Kleidung von einem Lager für serbische Flüchtlinge.
Au revoir & ich hoffe, Dir eines Tages alles erzählen zu können, alles Liebe an alle und bitte sage meinen Freunden, dass es mir gut geht, aber ich nicht schreiben kann.
Ewig Deine
Sheila

Die Loyalität des Phalére-Hotelpersonals galt mehrheitlich König Konstantin I., der sich aufgrund seiner Vorfahren und als Schwager des deutschen Kaisers mehr auf der Seite der Mittelmächte fühlte. Das Personal lehnte die pro-alliierte Haltung der provisorischen Regierung unter Premier Eleftheris Venizelos ab – die griechische Bevölkerung war tief in Royalisten und Venezelisten gespalten, und es gab als Folge immer wieder Unruhen im Land.

Im prachtvollen Hotel Aktaion bestand das Personal mehrheitlich aus Venezelisten, und so war der Empfang für die VADs weit freundlicher. Indes war man eigentlich nur auf die Ankunft von 18 Personen vorbereitet, es kamen aber achtzig. Sheila Macbeth: *„Die meisten Zimmer waren für den Winter geschlossen, so wanderten wir herum und nahmen alle Räume in Beschlag, die wir finden konnten, viele von uns schliefen zu viert in einem Raum."* Da Macbeth seit einem Kunststudium in Paris Französisch sprach, schloss sie rasch Freundschaft mit den Damen des Hotels, die der Sprache ebenfalls mächtig waren, und wurde von diesen mit Nachtzeug und Bedarfsartikeln wie Bürste, Kamm und Seife versorgt:

> *„Mein verachtetes Klappmesser wurde sehr nützlich an dem Abend, indem es ein Stück Seife in acht Teile schnitt! (Es war ein sehr großes Messer, das mir ein kanadischer Soldat in Bagthorpe geschenkt hatte. Ich habe es immer in einer Tasche meiner Gieve-Rettungsweste mit mir getragen, um mich im Fall eines Schiffbruches von etwaigen Leinen etc. losschneiden zu können. Meine Freundinnen haben mich dafür stets ausgelacht)."*

Indes sollte Schwester Macbeth nur wenig Gelegenheit haben, sich von dem jüngst überstandenen Schiffbruch erholen. Schon am nächsten Tag wurde sie zum russischen Lazarett in Piräus kommandiert, wo noch verletzte *Britannic*-Überlebende lagen:

> *„Ich musste als eine Art Dolmetscher-Krankenschwester fungieren, da das dortige Personal sämtlich aus Griechen und Russen bestand, von denen nur einer oder zwei französisch sprachen. Ich kam mit unserer stellvertretenden Schwesteroberin und zwei Oberschwestern an, so dass ich mich natürlich reichlich verlegen fühlte, als mich einer der MO´s mit den Worten begrüßte: ‚Sind Sie diejenige, die französisch spricht? Dann müssen Sie hier die Oberin machen, bitte.´ Die Leute von der* Britannic *waren sehr erfreut, uns zu sehen, da sie die ausländischen Schwestern nicht verstehen konnten, und außerdem gab es viele kranke und verwundete französische Seeleute im selben Lazarett."*

Allerdings musste Macbeth feststellen, dass in diesem Hospital die Hygiene wenig Priorität hatte, außerdem gaben sich die Griechen anfänglich recht reserviert:

> *„Die Ärzte wussten nicht, dass englische Krankenschwestern einen höheren Ausbildungsstand haben als griechische, so dass man ihnen die Beaufsichtigung der Patienten anvertrauen konnte. Wie auch immer, sie bemerkten bald, dass dem so war, und ich fühlte mich recht geschmeichelt, als mich der Chirurg bat, nach seinen wirklich kranken Franzosen zu sehen und ihnen einige meiner ‚wundervollen Heißwasserflaschen' zu verabreichen. (Wärmflaschen waren dort unbekannt, so dass wir uns mit alten Weinflaschen beholfen haben.)"*

Bis der Dienst der englischen Krankenschwestern im Lazarett beendet war, hatten sie sich mit den griechischen Kollegen recht gut arrangiert; die Ärzte waren ohnehin versiert und das Gebäude gepflegt. Macbeth meinte: *„Wären wir noch einen Monat hiergeblieben, denke ich, wäre es das beste Lazarett in Griechenland geworden."*

Währenddessen konnte die Untersuchung des Vorfalls in Piräus nicht sehr umfassend ausfallen, da die Zeugen über ein großes Gebiet verstreut waren und daher schlecht beigebracht werden konnten. Zudem mussten die Menschen wegen der Knappheit an Unterbringungsmöglichkeiten und Proviant so bald wie möglich weitertransportiert werden.

Die wichtigste zu klärende Frage war natürlich, was die *Britannic* vernichtet hatte. Als das Schiff den Treffer erhielt, war Kapitän Bartlett sofort der festen Ansicht, es handele sich um eine Mine, wie es dann auch in den Notrufen des Schiffes lautete. Dennoch gab es hier Verwirrung, weil einige Besatzungsmitglieder etwas anderes aussagten. Der Decksteward Thomas Walters behauptete, zur fraglichen Zeit eine Torpedolaufbahn gesichtet zu haben – allerdings an Backbord. In Erwartung der Detonation habe er sich an der Reling festgeklammert. Er wusste, wie die Spur eines Torpedos an der Wasseroberfläche aussah, denn er hatte als Offiziersteward auf einem Kriegsschiff gedient und dabei einmal zugesehen, wie Übungstorpedos abgeschossen wurden. Ausguck J. Conelly berichtete, dass bei seiner Ablösung durch seinen Kameraden J. Murray zwei „verdächtige Objekte" in Sicht gewesen seien. Reverend Fleming sah anscheinend dasselbe und beschrieb es als *„sich bewegende Objekte,* *die an Fässer erinnerten"*. Der Bäckergehilfe Henry Etches wollte ebenfalls einen Torpedo gesehen haben, er indes an Steuerbord.

Zwar war der Kea-Kanal kurz vor dem Schiffsuntergang von HMS *Foxhound* nach Minen abgesucht worden, doch Bewohner von Livadi wollten am Morgen des Ereignisses ein U-Boot vor ihrer Küste gesichtet haben. Für einen Minentreffer sprach auch (und ganz besonders), dass niemand auf der *Britannic* bei der Explosion die bei einem Torpedoaufschlag stets hochsteigende Fontäne aus Wasser und Trümmerstücken beobachtet hatte, auch nicht die Ausgucks und die Männer auf der Brücke.

Ganz zweifelsfrei konnte die Kommission die Sache nicht klären. Im Abschlussbericht stand: *„Die Wirkung der Explosion könnte sowohl einer Mine als auch einem Torpedo zugeschrieben werden. Die Wahrscheinlichkeit spricht für eine Mine."* (Weitere Ausführungen, warum von einer Seemine ausgegangen werden muss, finden sich im Anhang E.)

Über Eines waren sich aber alle im Klaren: Niemand mochte sich ausmalen, welch katastrophales Ausmaß der Untergang gehabt hätte, wenn das Schiff auf der Rückfahrt mit tausenden, in großen Teilen gehunfähigen Verwundeten an Bord getroffen worden wäre.

U 73 war am Morgen des 7. November von seiner Feindfahrt wieder in die Bucht nach Cattaro zurückgekehrt. Noch einmal Wachoffizier Niemöller:

> *„Und der Erfolg? Uns war recht flau zumute, als wir an der* Gaea *festmachten; und wir staunten gewaltig, als wir mit einem ganz fabelhaften ‚Hurra' empfangen wurden. Wir wußten ja von keinem Erfolg außer der kümmerlichen griechischen Bark* Propontis. *Aber nun kamen die Meldungen: auf unsere Sperre in der Keosstraße war das englische Lazarettschiff* Britannic *aufgelaufen, der Stolz der englischen Handelsflotte, ein Schiff mit fast 50.000 Tonnen! Bei Phlebes war ein griechischer Truppentransport mit Freiwilligen für die Salonikifront gesunken!* (Dabei handelte es sich um den Dampfer *Sparti*, welchem HMS *Scourge* vor der Rettung der *Britannic*-Überlebenden Hilfe geleistet hatte – Anm. d. Verf.) *In der Mykonosstraße hatte das Schicksal einen großen französischen Hilfskreuzer, die* Burdigala (einst bei Schichau in Danzig als Schnelldampfer *Kaiser Friedrich* für den Norddeutschen Lloyd gebaut – Anm. d. Verf.), *ereilt! Und nach einigen Tagen wurden weitere Minenverluste*

der Alliierten im Ägäischen Meer bekannt: alles zusammen an die 90.000 Tonnen. Der ‚schwimmende Sarg', der immer noch keine besseren Eigenschaften entwickelt hatte als zu Beginn seiner Laufbahn, machte sich bezahlt; dafür verlangte er aber auch wiederum nach einer gründlichen Werftliegezeit, und so waren wir wenige Tage später wieder unterwegs nach Pola."

Danach unternahm das Boot zwei weitere von diversen Maschinen- und sonstigen Pannen überschattete Feindfahrten und wurde schließlich beim Rückzug der deutschen U-Flottille aus Pola zusammen mit anderen unbrauchbaren Booten am 30. Oktober 1918 vor der Küste mit Sprengpatronen versenkt, damit das Material nicht den Italienern in die Hände fiel. Ob die mit dem „schwimmenden Sarg" viel Freude gehabt hätten, sei dahingestellt. So oder so soll einer seiner letzten Minensperren noch das russische Linienschiff *Pereswjet* zum Opfer gefallen sein.

Die *Burdigala* (ex *Kaiser Friedrich*) der Compagnie de Navigation Sud-Atlantique fiel in der Straße von Kea eine Woche vor der *Britannic* derselben Minensperre von U 73 zum Opfer. Die beiden Wracks liegen rund zwei Seemeilen voneinander entfernt. (Sammlung Günter Bäbler)

26 Weiterer Aufenthalt in Piräus

Gegen Mittag am 22. November 1916 konnten die Offiziere und Ingenieure der *Britannic* erstmals die *Marienbad* zu einem Landgang verlassen. Aus Fieldings Tagebuch:

„Wir landeten in Piräus, nahmen den Zug nach Phaleron, und im Hotel Aktaion trafen wir den medizinischen Stab unseres gesunkenen Schiffes und tranken gemeinsam Tee. Wir gingen dann zu einem serbischen Hilfsdepot, wo Hemden und anderes Gewand erhältlich waren. Wir kehrten um 19 Uhr zu einem respektablen Abendessen auf das Schiff zurück und stellten fest, dass die Offiziere von HMS Duncan *unseren Offizieren Whiskey und Zigaretten gesandt hatten (letztere waren trotz Verpackung in luftdichten Dosen fade)."*

Donnerstag, 23. November

Kapitän Bartlett und der Zahlmeister ließen zum Namensappell antreten. Wir erfuhren dann zum ersten Mal, wie sich die Dinge abgespielt hatten.

Von den Decks- und Ingenieursoffizieren wurde nur einer vermisst. Dies war der Chefelektriker, der in einem zwischen den Decks wegen Stromausfalls steckengebliebenen Aufzug eingeschlossen worden war. Die Crew verlor 21 Mann, und das RAMC verlor 8. Der Gesamtverlust betrug 29. Von den etwa 80 Krankenschwestern und 4 Stewardessen kam keine ums Leben. Die volle Besatzung war 1065, von denen 1036 gerettet wurden.

Viele waren ernstlich verletzt—50 bis 60 Mann—und wurden zum russischen Lazarett in Athen gebracht. Die Besatzung von HMS Duncan *sandte im Laufe des Tages Pakete mit Kleidung für unsere Seeleute und das übrige Personal. Nachmittags gingen wir an Land, um Zahnbürsten etc. zu kaufen und kehrten zum Dinner zurück."*

Im Hotel Aktaion war Violet Jessop froh, ihre Kabinennachbarin wiederzusehen. Diese war ihrerseits hocherfreut, sie hatten sich gegenseitig für tot gehalten. Bis Jessop aber endlich ihren knurrenden Magen beruhigen konnte, dauerte es noch:

„Die Erinnerung an mein erstes Mahl erweckt immer noch Schaudern in mir. Nachdem wir zu guter Letzt von der Duncan *zu dem Hotel gebracht worden*

waren, sah ich zu, ins Bett zu kommen. Mir wurde gesagt, dass alle vorhandenen Lebensmittel und aller Wein bereits von denen verbraucht worden waren, die früher an diesem Tag angekommen waren. Nach einer endlosen Wartezeit brachten sie mir eine lauwarme Flüssigkeit, von der sie behaupteten, es sei Tee, und Brot, bestrichen mit einer weißen, schaumigen, abscheulich schmeckenden Substanz, die sie als Ziegenmilch-Butter bezeichneten. Es war das ranzigste, was ich jemals zu essen versucht habe."

Später, als Jessop gerade versuchte, mittels Zähneputzen den Geschmack von Öl und Kork in ihrem Mund loszuwerden, klopfte es an der Tür, und die stellvertretende Schwesteroberin schaute herein. Ihre erste Frage war, woher Jessop die Zahnbürste hatte. *„Ich habe sie mitgebracht"*, antwortete Jessop. Sie erntete dafür einen misstrauischen Blick – als würde ihr Gegenüber argwöhnen, die Stewardess hätte eine Konspiration mit dem Feind betrieben und schon mal Übernachtungssachen für den Fall eines Unterganges bereitgehalten.

Durch den Untergang ergab sich unverhofft die Möglichkeit, die Wartezeit bis zur Rückkehr mit touristischen Aktivitäten zu verkürzen. Auf dem Bild einige Überlebende vor dem Parthenon der Athener Akropolis. (Sammlung Jonathan Mitchell)

27 Schwierige Rückkehr

Ab dem 24. November 1916 begannen die Rücktransporte der Überlebenden. Die ersten, die die Heimat wiedersehen sollten, waren die Männer der Schiffsbesatzung.

Der ehemalige Fünfte Offizier Fielding wurde zusammen mit den anderen nautischen Offizieren und der restlichen unverwundeten Crew auf das Flottenhilfsschiff (Royal Fleet Auxiliary) RFA *Ermine* verladen und erst einmal aufs griechische Festland gebracht. Wieder Tagebuch Fielding:

> *„Um 9.30 Uhr verließen wir die* Marienbad *für den kleinen Dampfer* Ermine *und starteten unter Begleitung durch den Zerstörer* Foxhound *nach Saloniki. Dieses Schiff transportierte die gesamte Schiffscrew der* Britannic *(605), hatte aber nur vier Rettungsboote an Bord. Es war schwere See, und wir alle mussten die Rettungswesten tragen. Es gab nichts zu essen außer Pökelfleisch; zu trinken gab es nur Tee."*

Um 23 Uhr des 26. November erreichte die *Ermine* Thessaloniki. Am nächsten Morgen um 5 Uhr ging der Dampfer beim Schlachtschiff *Lord Nelson* längsseits. Nach der ungemütlichen Überfahrt konnten die Männer ein warmes Bad nehmen und wurden ordentlich verpflegt. Dann kehrten sie zurück auf die *Ermine.*

Danach ging es an Bord des Transporters *Royal George*. Einige Männer litten unter Dysenterie, einer Erkrankung des Dickdarms bei einer bakteriellen Infektion, darunter auch Fielding: *„Ich hatte eine Attacke, welche 24 Stunden andauerte."*

Am nächsten Tag lief der Transporter wieder aus, und mit Zickzackkurs und täglichen Bootsdrills ging es durchs Mittelmeer bis nach Marseille. Dort gingen die Männer am 4. Dezember an Land, und Kapitän Bartlett verabschiedete sich von seiner Crew, um einen Personenzug zu besteigen. Für die Crew begann nun der unangenehmste Teil der Heimfahrt. Fielding schreibt:

> *„Verließen das Schiff um 13.30 Uhr während eines sehr schweren Unwetters, in dem wir zwei Stunden am Kai stehen und warten mussten; dann hatten wir einen Fußmarsch durch den Matsch zum Bahnhof und eine weitere zweistündige Wartezeit."*

Die Rückreise bis nach England ab Marseille schilderte Gefreiter Percy Tyler folgendermaßen:

„Am nächsten Tag gingen wir an Land, wo wir um 19.30 Uhr einen Zug bestiegen und um 22 Uhr mit Ziel Le Havre abfuhren. Es war nun beinahe ein Monat seit dem Untergang, und wir waren noch immer auf dem Rückweg nach England, und obwohl wir schon außerordentlich raue Zeiten hinter uns hatten, hatten wir keine Ahnung, was noch vor uns lag.

Wir wurden in Waggons 4 Fuß 6 Zoll breit und 8 Fuß 6 Zoll lang gepackt, fünf saßen auf einer und sechs auf der anderen Seite. In diesen engen Abteilen mussten wir drei Nächte und zwei Tage lang reisen, mit einer Decke pro Mann und sehr langsam durch ein schneebedecktes Land und jeder zitterte vor Kälte. Wir waren auf kleine Rationen gesetzt, welche am 18. aus drei Dosen Rindfleisch, zwei Dosen Bohnen einer Dose Marmelade und siebenundzwanzig Kekse, all das für sieben Mann und vierundzwanzig Stunden. Dies alles war natürlich nur eine Ein-Mann-Ration. Um 5.30 Uhr morgens lief der Zug irgendwo auf einem Nebengleis ein, wo wir mit Tee versorgt wurden; zwei kleine Feldflaschen für uns neun.

Bis 21.30 Uhr gab es für uns nichts Warmes mehr zu trinken. Am 18. gab es um 2.30 Uhr morgens einen weiteren Halt und nochmals Tee, und wir erhielten dieselbe Ration für den Tag zugeteilt; um 13 Uhr gab es einen weiteren Halt, wieder mit Tee. Nun waren wir fünfzig Meilen von Paris entfernt und das warme Getränk sehr willkommen, da alle sehr froren und zu der Zeit Frost herrschte. Während wir hier standen, machten die Männer Wettrennen auf dem Bahnsteig, um sich aufzuwärmen.

Wir erreichten die Vorstädte von Paris um 14 Uhr und Versailles um 16.30 Uhr, wo uns das Französische Rote Kreuz Erfrischungen, Zigaretten etc. reichte, die recht gut waren. Im Kriechtempo fuhren wir dann um 23.50 Uhr durch Rouen und kamen am Morgen des 20. Dezember um 3.30 Uhr in Le Havre an.

Hier hielten wir uns bis 10.30 Uhr vormittags auf und marschierten dann zu einem Ruhecamp, das wir um 11 Uhr vormittags erreichten. Hier erhielten wir um 15.30 Uhr unsere erste und einzige Mahlzeit, bestehend aus Rindfleisch und Kekse. Weiter ging es um 16.30 Uhr Richtung Hafen, wo wir an Bord von HMT King Edward *mit Ziel Southampton gingen. Hier wurden wir so dicht zusam-*

mengepfercht, dass förmlich einer auf dem anderen liegen musste. Nach einer rauen Kanalüberquerung legten wir 22.30 Uhr am Kai an, wo wir bis 2.30 Uhr ausharren mussten und unsere einzige Mahlzeit des Tages im hiesigen RAMC-Lager erhielten. Bis 17.30 Uhr lungerten wir bei den Baracken herum und bestiegen dann den Zug in Richtung unserer Endstation Blackpool, welche wir um 21 Uhr erreichten.

Um 5 Uhr waren wir in Preston, wo wir von den Damen in den ‚Erfrischungsräumen für Seeleute und Soldaten' sehr freundlich empfangen und mit heißem Tee, Speisen und Zigaretten versorgt wurden. So fühlten wir uns schon ein bisschen wie zu Hause. Wir fuhren mit Ziel Blackpool um 7.15 Uhr ab, und um 10.30 Uhr freuten wir uns auf ein gutes Frühstück und ein weiches Bett."

Die Krankenschwestern waren indessen auf Malta noch eine Woche zurückgehalten worden, bis das Lazarettschiff HMHS *Valdivia* eintraf, das sie direkt zu einem Hafen im englischen Kanal bringen sollte – um ihnen Fährnisse, wie sie die männliche Crew durchgemacht hatte, zu ersparen.

Vera Brittain befand sich zufällig ebenfalls auf Malta. Sie nutzte die Gelegenheit, eine Krankenschwester, mit der sie sich auf ihrer Reise an Bord der *Britannic* angefreundet hatte, zu besuchen. Anstelle der lebenslustigen jungen Frau, die sie kennengelernt hatte, fand sie ein zutiefst geschocktes Nervenbündel vor, das ständig am Rande eines Tränenausbruchs stand. Brittain konnte ihre Kameradin mit einigen Geschichten über ihrer Erlebnisse an Bord des großen Schiffes etwas aufheitern und erfuhr selbst einiges über den Schiffsuntergang – als sie von den Verdiensten der gefürchteten Oberschwester Dowse hörte, revidierte sie ihre Meinung über diesen „Drachen". Später drückte sie in „Testament of Youth" ihren nachträglich gewonnen Respekt unter anderem so aus:

„In einem der Boote saß die Oberin und sah zu der todgeweihten Britannic *hin, während die restlichen Insassen, darunter unsere Freundin, ängstlich den leeren Horizont absuchten. Sie sah, wie der Propeller ein Boot entzweischnitt und dessen verstümmelte Opfer durch die Luft warf, doch aus Rücksicht auf die jungen Frauen, für die sie verantwortlich war, ließ sie keinen Laut hören, noch zuckte ein Muskel in ihrem grimmigen alten Gesicht."*

Violet Jessop hatte auf Malta eine höchst erfreuliche Begegnung mit ihrem Bruder William. Der Leiter der Hafenmission, der sich auf der Insel um viele

Die Überlebenden des medizinischen Personals der *Britannic* vor der Mauer des Fort Manoel auf Malta. (Sammlung Jonathan Mitchell)

Leute von versenkten Schiffen kümmern musste, arrangierte einen längeren Aufenthalt in der Mission für die Geschwister:

> *„Er war in der Lage, uns etliche Privilegien zu verschaffen, darunter einen Besuch an Bord des britischen U-Bootes E.21. Es war hier nach seinen Heldentaten gegen die türkische Flotte für Reparaturen eingelaufen."*

Nachdem sie zusammen die Insel erforscht hatten, kam für William und seine Schwester die Abschiedsstunde, als er an Bord des Truppentransporters ging, welcher ihn zusammen mit seiner Einheit nach Saloniki bringen sollte.

Kurz vor der eigenen Abfahrt hatte sie dann noch eine unverhoffte Begegnung mit einem Kapitän zur See der Marine, den sie als den einstigen Chefoffizier des Schiffes erkannte, auf dem sie erstmals als Stewardess angemustert hatte. Der freute sich, jemandem aus der Heimat die Geburt seines Sohnes verkünden zu können. Nach dem Austausch von Erinnerungen und Erfahrungen musste Jessop allerdings unter großem Bedauern seine Einladung zu einem Abendessen ausschlagen, weil ihr Schiff schon am Nachmittag auslief. Der Kapitän versprach, bei der Abfahrt da zu sein. Jessop musste später erfahren, dass er am Tag danach mit seinem Schiff untergegangen war.

Für die Stewardess begann nun eine eigene kleine Odyssee. An Bord eines kleinen italienischen Dampfers gelangte sie zusammen mit Schiffbrüchigen aus sämtlichen Entente-Staaten nach Syrakus auf Sizilien: *„Die knoblauchgeschwängerte Luft auf dem dunklen, kleinen Schiff fügte zu der Angst, die wir in mondhellen Nächten in Kriegszeit empfanden, noch Seekrankheit hinzu."* Für Aufheiterung an Bord sorgte ein junger italienischer Pilot, der, wie Jessop später erfuhr, *„den berühmten Namen Balbo"* trug. Sollte es sich dabei um den späteren Luftfahrtminister unter Mussolini und Rekordflieger Italo Balbo gehandelt haben?

Von Syrakus ging es mit dem Zug über Rom und Paris weiter bis zum Kanal. Dabei hatte Jessop ständig mit ihren weitgehend unbehandelten Verletzungen zu kämpfen, zu denen auch, wie sich später zeigte, eine Haarfraktur des Schädels gehörte. Ein junger dänischer Schiffsoffizier, den sie Alex nannte, begleitete sie über eine recht lange Zeit, seine Annäherungsversuche wehrte sie aber stets ab. Anfang Januar fand ihre Reise in London ein Ende.

Die Reise der Krankenschwestern auf der *Valdivia* war ebenfalls keine reine Vergnügungsfahrt, machte doch dieses Schiff – in Friedenszeiten ein französi-

Das britische Lazarettschiff HMHS *Valdivia*, mit dem die überlebenden Krankenschwestern der *Britannic* nach England gebracht wurden. Das Schiff wurde 1911 in Frankreich für den Dienst nach Buenos Aires der Société Générale de Transport Maritimes gebaut. 1915 wurde der Dampfer an die Britische Admiralität verchartert, welche ihn von der Union Castle Mail Steam Ship Company als Lazarettschiff betreiben ließ.
(Sammlung Günter Bäbler)

scher Frachter – wegen fehlender Ladung und zu wenig Ballast unangenehme Rollbewegungen; Platzmangel und gravierende Knappheit an Frischwasser kamen noch hinzu. Das schränkte zum einen die Möglichkeiten der Körperpflege empfindlich ein, führte zusätzlich auch dazu, dass man sich mit Trinkbarem behelfen musste. Schwester Sheila Macbeth:

> *„Das Schiff war aus Ägypten gekommen und man hatte gehofft, auf Malta Wasser zu bekommen. Da hier keins zu kriegen war, forderten wir in Gibraltar welches an, wo wir ebenfalls keines erhielten – so mussten wir Mengen von Tee und Kaffee mit Salzwasser trinken, bis wir am zweiten Weihnachtsfeiertag in Southampton ankamen".*

Wegen der Osmose hätten sie beim Genuss von Seewasser eigentlich verdursten müssen. Vermutlich handelte es sich um unsauber entsalztes Wasser mit einem niedrigen, aber auf der Zunge spürbaren Restgehalt Salz.

Postkarte in Erinnerung an den Weihnachtsabend auf der *Valdivia*, unterschrieben von vier befreundeten Krankenschwestern. (Sammlung Jonathan Mitchell)

Der Hochstimmung über die baldige Heimkehr tat dies jedoch keinen Abbruch. Der einzige Wermutstropfen war, dass man das Weihnachtsfest nicht zu Hause verbringen konnte. Die Schwestern hängten am Heiligabend ihre Strümpfe auf und fanden darin manche Gabe vor; *„Unsere liebe alte Oberin hatte für jede von uns ein Geschenk, welches sie aus Malta mitgebracht hatte"*, schrieb Macbeth. Mit neidvollen Gefühlen dachte sie an die männlichen Crewkameraden, die es rechtzeitig zum Fest nach Hause geschafft hatten – freilich ohne zu wissen, unter welch entwürdigenden Umständen dies vor sich gegangen war.

Am 26. Dezember lief die *Valdivia* in Southampton ein, wo die Schwestern einen Zug nach Waterloo Station bestiegen. In London angekommen wurden sie von ihrer wackeren Oberin Dowse mit der Weisung entlassen, nach Hause zu gehen und auf weitere Order zu warten.

Somit hatte die Heimat die Besatzung und das medizinische Personal des „Schiffes der tausend Tage" wieder – freilich nicht für lange. In einem optimistisch gehaltenen Brief nach Hause schrieb Gefreiter C. McCullough:

> *„Ich frage mich, wo sich unser nächster Akt abspielen wird. Frankreich, Saloniki, Ägypten oder Kleinasien? Nun ja, wir müssen abwarten! Der Krieg wird bald vorüber sein!"*

28 Reaktionen

Am 23. November 1916 wurde der Verlust der *Britannic* offiziell von den Behörden bekanntgegeben, worauf es in der britischen Presse zu einem Entrüstungssturm kam. Die „Times“ blieb zunächst noch sachlich und gab in einem ersten Report lediglich die Zahlen wieder, welche die Admiralität herausgegeben hatte: „1106 Überlebende und 50 Tote“. Vom Athener Korrespondenten des Blattes kam dann die Behauptung, das Schiff sei torpediert worden, *„dieser neue Akt deutscher Barbarei erregt tiefe Empörung“* hieß es in seinem Artikel. Southampton war von dem Fall besonders betroffen, da elf der ums Leben gekommenen Seeleute aus der Stadt bzw. Region stammten.

Nachdem die Zeitungen die Fakten und Verlustlisten gedruckt hatten, ging es um den Akt der Versenkung selbst. Die empörten Äußerungen waren zu erwarten gewesen, schließlich war ein eindeutig gekennzeichnetes und von den Genfer Konventionen geschütztes Hospitalschiff einer feindlichen Handlung zum Opfer gefallen. Der Marinekorrespondent der „Times“ mutmaßte, dass die Deutschen die Gelegenheit genutzt hätten, sich in Missachtung internationaler Gesetze von einem schweren Konkurrenten im Nachkriegs-Schiffsverkehr zu befreien.

Berlin antwortete auf diese Anschuldigungen mit einem Kommuniqué in der „Times“, in dem auf eine mögliche militärische Mission der *Britannic* angespielt wurde – ein klarer Wink an das noch neutrale Amerika:

> *„Soweit bekannt, war das Schiff auf dem Wege von England nach Saloniki. Für eine Fahrt in diese Richtung ist die Zahl der an Bord befindlichen Personen außerordentlich auffällig, was zwangsläufig den Verdacht auf einen Missbrauch des Hospitalschiffes für Transportzwecke rechtfertigt. Insofern aber das Schiff die vorschriftsmäßige Kennzeichnung eines Lazarettschiffes trug, steht natürlich eine Verbindung zwischen einem deutschen U-Boot und der Versenkung nicht zur Debatte.“*

In derselben Ausgabe der „Times“ stand allerdings auch, warum so viele Menschen an Bord waren. Die hohe Zahl teilte sich auf in 625 Mann seemännische Besatzung und 500 medizinisches Personal, welches sich wiederum aus 25 Angehörigen des RAMC, 76 Krankenschwestern sowie 399 Krankenpflegern, Laboranten und Seelsorgern zusammensetzte. Total ergab das 1125 Personen.

Um den Vorwurf des illegalen Truppentransports durch die *Britannic* zu entkräften, veröffentlichte die Admiralität am 3. Dezember 1916 ein Statement:

> *„Eine komplette Aufstellung aller an Bord des Schiffes transportierten Personen ist am 14. November herausgegeben worden.*
>
> *Wie bereits bei einigen früheren Gelegenheiten offiziell dargestellt worden ist, werden britische Hospitalschiffe* ausschließlich *unter den von den Genfer und Haager Konventionen festgesetzten Bedingungen eingesetzt, und sie befördern weder Personal noch Material, das nicht durch die genannten Konventionen autorisiert ist."*

Ungeachtet dessen ging der Krieg weiter. Nachdem Deutschland 1917 unter Inkaufnahme eines möglichen Kriegseintrittes der USA erneut den uneingeschränkten U-Bootkrieg proklamiert hatte, begann das, was Historiker den „Krieg der Kapitänleutnante" nennen. Den deutschen Kommandanten wurde unmissverständlich klargemacht, was sie zu tun hatten: *„(...) der uneingeschränkte U-Boot-Krieg muss England zum Frieden zwingen... Kein Schiff darf mehr schwimmen; seine Versenkung ist gerechtfertigt."* Lazarettschiffe blieben davon weiterhin verschont mit Ausnahme derer, die im Englischen Kanal verkehrten; ihnen wurden von deutscher Seite grundsätzlich verdeckte Truppentransporte unterstellt.

Die U-Boote wüteten unter den einzeln fahrenden Frachtdampfern, die die Insel mit lebenswichtigem Nachschub belieferten, auf furchtbare Weise und brachten das Vereinigte Königreich an den Rand einer Niederlage. Erst als gegen den Widerstand gewisser Kreise in der Admiralität das Konvoisystem eingeführt wurde, gingen die Versenkungszahlen sprunghaft zurück – eine Entwicklung, die sich wenige Jahrzehnte später in ähnlicher Weise wiederholen sollte.

Schnell trat der Untergang der *Britannic* in den Hintergrund, und Reverend John Fleming unkte: *„Die Erinnerung an das herrliche Schiff wird rasch verblassen, ebenso wird der Pathos ihres Hingehens schnell vergessen sein."* Der Bordgeistliche sollte sich nicht getäuscht haben. Das Ereignis vor einer fernen Kykladeninsel wurde obendrein von einem historischen Ereignis überschattet: Just an jenem 21. November 1916 starb Kaiser Franz Joseph I. von Österreich, und mit ihm die einzige Kraft, welche die brüchige K. u. K.-Monarchie Österreich-Ungarn noch zusammenhielt.

Am 18. Dezember 1916 löschte Henry Concanon in Liverpool die Registrierung des großen Schiffes. Die seemännische und medizinische Crew wurde schon bald neuen Kommandos zugeteilt und zerstreute sich in alle Winde. Zahlreiche Überlebende der seemännischen Besatzung wurden später auf die *Justicia*

In Gedenken an den Untergang der *Britannic* wurden in Großbritannien solche Hinterglasmalereien verkauft. Die Opferzahl wurde darauf mit 50 angegeben – der Hinweis, dass das Lazarettschiff ohne Warnung durch die Deutschen versenkt wurde, schürte den Verdacht, dass sie torpediert wurde. (Kalman Tanito)

(32.000 BRT) versetzt, die ursprünglich als *Statendam* für die Holland Amerika Linie gebaut, wurde aber von Cunard übernommen, aufgrund eines vorübergehenden Mangels an Seeleuten aber der White Star Line unter Beibehaltung des Namens überlassen worden ist. Am 19. Juli 1918 wurde die *Justicia* von UB 124 torpediert. Sie sank zunächst nicht, aber 16 Mann der Maschinenraumcrew wurden getötet. Mit zwei weiteren Torpedos wurde sie endgültig zum Sinken gebracht.

Eine formelle *Britannic*-Untersuchung wie nach den Katastrophen der *Titanic* und der *Lusitania* sollte es nie geben. Bei einer offiziellen Befragung hätte sich Kapitän Bartlett sicher einige unangenehme Fragen über die Ursache des Rettungsbootsdesasters sowie die laxe Handhabung bei den Sicherheitsmaßnahmen an Bord gefallen lassen müssen. Admiral Thursby, der zusammen mit Hayes-Sadler bei der provisorischen Untersuchung an Bord der *Duncan* die Befragungen leitete, hatte eigentlich eine gründliche offizielle Aufarbeitung erwartet und seine eigene Untersuchung als Folge auf ein Minimum begrenzt bzw. keine eigene Untersuchungskommission einberufen lassen; so wollte er vermeiden, dass Kapitän Bartlett und seine Offiziere doppelt befragt und länger als notwendig mit Beschlag belegt würden.

Für die Verwundetentransporte im Kampfraum Mittelmeer war der Verlust des größten Lazarettschiffes ein schwerer Schlag, denn es brauchte sechs kleinere Fahrzeuge als Ersatz, um die Militärkrankenhäuser auf Moudros zu entlasten. Der Ausfall der *Braemar Castle*, die zwei Tage nach dem Untergang der *Britannic* ebenfalls auf eine Mine lief, sorgte für einen größeren Engpass, so dass zwangsläufig wieder die *Aquitania* eingesetzt wurde. Um das einzig verfügbare Großlazarettschiff nicht auch noch zu verlieren, mussten die Verwundeten im italienischen Augusta von den kleineren auf das große Schiff transferiert werden.

Am 23. Januar 1917 zahlte die britische Regierung der White Star Line die Versicherungssumme für das verlorene Schiff aus, und zwar als vorläufige Zahlung von 1.750.000 Pfund – der exakte Sachwert war noch von Eignern und Erbauern zu ermitteln. Die endgültige Summe sollte sich schließlich auf 1.947.797 Pfund, 5 Schilling und 10 Pence belaufen.

29 Reparation

Beide großen englischen Reedereien mussten dem Ersten Weltkrieg einen hohen Preis entrichten.

Vom großen Traum Ismays und Pirries eines wöchentlichen Services mit drei Superlinern war für die White Star Line nach Kriegsende lediglich die *Olympic* geblieben.

Schon im ersten Kriegsmonat war noch dazu die altehrwürdige *Oceanic* verlorengegangen – das einzige Schiff der Linie, das einen den Riesendampfern der *Olympic*-Klasse vergleichbaren Komfort bot und auch zu einer adäquaten Geschwindigkeit fähig war. Sie hätte die Stelle der verunglückten *Titanic* einnehmen können, bis ein Ersatzschiff gebaut war.

Da aber die deutsche Handelsflotte durch den von den Entete-Mächten aufgezwungenen Friedensvertrag von Versailles im Mai 1919 fast vollständig als Reparation für die alliierten Verluste im Ersten Weltkrieg an die Siegermächte ausgeliefert werden musste, ergab sich eine Möglichkeit, die Verluste wenigstens zum Teil auszugleichen. Besonderes Augenmerk fiel dabei auf die drei Riesenschnelldampfer der Hamburg-Amerika Linie (HAPAG). Als erstes bekam Cunard von der zuständigen Behörde der britischen Regierung zur Umverteilung deutscher Schiffe (Shipping Controller), das HAPAG-Flaggschiff *Imperator* zugesprochen, das als *Berengaria* zusammen mit *Mauretania* und *Aquitania* den Express-Service nach New York bedienen sollte.

†Vasco - -	1,914	16	10 miles W. by S. from Beachy Head.	Mine - - -	Mine - -	Mine - -	17 (including Master).
Britannic (Hospital ship).	48,158	21	Zea Channel -	Mine - - -	Mine - -	Mine - -	21
†Brierton - -	3,255	22	32 miles S.W. from Ushant.	Submarine - -	No warning -	Torpedo -	—

Im August 1919 veröffentlichte das Unterhaus des Parlaments des Vereinigten Königreichs die Liste der Verluste der Handelsmarine während des Ersten Weltkrieges. Insgesamt sanken 2479 Handelsschiffe (Total 7.759.090 BRT, 14.287 Tote) und 675 Fischereifahrzeuge (71.765 BRT, 434 Tote). Auf weiteren 1885 Handelsschiffen, die beschädigt aber nicht versenkt wurden, starben 592 Menschen. Hier der Auszug der *Britannic* aus dem „Book of Losses". Als Ursache für den Untergang wird ein Minentreffer angegeben, die Zahl der Opfer umfasst mit 21 nur die Zivilisten. (Sammlung Günter Bäbler)

England's debt to her Mercantile Marine has been universally and most gratefully acknowledged. The WHITE STAR LINE lost no less than nine steamers during the War, from the "**Britannic,**" 48,158 tons, to the "**Delphic,**" 8,273 tons, totalling altogether 148,145 tons.

Erwähnung des Verlustes in einer Werbepublikation der White Star Line von 1921. (Sammlung Günter Bäbler)

Die White Star Line war in einer besonders schwierigen Lage. In ihrer Flotte gab es nach dem Verlust der *Britannic* kein einziges Schiff mehr, das der *Olympic* für einen harmonischen Dienst im wöchentlichen Linienverkehr nach New York zur Seite gestellt werden konnte. Die Entschädigungszahlungen der Admiralität für die versenkten Schiffe zogen sich hin, so dass die Reederei dringend auf eine Zuteilung aus der Kriegsbeute angewiesen war. Doch das gestaltete sich schwierig, weil die White Star Line Teil des amerikanischen IMM-Konzerns war. Die ursprüngliche Übereinkunft des Trusts mit der britischen Regierung, dass die Fahrzeuge der britischen Teilgesellschaften in England registriert blieben und als Marinereserve verfügbar waren – ein Akt von Patriotismus des verstorbenen J. P. Morgan – sollte 1922 auslaufen. Danach hätte der Trust seine Fahrzeuge in jedem anderen Land registrieren und sich künftig dem Kriegsdienst entziehen können. Solange dieser Punkt nicht geklärt war, zögerte die Admiralität, der White Star Line etwas vom großen Kuchen abzugeben.

Zu guter Letzt aber kam die gebeutelte Reederei doch noch zu ihrem Recht. Nachdem die *Vaterland* an die Amerikaner gegangen war, konnte IMM-Präsident Sanderson als einen angemessenen Ersatz für die *Britannic* den dritten Vertreter der gigantischen *Imperator*-Klasse, die 56.551 BRT messende *Bismarck* vom Shipping Controller aquirieren. Der Vierschrauben-Turbinenschnelldampfer war bei Blohm & Voss in Hamburg am 20. Juni 1914 vom Stapel gelaufen, doch der Kriegsausbruch verhinderte die Fertigstellung und Übergabe an die HAPAG. 1919 gingen die Ausrüstungsarbeiten unter britischer Aufsicht weiter, wobei 1920 ein Feuer an Bord die Vollendung verhinderte, und die White Star Line das Schiff in unfertigem Zustand übernahm. Im April 1922 schließlich wurde es als dritte *Majestic* in Dienst gestellt und bediente zusammen mit *Olympic* und *Homeric* (ex *Columbus* des Norddeutschen Lloyds) die Route Southampton-New York. Mit der *Majestic* erhielt die White Star Line das größte und schnellste Fahrzeug, das je für die Reederei gefahren war. Dennoch wurde es für die Linie nie mehr so, wie es vor der schicksalhaften Aprilnacht im Jahre

Der als *Bismarck* von der HAPAG in Auftrag gegebene und als *Majestic* fertiggebaute Dampfer war die Reparationszahlung für den Verlust der *Britannic.* Im Bild die Übergabe im Jahr 1922 an die White Star Line in Cuxhaven. (Sammlung Günter Bäbler)

1912 gewesen war, und allmählich fiel sie ins zweite Glied zurück. Das deutsche U-Boot hatte indirekt den Niedergang der Gesellschaft herbeigeführt – sicher hätte die White Star mit den beiden überlebenden Superlinern der *Olympic*-Klasse nach dem Krieg wieder eine gewichtige Rolle im Transatlantik-Geschäft gespielt – zumal die beiden großen deutschen Reedereien nach Beschlagnahme ihrer Flotten über Jahre aus dem Geschäft sein würden. Im Gegensatz zur *Majestic* war die *Homeric* nie ein passender „running mate" für die *Olympic,* obwohl sie als *„one of the steadiest ships afloat"* gelobt wurde.

1928 wurde bei Harland & Wolff der Kiel für die dritte *Oceanic* gelegt, welche mit einer Größe von 60.000 BRT und einem revolutionären dieselelektrischen Antrieb ein bemerkenswerter Superliner geworden wäre. Unter anderem als Folge der Übernahme der Reederei durch Lord Kylsant und seiner Royal Mail Steam Packet Company (RMSP), wodurch die Reederei in englische Hände zurückgeholt, von ihrem Eigner dann aber letztendlich leergeblutet wurde, geriet die White Star Line in den folgenden Jahren in ein finanzielles Chaos. Das Ende der traditionsreichen Linie war schließlich nicht mehr zu vermeiden. Die Folgen der großen Depression Ende der 20er und Anfangs 30er Jahre gaben der White Star Line schließlich den Todesstoß, als sie auf Druck der englischen Regierung mit der Cunard Line fusionieren musste.

30 Ausverkauf

Im Frühsommer 1919 begann in Belfast das letzte traurige Kapitel in der Geschichte der *Britannic*. Im Auftrag der Admiralität wurden die für den 3. und 4. Juli des Jahres angesetzten Versteigerungen der kompletten – seit Beginn des Krieges eingelagerten – Einrichtung des „palastartigen White Star Liners S.S. *Britannic*" in der lokalen Presse angekündigt. Kleinere Gegenstände und Möbel sollten nicht versteigert, sondern gegen Fixpreis verkauft werden. Die

Geschnitztes Regal des à-la-carte Restaurants der *Britannic*. (O. Steinbeck)

Auktionen wurden durch Messrs. W. P. Gray & MacDowell Ltd. in Belfast durchgeführt. Angeboten wurden en bloc die prächtigen Täfelungen und sonstigen Einbauten praktisch aller großen Räume erster Klasse des Schiffes, darunter die Treppenhäuser und die dazugehörigen Eingangsbereiche, der Speisesaal samt Empfangsraum, das à-la-carte Restaurant und die Lounge. Die veröffentlichte Versteigerungsliste enthielt obendrein die komplette Ausstattung der Sporthalle sowie das Kinderspielzimmer. Der Gesamtwert wurde mit einer halben Million Pfund Sterling angesetzt. Die Versteigerungen wurden in den Auktionsräumen mit der Adresse 40 Chichester Street abgehalten, während die Verkaufsaktionen in Messrs. Warden & Stewart´s Warenhaus in der Ravenhill Road stattfanden. Letztere erzielten allein am ersten Tag einen Erlös von 5000 Pfund.

Bereits am 18. Juni 1919 gelangten die Räumlichkeiten der zweiten Klasse zur Versteigerung: Die Treppenhäuser samt Eingangsbereich, der Speisesaal, der Rauchsalon, die Bibliothek, der Turnsaal sowie die Interieurs von nicht weniger als 70 Schlafkabinen sowie zahlreiche bewegliche Einrichtungsgegenstände wie Sideboards und Bücherregale.

Im August 1919 und zwischen Mai und Oktober 1920 wurde durch die Central Furnishing Co. unter der Adresse 29, 31, 33 York Street in Belfast, weiteres Inventar veräußert, das in der Hauptsache aus Möbelstücken wie Kleiderschränken (mit und ohne Spiegel), Schreibtischen, Toilettenkommoden, Waschtischen und Schlafzimmerstühlen bestand. Damit fiel der Vorhang der Geschichte über das große Lazarettschiff HMHS *Britannic*. Doch ihre Saga ist damit noch nicht zu Ende erzählt.

Deko-Schnitzerei für den Aufenthaltsraum einer Suite auf dem C-Deck. (Kalman Tanito)

Täfelung mit Stuckatur für den Speisesaal der ersten Klasse der *Britannic*. Identische Paneele gab es auf der *Olympic* und somit vermutlich auch auf der *Titanic*. Dieses war über Jahrzehnte in einem Belfaster Privathaus als Schranktüre im Einsatz. (Günter Bäbler)

Rückseite eines Schrankes auf dem C-Deck. Mit solchen Beschriftungen auf der Rückseite dürften heute noch tausende Holzteile in unzähligen Häusern in Nordirland verbaut sein, ohne dass die Besitzer ahnen, dass all dies einst an Bord der *Britannic* hätte eingebaut werden sollen. (O. Steinbeck)

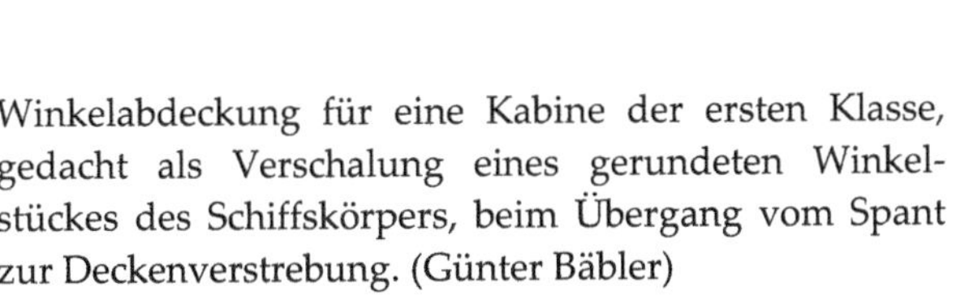

Winkelabdeckung für eine Kabine der ersten Klasse, gedacht als Verschalung eines gerundeten Winkelstückes des Schiffskörpers, beim Übergang vom Spant zur Deckenverstrebung. (Günter Bäbler)

31 Wiedergefunden – Cousteau und die Britannic

Über sechs Jahrzehnte ruhte der Liner im blauen Dämmerdunkel seines Grabes in der Ägäis – einer Region, die in Friedenszeiten nie einen der großen Atlantikliner zu sehen bekommen hätte. Am 21. November 1955 trafen sich im Londoner Pub „Two Chairmen" 16 Überlebende der *Britannic*; weitere 23 reagierten auf die Einladung des Überlebenden John T. Cuthbertson, waren aber verhindert. Aus dem Gedächtnis der Öffentlichkeit war der Dampfer fast vollends verschwunden; in einigen wenigen Büchern zur Geschichte der Seefahrt wurde er gerade noch als Randnotiz erwähnt. Dennoch sorgten einige Enthusiasten dafür, dass sich ein berühmter Meeresforscher mit dem größten Wrack des Mittelmeeres befasste.

In den 60er und 70er Jahren war die Fernsehserie von Jacques-Yves Cousteau (geb. 11. Juni 1910, gest. 25. Juni 1997) „Geheimnisse des Meeres" sehr populär.

Pressefoto von Jacques-Yves Cousteau von 1977. (Public Broadcasting Service)

Im Jahre 1975 war Jacques Cousteau mit seinem berühmten Forschungsschiff *Calypso* in der Ägäis unterwegs, um im Auftrag des griechischen Tourismusbüros nach Hinweisen auf den sagenumwobenen versunkenen Kontinent Atlantis zu forschen und Vermessungen vorzunehmen. Nun trat der Amerikaner William H. Tantum, Vizepräsident der *Titanic* Historical Society an den großen Franzosen heran und schlug ihm vor, bei dieser Gelegenheit das Wrack der *Britannic* zu besuchen. „Le Commandant", wie ihn seine Mitarbeiter nannten, war schon immer von versunkenen Schiffen fasziniert und von dieser Idee angetan. Somit steuerte die *Calypso* jene Koordinaten im Kanal von Kea an, wo nach den Unterlagen der britischen Admiralität das Schiff liegen sollte, dem vom Hydrographischen Amt in London die Wracknummer 101502722 zugeteilt war.

Die Suche gestaltete sich schwieriger als erwartet. Tagelang wurde der Meeresgrund mit dem schiffseigenen Echolot abgegrast, sowie einem brandneuen Seitensichtsonar, das von seinem Konstrukteur, Dr. Harold Edgerton vom Massachusetts Institute of Technology (MIT), persönlich bedient wurde.

Am 3. Dezember 1975 konnte das Wrack endlich lokalisiert werden. Mittels Satellitennavigation wurden folgende Koordinaten festgestellt: 37°42'05"N, 24°17'02"O. Diese Position, etwas mehr als drei Meilen nordwestlich von Korissia, lag zur allgemeinen Verwunderung sechsdreiviertel Meilen südwestlich der von der Admiralität registrierten Position. Diese erhebliche Abweichung ist bemerkenswert, denn die Position, an der Cousteau das Wrack fand, stimmt beinahe exakt mit den im geretteten Logbuch der *Britannic* als Untergangsort verzeichneten Koordinaten überein. Das gute Wetter an jenem Novembertag des Jahres 1916 und die Nähe zum Land scheinen damals eine recht genaue Standortbestimmung zugelassen zu haben.

Die Diskrepanz zur Position der Admiralität gab Verschwörungstheoretikern Auftrieb. Es war in der Vergangenheit immer wieder spekuliert worden, ob die von manchen Überlebenden bezeugte zweite Explosion auf mitgeführte Munition zurückzuführen sei. Die falsche Position in den Karten der Admiralität befeuerte die Vermutung, dass der Wrackort absichtlich falsch angegeben worden war, weil sich in den Laderäumen des Schiffes belastendes Material finden ließe. Indes sollte Cousteau bei der Erforschung des Wracks jedoch keinerlei Hinweise auf etwaige mitgeführte Kriegsmaterialien finden, so dass dieser Lapsus in den britischen Unterlagen bis heute rätselhaft bleibt.

32 Das Wrack wird von Cousteau erforscht

Im Juli 1976 war die *Calypso* erneut über dem Liegeort des gewaltigen Schiffes, nachdem es Monate gedauert hatte, der griechischen Regierung eine Tauchgenehmigung abzuringen. Das Wrack der *Britannic* befindet sich in einer Tiefe von 110 Metern. Sie liegt für Freitaucher nahe am absoluten Limit, weshalb genaueste Vorbereitung unerlässlich war. Der erste Tauchgang zur *Britannic* fand am 10. Juli 1976 ohne Dekompressionsglocke statt, und es gab massive Probleme, weil das Wrack nicht wie erwartet auf 60 Meter Tiefe in Blickweite kam. Die Davits waren erst ab einer Tauchtiefe von 72 Metern zu sehen, das Promenadendeck erst bei 77 Metern. Nachdem zuvor die mitgebrachten Blitzbirnen der Unterwasserkamera implodiert waren, gelang es im Halbdunkeln nicht, gute Fotos vom Wrack zu machen, was jedoch für die beweisgültige Identifizierung des Wracks unerlässlich gewesen wäre. Als Folge dieser ersten Begegnung mit dem Wrack kehrte die *Calypso* vorzeitig nach Piräus zurück; Dort nahm das Team die Dekompressionstauchkapsel und größere Vorräte Helium an Bord und fuhr erneut zur Wrackstelle.

Eine erste Voruntersuchung des Wracks wurde mit Cousteaus kleinem 3,5-Tonnen-Zweimanntauchboot *Denise* durchgeführt, das seiner Form wegen den Spitznamen „Soucoupe“, also „Untertasse“ trug. THS-Vizepräsident Tantum stieß am 3. Oktober zur Expedition und konnte zusammen mit Cousteau an einem Tauchgang teilnehmen; der Pilot des Tauchbootes stellte bei der Ankunft am Wrack die Scheinwerfer an, und Cousteau sagte zu dem Amerikaner *„Da ist Ihre* Britannic*“*. Die Männer sahen, dass das Wrack auf seiner Steuerbordseite lag und in einem Stück gesunken war. Die riesigen Davits waren immer noch ausgeschwenkt wie am Tag des Untergangs. Im Umfeld des Wracks war man vorher auf den Teil eines Mastes und deformierte Schwimmertanks aus den beiden von den Schiffspropellern zertrümmerten Rettungsbooten gestoßen. Direkt neben dem Schiff lagen einige Spantentrümmer sowie Teile des Kiels, offenbar von der Explosion herausgesprengt.

Nach der „Untertasse“ traten nun die Mischgastaucher auf den Plan. In dieser extremen Tiefe kommt ein genau abgestimmtes Gemisch aus den drei Gasen Sauerstoff, Helium und Stickstoff (Trimix) zum Einsatz. Insgesamt wurden 68 Tauchgänge unternommen, welche die Männer stets in Dreierteams durchführten. Die Aufenthaltszeit am Wrack war sehr knapp bemessen, nicht mehr

The Cousteau Odyssey

Jacques Cousteau's life is a history of adventure, excitement, and mystery.

But none of his many expeditions has ever been as unique as the new one Cousteau embarks on this year aboard Calypso.

"The Cousteau Odyssey."

Four hour-long specials begin on November 22nd with "Calypso's Search for the Britannic."

Cousteau and Britannic survivor, eighty-six year old Sheila MacBeth Mitchell, return to the sunken luxury liner to find the reason for its disaster.

Early next year, "The Cousteau Odyssey" in two hour specials explores a new theory about a lost civilization that has held the imagination of people everywhere.

"Calypso's Search for Atlantis. Parts I and II."

An extraordinary journey that puts the indelible stamp of Cousteau's genius on a legend that is sure to keep inspiring men for all time.

Later, Cousteau's never-ending search to learn from the past takes him to an island buried by a volcanic eruption 200 years before the birth of Christ.

"Diving for Roman Plunder." A fantastic story of Grecian art treasures stolen by the Romans and recovered from under the sea by Cousteau.

The production of "The Cousteau Odyssey" specials for PBS is made possible by a grant from Atlantic Richfield Company to KCET, Los Angeles, expressly for the funding of the broadcasts. The specials are produced by Captain Cousteau and Philippe Cousteau in association with KCET.

ARCO

Atlantic Richfield Company

Werbeanzeige für die Premiere von „*Calypso*'s Search for the *Britannic*" aus der Reihe „The Cousteau Odyssey", ausgestrahlt am 22. November 1977. (Sammlung G. Bäbler)

als fünfzehn Minuten; davon mussten weitere sechs Minuten für den Abstieg von der Meeresoberfläche abgezogen werden.

Jeweils nach wenigen Minuten am Wrack begann der zeitraubendste Teil der Tauchgänge: Die Männer stiegen hoch zu der in 45 Metern Tiefe platzierten Unterwasser-Dekompressionskammer (Galeazzi-Turm), die ihnen den endlos langen Druckausgleich im kalten Wasser ersparte. Die Stahlröhre wurde dann mit dem Heckkran der *Calypso* in den Laderaum gehievt, wo während der nächsten drei Stunden der Innendruck der Kammer schrittweise heruntergeregelt wurde. In genau festgelegten Intervallen atmeten die Taucher dazu reinen Sauerstoff aus Flaschen ein. Auf diese Weise kam die Expedition zu einer minutenweise zusammengestückelten Gesamtaufenthaltszeit am Wrack von etwa sechs Stunden.

Dabei drangen die Taucher auch über die Frachtluken in das Schiff ein. Die Laderäume waren gähnend leer, es wurde kein Hinweis auf irgendwelche Kriegsmaterialien gefunden.

Trotz starker Verkrustung durch Meerestiere war das Schiff in einem erstaunlich guten Zustand; in vielen Bullaugen und Fenstern wurde intaktes Glas gefunden sowie Reste von Holzteilen. Auf der Brücke hing ein Kommandotelegraf noch an seinen Seilzügen.

Die Aufnahmen aus Cousteaus Fernsehdokumentation lassen *Titanic*-Interessierte bis heute aufmerken, wenn in Kapitän Bartletts Kabine die vom Schwesterschiff so vertrauten rot-weißen Bodenfliesen im Scheinwerferlicht auftauchen.

Von den Schornsteinen konnte nur der vorderste gefunden werden; er liegt direkt neben dem Wrack beim Deckshaus der Offizierskabinen und hat sich anscheinend erst gelöst, als das Schiff auf den Grund stieß.

Natürlich ließ es sich „Le Commandant" Cousteau nicht nehmen, das große Schiff selbst in Augenschein nehmen und ging auf einem der späteren Tauchgänge mit seinen beiden Kollegen Patrick Delmotte und Albert Falco auf Tiefe.

Im Bereich des Vorschiffes sah er ein gewaltiges Loch und ein Gewirr verdrehter und zerrissener Stahlplatten. Cousteau hatte den Eindruck, dass dieser enorme Schaden nicht von einem einzigen Minen- oder Torpedotreffer herrühren konnte. Von dieser Materie verstand „Le Commandant" einiges, er war gelernter Marineingenieur und hatte bei der Marine gedient, bis er 1943 im Rang eines Korvettenkapitäns ausschied und sich der Meeresforschung widmete.

Im Bereich um die Schadensstelle wurden auf dem Meeresgrund verstreut Kohlebrocken gefunden. Cousteau vermutete, dass ihre Verteilung von einer Kohlenstaubverpuffung herrührte, welche durch die erste Detonation ausgelöst worden sein könnte. In der Tat befand sich ja direkt am Ort der Explosion der Teil des Laderaums Nr. 3, der als Reservebunker fungierte und der nicht durch die doppelte Außenhaut des Schiffes geschützt war.

Im Verlauf der Cousteau-Expedition wurden einige Gegenstände geborgen. Der Sockel eines Kommandotelegrafen, der Messingreifen des Schiffssteuerrades, der Sextant eines Offiziers sowie ein Kohlebrocken. Außer der Kohle gelten die Gegenstände heute als verschollen.

Zur gleichen Zeit, als die französische Expedition 1975 in der Kea-Straße die *Britannic* aufzuspüren versuchte, schaltete die amerikanische Cousteau Society in ausgewählten britischen Zeitungen eine Annonce mit dem Wunsch Kapitän Cousteaus, einen Überlebenden des Untergangs zu finden, welcher der Untersuchung des Wracks beiwohnen sollte.

So kam es, dass 1976 der bordeigene kleine Hughes-Helikopter der *Calypso* einen ganz besonderen Gast einflog: Die 86-jährige ehemalige Krankenschwester Sheila Macbeth, die nach Heirat Mitchell hieß, inzwischen Urgroßmutter war und deren Erlebnisse auf der *Britannic* in den vorigen Kapiteln dieses Buches ausführlich zitiert sind. Sie wohnte immer noch in Edinburgh. Jacques Cousteau und Bill Tantum wollten ihr nun die Gelegenheit geben, das Schiff, das sie vor sechzig Jahren so abrupt verlassen musste, mit eigenen Augen zu sehen und hofften, dass sie gesundheitlich dazu in der Lage sein würde. Und tatsächlich: Sie war es!

Leider konnte Tantum nicht dabei sein, wie die zerbrechliche alte Dame an Bord des Mini-U-Boots *Denise* auf Tauchstation ging, weil er zu der Zeit auf dem Rückweg nach Connecticut war.

Beim dritten Versuch klappte es endlich: Sheila Mitchell war auf dem Weg zu ihrem alten Schiff. Sie hatte vorher zu den Männern gesagt, dass sie die Hoffnung hege, einige verlorene Gegenstände von ihr, darunter einen wertvollen

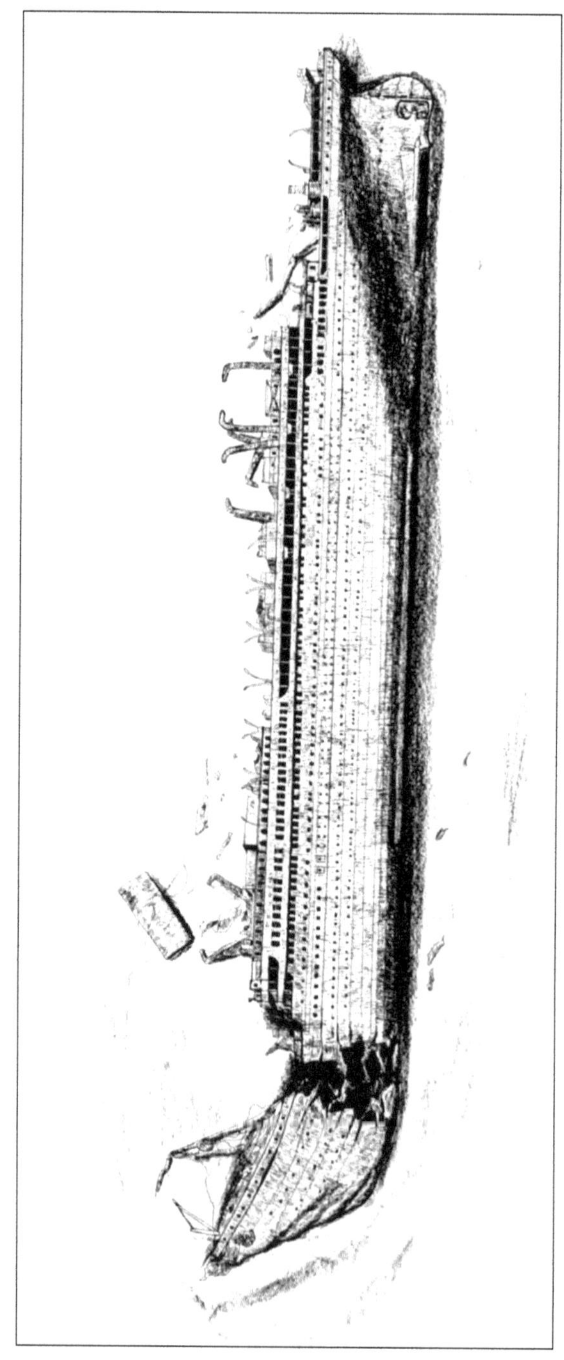

Tuschezeichnung des Wracks der *Britannic*, von oben gesehen. (Armin Zeyher)

Ring und ihre schöne Weckuhr wiederzufinden. Doch ihre Kabine hatte leider an der Steuerbordseite gelegen, auf der das Wrack nun auflag, und so wurde nichts aus ihrer persönlichen Schatzsuche.

Für Mitchell wurde es ein Ausflug, wie sie ihn sich niemals erträumt haben konnte; er machte sie in ihrer schottischen Heimat zu einer lokalen Berühmtheit. Als das Tauchboot unter die Wasseroberfläche glitt, flachste sie mit dessen Piloten: *„Ihr habt doch diesmal keine Torpedos dabei?"* Nachdem die Männer Sheila Mitchell wieder aus dem kleinen Vehikel herausgeholfen hatten, war sie von dem Erlebten zutiefst beeindruckt. Die liebenswerte alte Lady hatte die Herzen von Cousteaus Leuten im Sturm erobert und wurde tags darauf wehmütig verabschiedet. „Le Commandant" überreichte ihr als Souvenir ein Stückchen Kohle von der *Britannic.*

Mehrere Monate später versammelte der Meeresforscher einige Überlebende des großen White Star Liners zu einer Zusammenkunft in London. Cousteau fragte sie, was ihrer Meinung nach das Schiff versenkt hatte, und fast alle antworteten „ein Torpedo!"

Jacques-Yves Cousteau mit Sheila Mitchell, 1976 an Bord der *Calypso.*
(The Cousteau Society, Sammlung Michail Michailakis)

33 Robert Ballard erforscht das Wrack

Nach Cousteaus Besuch fiel das große Schiff erneut in den Schlaf der Vergessenheit, diesmal für 19 Jahre. Dann, im Juli 1995, war erstmals wieder ein Mensch an dem versunkenen Liner. Der griechische Profitaucher Kostas Thoctarides hatte sich zwei Jahre auf seine Expedition vorbereitet und unternahm einen zwanzigminütigen Solotauchgang. Er war auch der erste, welcher sich der neuen Tauchtechnik mit Kreislauf bediente. Dabei wird das Gasgemisch aus der Flasche beim Ausatmen nicht einfach so ins Wasser abgegeben, sondern aufgefangen, über einen Filter vom CO_2 befreit und mit frischem Gas wieder aufbereitet. So reichen die Flaschenvorräte viel länger, als wenn ins Wasser „ausgeatmet" wird.

Im August desselben Jahres machte sich der *Titanic*-Mitentdecker Robert Ballard daran, das größte auf dem Meeresgrund liegende Passagierschiff der Welt zu erforschen. Im Rahmen einer ausgedehnten Expeditionsreihe zu berühmten versunkenen Schiffen wie der *Empress Of Ireland* oder der *Andrea Doria* untersuchte er auch den letzten und größten aus der Familie der legendären „Four-Stackers" (Schiffe mit vier Schornsteinen).

Der Mann vom Ozeanographischen Institut Woods Hole in Massachusetts konnte wie schon bei seiner ersten *Titanic*-Expedition im Jahr 1985 auf die Unterstützung der US-Marine zurückgreifen. So stand ihm als Expeditionsfahrzeug das auf einer US-Marinebasis in der Sudabucht auf Kreta stationierte U-Boot-Versorgungsschiff *Carolyn Chouest* (wird wie „Schwest" ausgesprochen) zur Verfügung. Zur näheren Erforschung des Wracks wurden zwei kabelgebundene, fernsteuerbare Tauchroboter („Remotely Operated Vehicle", kurz ROV) mitgeführt. Einer von denen namens *Voyager* konnte mittels einer Stereokamera 3D-Bilder liefern. Der Clou jedoch war *NR-1*. Dabei handelte es sich um ein kleines bemanntes U-Boot der US Navy, das 1969 speziell für Forschungsaufgaben und Unterwasserarbeiten gebaut worden war und über Nuklearantrieb verfügte. 1986 war es zum Beispiel an der Bergung von Wrackteilen des abgestürzten Space Shuttles *Challenger* beteiligt.

Teilnehmer der 1995er Expedition waren Eric Sauder, der bekannte Marinehistoriker und *Lusitania*-Experte; der Autor Simon Mills sowie Ken Marschall.

Robert Ballard im Turm von *NR-1*.
(Public Broadcasting Service)

Letzterer gilt als herausragender Schiffsmaler der Gegenwart; er hat das Know-how für seine atemberaubenden und teilweise fast fotorealistischen Gemälde als Matte-Painter in Hollywood erworben. In der Traumfabrik arbeitete er unter anderem für James Camerons „Terminator II". Wenige Jahre später sollte er erneut mit dem Regisseur zusammentreffen und diesmal als Berater für eine realistische Nachbildung der *Titanic* fungieren, für einen der erfolgreichsten Filme aller Zeiten. Seine einzigartigen Kenntnisse ließen ihn für diese Aufgabe als prädestiniert erscheinen. Auch für den erfolglosen Thriller „Hebt die *Titanic*" hatte er bei der Erstellung des Modells mitgewirkt (vgl. Anhang K). An Ballards jüngster Expedition zur *Britannic* nahm er teil, weil er sich für die Illustrationen von Ballards damals anstehendem Buch „Lost Liners" vor Ort genaue Informationen über den Zustand des Wracks holen wollte. Er sollte dem Schiff näher kommen, als er es sich je erträumt hatte.

Nach der Expedition skizzierte Ken Marschall das Wrack der *Britannic* mit der *NR-1* drüber. (Ken Marschall)

Gruppenfoto des Expeditionsteams am Heck der *Carolyn Chouest*, im Hintergrund die *NR-1* und die Insel Kea. (Sammlung Ken Marschall)

Am 29. August war das Ziel der Fahrt erreicht. Fast auf den Tag genau zehn Jahre nach der Entdeckung der *Titanic* kletterte Robert Ballard an Bord von *NR-1*, das zur Schonung seines Antriebs im Schlepp der *Carolyn Chouest* mitgebracht worden war. Im Gegensatz zu Tauchbooten wie *Alvin*, der Tauchkapsel, mit der er 1986 die *Titanic* besucht hatte, war dieses Fahrzeug geradezu riesig: Es verdrängte getaucht immerhin gut 400 Tonnen, bot bis zu zwölf Personen Platz und konnte theoretisch wochenlang unter Wasser bleiben. Erst im Jahr 2008 wurde *NR-1* außer Dienst gestellt.

Ziel dieses ersten Tauchgangs mit dem U-Boot war eine Vorerkundung des Wracks. Dazu führte *NR-1* einige Überfahrten in größerer Höhe durch, um festzustellen, ob irgendwelche hängengebliebene Fischernetze oder hochstehende Wrackteile die ROVs gefährden könnten. Im Anschluss daran folgte die erste filmische Erfassung durch eine sehr lichtstarke Kamera (sit-cam). Es zeigte sich, dass die *Britannic* in einer Verfassung war, wie es sich niemand zu erträumen gewagt hatte – sie besaß noch ihre volle Breite von über 28,6 Metern. Nirgendwo waren irgendwelche Kollabierungen festzustellen. Und das war alles andere als selbstverständlich - zwei Jahre vorher war das Wrack der *Lusitania* in der Irischen See erforscht worden. Die *„Lucy"*, die ebenfalls auf der Steuerbordseite liegt, hatte über die Jahrzehnte jede Form verloren und war kaum noch als Schiff zu erkennen. Bei einem auf der Seite ruhenden Wrack ist das eigentlich eine normale Entwicklung – die Rumpfstruktur gibt irgendwann unter ihrem eigenen Gewicht nach, und die ganze Konstruktion sackt allmählich in sich zusammen. Fast unglaublich gut dagegen der Zustand der *Britannic*. Noch viel überraschender war, dass sich auch ihre Deckshäuser noch an Ort und Stelle befinden. Das ist ungewöhnlich, denn normalerweise sacken diese nicht fest in den Schiffskörper integrierten Teile bei einem auf der Seite liegenden Schiff schon nach wenigen Jahrzehnten ab. Ballard konnte sogar feststellen, dass der Wetterschutz über dem großen Treppenhaus erster Klasse vollkommen intakt war, auch die Glasscheiben waren noch vorhanden.

Die größte Faszination übte auf Ballard das unversehrte Achterschiff der *Britannic* aus: *„Sie ergänzte mein Bild von der auseinandergebrochenen* Titanic, *das ich zehn Jahre mit mir herumgetragen hatte."* Wer Aufnahmen von der Expedition gesehen hat, kann dem nur beipflichten. Die sit-cam kann sehr große Bereiche überblicken. Ihre Bilder zeigten als Totale auch das vertraute Heck mit dem gigantischen Ruderblatt sowie der intakten Backbord- und der Mittelschraube.

Im Bereich der Deckskräne des vorderen Welldecks ist der Bug des Wracks in einem Winkel nach „oben" in Richtung des Vormastes abgeknickt. Es ist klar, wie dieser Schaden entstanden ist. Noch während große Teile des Schiffes aus dem Wasser ragten, bohrte sich der Bug mit großer Gewalt ins Sediment – davon kündet der stark deformierte Vorsteven. Die geringe Wassertiefe an dieser Stelle ließ es nicht zu, dass sich die *Britannic* wie ihre berühmte Schwester steil aufrichten und das Heck aus dem Wasser heben konnte, so dass sie in einem relativ flachen Winkel unterschnitt. Die vorderen Längsverbände konnten dieser Belastung nicht standhalten, so dass der Rumpf vor dem Brückenaufbau von unten nach oben durchbrach. Dies lässt den Schiffskörper weit auseinanderklaffen, was Cousteau aufgrund seiner geringen Übersicht über das Wrack wie eine riesige Explosionsöffnung erschienen war. Ein Teil des Welldecks mit noch daran befestigtem Doppelpoller hängt über dem Loch. So war es unmöglich, in diesem Chaos den eigentlichen Detonationsschaden auszumachen.

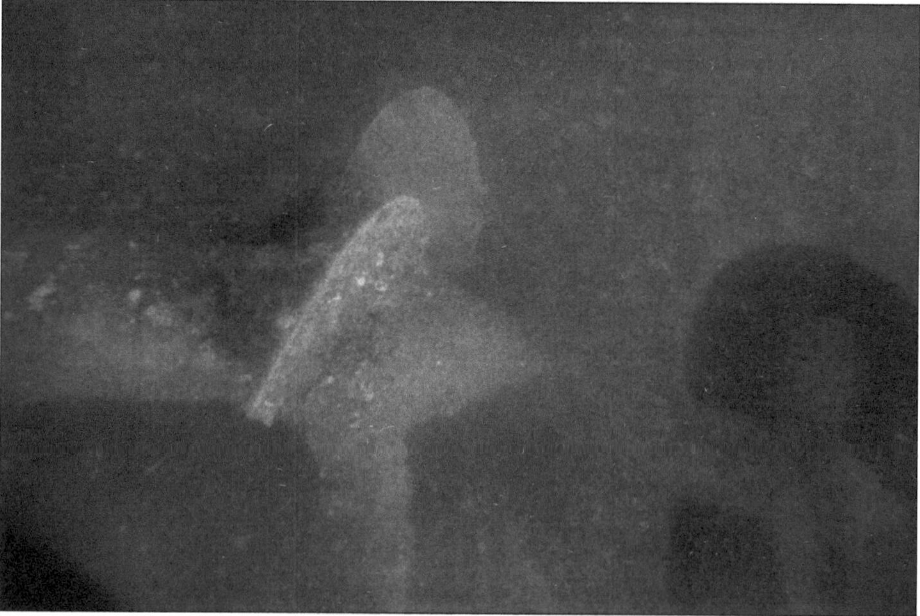

In der Bildmitte der Backbordpropeller, rechts der Mittelpropeller der *Britannic*. (Ken Marschall)

Die gedeckte Promenade für die Passagiere der dritten Klasse mit der achteren Navigationsbrücke im nächtlichen Scheinwerferlicht der *NR-1*. (Ken Marschall)

Nach dieser ersten Befahrung tauchte *NR-1* auf, und Ballard wechselte in den Kontrollraum an Bord der *Carolyn Chouest*, um den nun folgenden Einsatz der beiden ROVs *Phantom* und *Voyager* zu überwachen. Das U-Boot sollte dabei mit seinen Scheinwerfern für zusätzliche Beleuchtung sorgen. Nun schlug die Stunde von Ken Marschall: Zwei volle Tage verbrachte er in dem U-Boot, um dessen Crew mittels einer von ihm erstellten Gitternetzkarte die Orientierung an diesem riesigen Objekt zu ermöglichen und zusammen mit Eric Sauder und Simon Mills, die im Kontrollraum der *Carolyn Chouest* saßen, die ROV-Operators anzuleiten. Als dann ein Sturm den Einsatz der unbemannten Fahrzeuge für einen Tag unmöglich machte, durfte Marschall das U-Boot nach Belieben über das Wrack dirigieren. Eine unschätzbare Möglichkeit, das gesamte Schiff in nahen Augenschein zu nehmen.

Alle Tauchfahrten zusammen ergaben ein detailliertes Bild des Wracks: Die *Britannic* kam beim Untergang mit einer Neigung von etwa 85 Grad zur Ruhe, liegt also nicht vollständig auf der Seite – dies liegt am Profil des Meeresbodens am Wrackort. Der Bug ruht aufgrund seines Spantenausfalls mit einem etwas weniger starken Winkel auf Grund, etwa mit 60 Grad. Er wurde, als er in den Sandboden gerammt wurde, regelrecht „abgedreht" und war nur noch mit einigen Stahlplatten des Welldecks mit dem Hauptrumpf verbunden. Auf der Back war dennoch alles noch da, wo es hingehört – vom Ankerkran über den Wellenbrecher bis sogar zum Skylight der Mannschaftskombüse, dessen Lüftungsklappen geöffnet waren wie am Tag des Untergangs.

Sowohl die beiden elektrischen Kräne auf dem vorderen Welldeck als auch ihre Pendants auf dem Achterschiff (vier anstatt sechs wie bei den Schwesterschiffen) waren bestens erhalten und standen noch so auf dem Deck, wie sie montiert worden waren: Keiner war trotz der 80 Jahre unter Wasser umgeknickt, wie es inzwischen bei denen auf dem vorderen Welldeck der *Titanic* zu beobachten ist. Nicht nur die Deckshäuser waren noch an Ort und Stelle, sondern auch die dazugehörigen Relings und die Elektrolüfter. Das liegt allerdings zum Gutteil daran, dass das Schiff keine lange Fahrt in die Tiefe erleiden musste, wo alles, was nicht niet- und nagelfest war, weggerissen worden wäre.

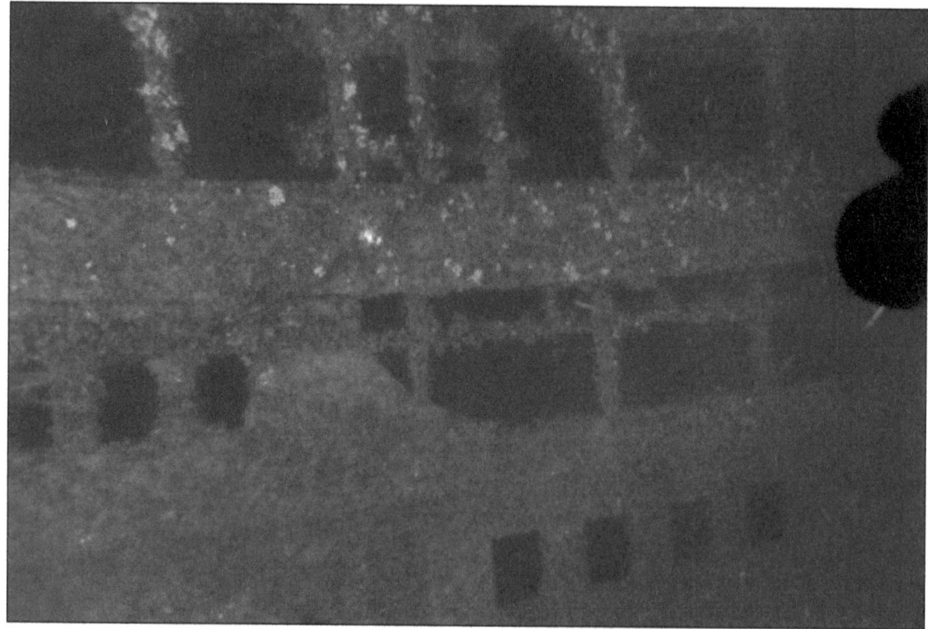

Das achtere Ende der B-Deck-Promenade. (Ken Marschall)

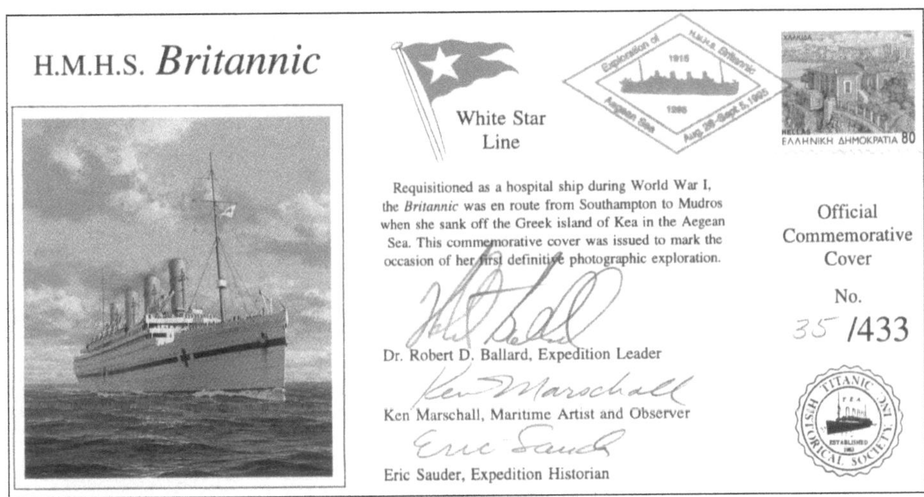

Limitierter Ersttagsbrief zur Ballard-Expedition von 1995 mit den Unterschriften von Robert D. Ballard, Ken Marschall und Eric Sauder. (Sammlung Günter Bäbler)

Auch die Brücke war weit besser erhalten als die der *Titanic*. Zwar sind die Fensterfront und das Ruderhaus (beides in Holzbauweise, um die Magnetkompasse auf der Brücke nicht abzulenken) nicht mehr vorhanden, doch das charakteristische gerundete Schanzkleid aus Stahl war völlig unbeschädigt. Das gleiche galt für die Schutzkabinen der Brückennocken samt ihrer Fenster und Scheiben; lediglich die hölzernen Dächer waren verschwunden. Dafür war zumindest das Backbord-Positionslicht noch da, wenn auch fast völlig überwachsen.

Auch die Welin-Davits auf dem Bootsdeck waren alle noch vorhanden, desgleichen auch die hintere der beiden Garnituren von „Gantry-Davits" am achteren Ende des Decks, deren Ausleger immer noch so ausgeschwenkt waren wie am Tag des Untergangs. Vom vorderen Set war zumindest einer noch vorhanden. Er war binnenbords geschwenkt, in der Stellung, wie er und sein Gegenstück beim Fieren der Boote durch den Fünften Offizier Fielding versagt hatten.

Insgesamt war an dem Wrack erstaunlich wenig Korrosion zu bemerken, und auch der Bewuchs hatte seit Cousteaus Besuch nicht merklich zugenommen. Nur einige Teile des äußeren Bootsdeck-Schanzkleids waren weggerostet. Merkwürdigerweise hatte sich die Korrosion sehr „selektiv" ausgewirkt, denn das darunterliegende Schanzkleid des A-Decks – neben den noch säuberlich verzurrten Kohlenauslegern – war vollständig erhalten. Selbiges galt für die zylindrischen Schutzmäntel der Deckskräne, die aus den gleichen relativ dünnen Blechen gefertigt sind wie die Schanzkleider.

Die Fenster der geschlossenen Promenade auf dem A-Deck kamen Ken Marschall 1995 merkwürdig quadratisch vor, obwohl sie eigentlich ein längliches Rechteck hätten abgeben müssen. Diese Fenster waren bei der *Britannic* etwas anders gestaltet als bei der *Titanic*: Das obere Drittel war fest und der untere Teil konnte heruntergelassen werden, auf Fotos sind die Zwischenstege dieser Fenster zu erkennen. Erst bei genauem Hinsehen war zu erkennen, dass der obere Teil der Verglasung komplett vorhanden war und sie lediglich durch den das ganze Wrack überziehenden Belag verdeckt waren. Für den verschiebbaren Teil der Fenster galt: die meisten waren heruntergelassen – die Crew tat dies am Morgen des schicksalhaften Tages, um die auf der abgeschlossenen Promenade gelegenen Krankenräume zu durchlüften. So erklärten sich letztendlich die quadratischen Fensterlöcher.

Beim Heck beindruckten die riesigen Propeller, die samt ihren fast wie Flügel wirkenden und nach Art des Hauses Harland & Wolff verkleideten Wellenhosen („bossing") unversehrt waren. Ganz unten war sogar die Steuerbordschraube sichtbar, sie war nicht im Meeresboden begraben. Die Relings waren in fast perfektem Zustand und im Gegensatz zu denen des Vorschiffs kaum bewachsen. Es fehlten lediglich die herausnehmbaren Segmente bei den Leitklampen, über die die Festmacher beim Anlegen des Schiffes geführt wurden. Sie waren anscheinend herausgefallen, als sich das Schiff auf die Seite legte. Die beiden Paare Quadrant Davits auf dem Aufbau des „shade decks" waren ebenso noch in Position wie die Achterbrücke.

Auf dem Bootsdeck wurde ein Fund gemacht, der zunächst nicht eingeordnet werden konnte: Korallenverkrustete Leinen, die unglaublicher Weise die Zeiten überstanden hatten. Sheila Mitchells Erzählung ihrer *Britannic*-Erlebnisse lieferte schließlich die Erklärung für diese merkwürdigen Taue: Es waren genau die Seile, welche damals die Oberin Dowse hatte ausspannen lassen, um die Krankenschwestern von ihren männlichen Kollegen fernzuhalten!

Schornsteinspitze mit Aufstiegsleiter und Dampfablassrohr. (Ken Marschall)

Für Expeditionsteilnehmer Paul Matthias von der Firma Polaris Imaging war die *Britannic* doppelt interessant. Der Softwareingenieur nutzte die Tauchgänge, um seine Geräte zur Sonarkartografierung einer Feinabstimmung zu unterziehen – im Anschluss wollte er damit das Trümmerfeld des Schwesterschiffes *Titanic* kartografieren. Der Einsatz dieser Technologie erbrachte später erstmals ein genaues Bild des vom Eisberg verursachten Schadens am Vorschiff der *Titanic*; ferner konnte ein 20 Meter großes drittes Bruchstück des Hauptwracks am Boden des Nordatlantiks lokalisiert werden.

Nach der gründlichen Erforschung des *Britannic*-Wracks durch *NR-1* und die ROVs wandte sich das Team dem im Vergleich zur *Titanic* recht kleinen Trümmerfeld zu, um vor allem die Schornsteine zu examinieren, die schon mittels Seitensichtsonar lokalisiert waren. Hier wartete nun die nächste Überraschung auf die Forscher. Auch sie waren in einem erstaunlich guten Zustand; ihre elliptische Form war teilweise noch zu erkennen. Die Nummern 2, 3 und 4 lagen nördlich des Wracks in einiger Entfernung verteilt, zwei davon unmittelbar nebeneinander, darunter die am Kombüsenabluftrohr im Innern zu identifizierende Nr. 4. Die Verteilung der Schornsteine auf dem Meeresboden bestätigte die Beobachtung der Augenzeugen, dass die Schlote beim Kentern des Liners einer nach dem anderen umstürzten und zeichnet die Bewegungen des Schiffes während seiner letzten Minuten gleichsam nach. Der neben Nr. 4 liegende hatte sogar noch die Dampfablassrohre sowie die Aufstiegsleiter. Die Pfeifen waren allerdings überwuchert.

Es war in keiner Weise damit zu rechnen, dass die Schornsteine so gut erhalten waren. Bei der *Titanic* haben sich die Mantelbleche großenteils zersetzt und die Schornsteine sind kaum mehr als solche zu erkennen. Insbesondere die Dampfpfeifen sowie einige der Druckwasserleitungsrohre können ihnen zugeordnet werden.

Leider brachte die 1995er Expedition keine völlige Klarheit über einige Streitpunkte zum Untergang der *Britannic*, zum Beispiel die Frage, wieso das Schiff so schnell sinken konnte. Schließlich trotzte die *Titanic* zweieinhalb Stunden der einbrechenden Flut, obwohl ihre wasserdichte Unterteilung schwächer war. Der Minentreffer allein konnte schwerlich einen solch großen Schaden verur-

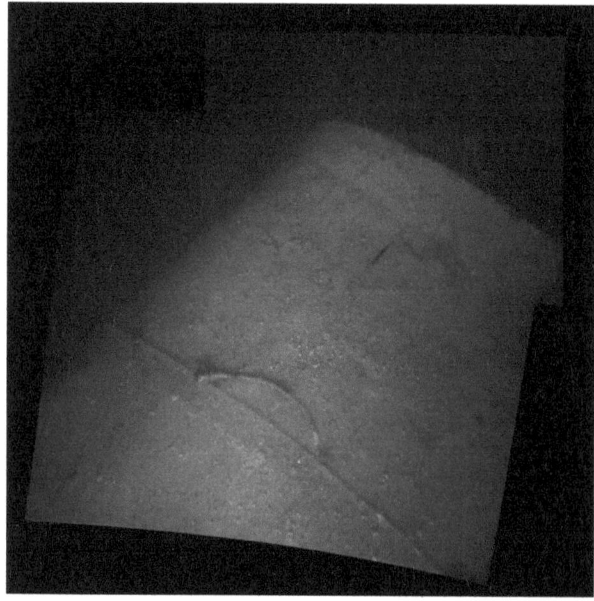

Mosaik aus drei Fotos eines Schornsteinendes mit den Schäkeln der Spannseile immer noch an ihrem Platz. (Ken Marschall)

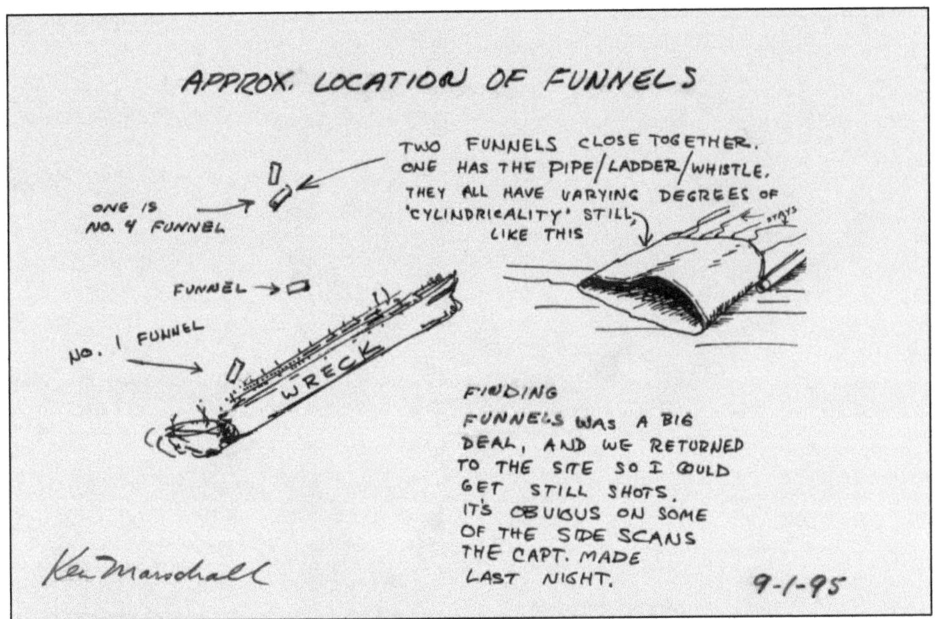

Während und nach der Expedition erstellte Ken Marschall diverse Skizzen vom Wrack. Mit dieser hielt er die Lage der Schornsteine in Relation zu Wrack fest. (Ken Marschall)

sacht haben. Einige Überlebende, darunter der Fünfte Offizier, hatten ausgesagt, dass es eine zweite Explosion gegeben hätte, doch die Mehrheit, darunter Kapitän Bartlett, vernahm nur eine einzige. Wenn es eine Folgedetonation gegeben hat, sei es wie von Cousteau angenommen durch Kohlenstaub im Reservebunker in Laderaum 3 oder durch explodierte Äthervorräte (wie auch schon gemutmaßt worden war), könnte sie unmittelbar nach Hochgehen der Mine erfolgt sein. Für die meisten an Bord hätte es sich wie ein einziger Knall angehört. Auch hier kann die *Lusitania* zugezogen werden, da sich beide Schiffsuntergänge in einigen Aspekten ähneln. Bei ihr gab es nachweislich unmittelbar nach dem Torpedotreffer eine viel schwerere Folgeexplosion, die von den Überlebenden sehr unterschiedlich beschrieben wurde. Manche wollten hingegen nur eine einzige gehört haben; vermutlich kam es darauf an, wo man sich gerade aufhielt.

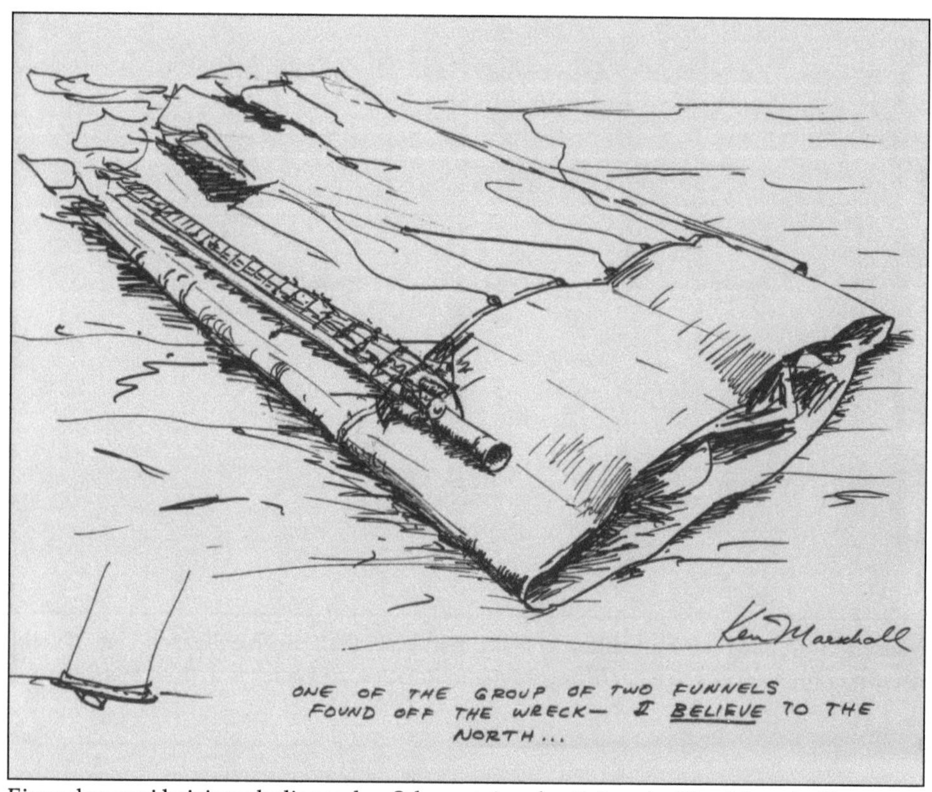

Einer der zwei beieinanderliegenden Schornsteine der *Britannic*. (Ken Marschall)

Robert Ballard wollte mit seiner Expedition außerdem klären, was die *Britannic* versenkt hat – Torpedo oder Mine. Deshalb suchte er den auf dem Meeresboden zurückgebliebenen Ankerstuhl für eine Mine. Leider reichte die Zeit nicht. Die sieben Tage, für die die *Carolyn Chouest* der Expedition zur Verfügung stand, waren um, ohne dass Ballard etwas in dieser Richtung gefunden hatte.

34 Weitere Expeditionen

Zwei Jahre nach Ballard machte sich mit „Project *Britannic* 1997" die vierte Expedition zu dem großen Wrack vor Kea auf den Weg. Anführer der 19-köpfigen internationalen Mannschaft war Kevin Gurr vom Verband der Nitrox-Taucher, der *International Association of Nitrox & Technical Divers* (IANTD). Sie hatten sich eine komplette Videodokumentation des Wracks mit Schwerpunkt auf dem Schaden am Bug vorgenommen und bedienten sich dabei sogenannter Diver Propulsion Vehicles (DPV), auch „Tauchscooter" oder „Aqua-Zepp" genannt; diese ermöglichen es Tauchern, von einem eigenem Propellerantrieb gezogen schnell unter Wasser voran zu kommen. Trotz zeitweiser Behinderung durch Schlechtwetter unternahm das Team 40 Tauchgänge mit zusammen 800 Minuten am Wrack. Kevin Gurr über die *Britannic*:

> *„Sie kommt in Sicht, wenn man auf 75 Meter gelangt. Die ersten Deckrelings sieht man bei 90 Meter, doch näher am Bug liegen sie etwas tiefer. Die* Britannic *liegt auf der Steuerbordseite, als würde sie schlafen. Wenn man bei 120 Metern den Sandgrund erreicht und hochschaut, türmt sie sich vor einem auf. Wenn man auf dem Rumpf landet, ist der so groß, dass man denkt, man stehst auf dem Meeresboden."*

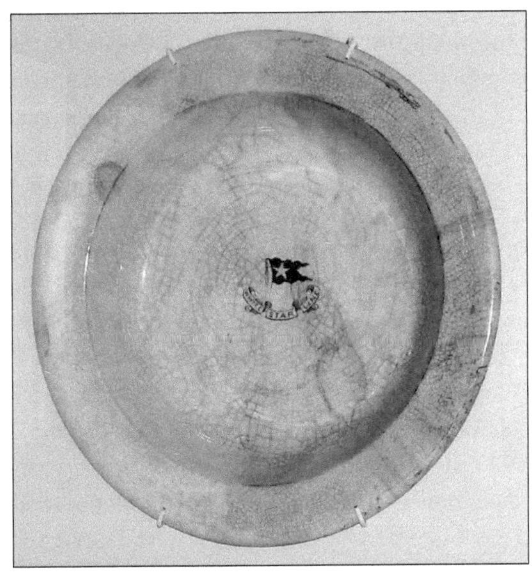

In den späten 1980er Jahren soll dieser White Star Line-Teller der dritten Klasse während einer illegalen Expedition zur *Britannic* geborgen worden sein. Der Taucher soll einen weiteren Teller, einen Kompass und eine Schüssel an die Oberfläche gebracht haben.
(René Bergeron)

Gedenkplatte von 1997 in Erinnerung an Jacques-Yves Cousteau. (Leigh Bishop)

Beim letzten Tauchgang der Expedition wurde an der früheren Position des vierten Schornsteins eine Gedenkplakette zu Ehren von Jacques Cousteau abgelegt; Der große französische Tauchpionier war am 27. Juni 1997 in Paris verstorben. Die Expedition konnte bis Ende November 1997 eine große Menge Videoaufnahmen und Standfotos in brillanten Farben mit nach Hause nehmen.

Im September 1998 war dann ein britisches Team am Wrack, um die bis dato „detaillierteste Naherkundung" des gesunkenen Schiffes zu unternehmen. Es waren mehr Tauchgänge geplant als bei jeder der früheren Expeditionen; erstmalig erkundeten auch Amateurtaucher den Liner, und mit Christina Campbell war zum ersten Mal eine Frau als Flaschentaucherin am Wrack. Die Oberaufsicht hatte Simon Mills, der 1995 schon an Bord von NR-1 an der *Britannic* gewesen war und der im August 1996 die Eigentumsrechte am Wrack erworben hatte. Die Genehmigung zum Tauchen erteilt nach wie vor Griechenland und nicht Simon Mills selber. Dabei geht es allerdings nicht nur um das Wrack als Eigentum und um mögliches Bergegut, sondern eher um die Sicherung der

Leigh Bishop und Chris Hutchison mit voller Ausrüstung vor einem Tauchgang im Jahr 1998. (Leigh Bishop)

Seeverkehrswege, da die Wrackstelle unter einer stark befahrenen Seeroute liegt. Mills war als Kameratechniker in der britischen Filmindustrie tätig, hatte sich aber auch einen guten Ruf als Marinehistoriker und -autor erworben. Das Wrack hatte er der „*Titanic* Steamship Company Ltd." für die Summe von 15.000 Pfund abgekauft, die es schon 1977 vom britischen Staat erworben hatte – dem die *Britannic* als Kriegsschiff auch im gesunkenen Zustand immer noch gehört hatte.

Leiter der zweiwöchigen Unternehmung mit zwölf Haupt- und drei Unterstützungstauchern war Nick Hope; insgesamt verbrachte das Team 1600 Minuten am Tauchziel. Jeder Tauchgang bestand aus 20 Minuten am Wrack und anschließender viereinhalbstündiger Dekompressionsphase. Wie schon ihre Vorgänger waren alle von der schieren Größe und dem einzigartigen Erhaltungszustand des Schiffes überwältigt. Dieser ist an manchen Stellen fast schon „zu gut": als die Männer in das vordere große Treppenhaus eindringen wollten, wurde ihnen vom noch vollständig erhaltenen Oberlicht der Zugang versperrt.

Britannic-Badewanne im Jahr 1998 mit vier Hähnen – je zwei für Salz- und Süßwasser, bzw. Warm- und Kaltwasser. (Leigh Bishop)

Dafür war der Weg durch den Luftschacht des vierten Schornsteins weitgehend frei, und am unteren Ende angekommen konnten sie undeutlich die enormen Zylinder der Expansionsmaschinen erkennen. Offenbar hielten sie sich nach all den Jahrzehnten noch fest auf ihren Bettungsplatten, und es glich einem kleinen Wunder, dass die Fundamentbolzen das immense Gewicht nach all den Jahren noch immer zu halten vermochten. Die Männer konnten auf der Brücke vier an ihren Seilzügen hängende Kommandotelegrafen filmen, dazu den Steuerstand für Revierfahrt sowie den immer noch fest montierten Telemotorgeber des Ruderhauses. Alle Beteiligen kamen überein, dass man es mit einem „unglaublichen, umwerfenden Wrack" zu tun hatte – „das Wrack ist eine absolute Schönheit". Expeditionsteilnehmer John Chatterton drang als erster Taucher mit einem Atemgerät mit geschlossenem Kreislauf ins Innere des Wracks vor. Doch sein Versuch, in die Heizerpassage einzudringen, scheiterte an der unzuverlässigen Technik seiner Tauchausrüstung. Das Fotomaterial der Expedition wurde vom Time Magazine veröffentlicht.

Im August 1999 war mit „Expedition *Britannic* 1999" unter Führung von Jarrod Jablonsky und organisiert von Global Underwater Explorers (GUE) sowie dem

Griechischen Tauchzentrum schon das nächste Taucherteam am großen White Star Liner. Die zehnköpfige Mannschaft bestand aus Tauchlehrern von GUE, Höhlentauchern der GUE-nahen non-Profit Organisation Woodville Karst Plain Projekt sowie Tauchern des schwedischen Verbandes Baltic Sea Tech. Auch diese Expedition hatte es sich unter anderem zum Ziel gemacht, die Ursache für den Explosionsschaden zu finden und bediente sich dafür eines Seitensichtsonars. Am 28. August drang eine Gruppe tief ins Vorschiff ein, um an den Schaden an der Steuerbordseite heranzukommen, während ein anderes Team erstmals exakt den Spalt zwischen dem Bug und dem Rest des Schiffes vermessen konnte. Für metallurgische Untersuchungen wurden kleine Stahlproben vom Schiffskörper mit nach oben gebracht.

2001 war der griechische Taucher Kostas Thoctarides ein zweites Mal an der *Britannic*. Diesmal konnte er sich des griechischen Tauchbootes *Thetis* bedienen, welches sich ohnehin gerade zu Testzwecken im Kea-Kanal aufhielt. Seine Filmaufnahmen vom Wrack wurden von dem ebenfalls an Bord befindlichen Reporter Giorgios Avgeropoulos in einer Fernsehsendung publiziert.

Im September 2003 war eine weitere Expedition am Wrack, unter der Leitung von Carl Spencer. Erstmals waren dabei alle Taucher mit geschlossenen Kreislauftauchgeräten ausgerüstet. Für die weltweite Distribution des Filmmaterials sorgten National Geographic sowie Channel 5 in Großbritannien. Mit von der Partie war auch die kanadische Mikrobiologin Dr. Lori Johnston, welche sich – wie zuvor schon beim Wrack der *Titanic* – der Erforschung von Kolonien „eisenfressender" Bakterien widmete. Solche sind bei der *Britannic* in der Tat vorhanden, doch konnten sie dem Wrack bisher nur wenig anhaben. Die Bakterien haben „zu viel Konkurrenz und helfen tatsächlich dabei, das Wrack zu schützen, indem sie es in ein künstliches Riff verwandeln."

Im Verlauf der Erforschung des Vorschiffes fand Taucher Richard Stevenson die wasserdichte Tür zwischen dem „Heizertunnel"/Kohlebunker und Kesselraum 6 vollständig geöffnet vor. Die nächste Schottschiebetür zum Kesselraum 5 hatte sich geschlossen, aber zu gerade einmal 25 %. *„Die Kesselräume sind voll von perfekt erhaltenen Artefakten wie den Schubkarren der Heizer oder den Laufgängen, die über die Kessel führen"*, berichtete Carl Spencer bei einem Interview mit dem *Britannic*-Forscher (und Betreiber der Webseite www.hospitalship-britannic.com.) Michail Michailakis und fügte noch hinzu: *„Ist schon sehr cool dort."*

Wendeltreppe für die Heizer und Trimmer, 2003. (Leigh Bishop)

Bewachsener Kommandotelegraf auf der Brücke, 2003. (Leigh Bishop)

Eine weitere Frage von Michailakis betraf die drei Frachtluken des Vorschiffes: „Wie ist der Zustand der vorderen Luken der *Britannic* (Nr. 1 auf der Back sowie Nr. 2 und 3 auf dem vorderen Welldeck)? Zeigen sie irgendwelche Schäden und fehlen die Abdeckungen? Ist Nr. 1 von Fischernetzen überzogen?"

„Soweit ich sagen kann, sind die Lukendeckel auf dem Bug des Schiffes intakt. In der Tat ist die Abdeckung von Nr. 1 definitiv intakt, so dass sich einer unserer Taucher durch das Oberlicht zwängen musste (Luke Nr. 1 verfügt über eine seeschlagsichere stählerne Abdeckung im Gegensatz zu den anderen Frachtluken – Anm. d. Verf.), *um an den oberen Absatz der Heizertreppe gelangen zu können. Es sind meiner Kenntnis nach über keiner der Luken irgendwelche Fischernetze hängengeblieben."*

Für diese Langzeitaufnahme von 2003 hantierte der Fotograf Leigh Bishop am Meeresboden mit einem Stativ. Der Taucher, der zum Größenvergleich beim Mittelpropeller positioniert wurde, musste derweil stillhalten. Im Hintergrund der Backbordpropeller. (Leigh Bishop)

Frage: „Wurde irgendein Versuch unternommen, in den Hauptmaschinenraum einzudringen? Wenn dem so war, wurden die Kolbenmaschinen untersucht oder die Turbine im Turbinenraum?"

„Ja, es wurde ein Versuch unternommen, durch den 4. Schornstein zum Expansionsmaschinenraum und zur Turbine vorzudringen, doch ein zusammengebrochenes Schott und eine Sedimentbank behinderten den Weg hindurch, und uns ging die Zeit aus, ehe wir weitere Versuche machen konnten. Der Taucher, der den Versuch unternommen hat (Zaid Al-Obaidi) konnte immerhin die Kurbelwelle sowie Pleuelstangen von einer der Dreifachexpansionsmaschinen ausmachen. Leider war es nur ein Probetauchgang, und er hatte keine Kamera dabei."

2003 wurde der Meeresboden erneut nach möglichen Minenankern von 1916 abgesucht, um die alte Torpedo-Theorie ein für alle Mal zu widerlegen. Tatsächlich wurden die Taucher gleich an mehreren Stellen fündig. Über die Entdeckung der Minensperre und eine mögliche Verwechslung mit während des Zweiten Weltkriegs verlegten Minen befragt, antwortete Spencer:

„Die Lage der Minen stimmte genau mit der Aufzeichnung durch Klt. Gustav Sieß überein, dem Kommandanten von U 73. Seine Aufzeichnungen dienten als Ausgangspunkt für unser Suchteam, geführt vom Sonarexperten Bill Smith. Der Minentyp, den wir suchten, war auf dem Meeresgrund mit einer 3-armigen Basis und einer Kette verankert. Sobald wir klare Sonarbilder von den verbliebenen erkennbaren Ankerstühlen in der exakten Position gemäß Klt. Sieß Aufzeichnungen hatten, und zwar direkt auf dem Kurs, den die Britannic *verfolgte, konnten wir die heutige Lage und Ausrichtung des Wracks mit Kapitän Bartletts Aufzeichnungen von dem ‚dumpfen Stoß' in Übereinstimmung bringen. Die physischen Beweise sowie die Aufzeichnungen ließen nur einen Rückschluss zu – die* Britannic *ist auf eine Mine von U 73 gelaufen."*

Die Ursache für den Untergang der *Britannic* war damit nach 87 Jahren endlich und endgültig geklärt.

2006 finanzierte der History Channel eine weitere Tauchexpedition, für die 14 erfahrene Taucher zusammengeholt wurden. Das erklärte Ziel war, die Ursache für den raschen Untergang des Schiffes zu klären. Am 17. September ging das erste Zweimannteam auf Tiefe. Allerdings wirbelten die beiden Männer dabei so viel Sediment auf, dass sie plötzlich „null Sicht" hatten und mit knapper Not entkamen. Es war noch eine weitere Erkundung des vorderen Kesselraums geplant. Dies scheiterte allerdings an einer Klausel in der Tauchgenehmigung vom Büro für Unterwasserantiquitäten, einer Unterabteilung des griechischen Kulturministeriums, die ein so tiefes Eindringen nicht erlaubte. Eine kurzfristige Anfrage des Tauchteams scheiterte auch an der Sprachbarriere. Die zuständige Behörde sollte später erst die Wichtigkeit der Mission anerkennen und als Folge eine Einladung aussprechen, das Wrack unter weniger strengen Auflagen erneut zu besuchen. Und obwohl die Expedition ihr Ziel, den vorderen Kesselraum, nicht erreichen konnte, brachten die Taucher dennoch eine reiche Ausbeute an Filmmaterial nach oben.

Im Jahre 2008 war eine weitere Expedition unter Federführung des griechischen Nationalen Zentrums für Meeresforschung und unter der Leitung von Dr. Vangelis Papathanasiou vor Ort. Das Team bestand aus 25 Wissenschaftlern, einem ROV-Team und konnte – wie 2001 schon Kostas Thoctarides – auf das Forschungstauchboot *Thetis* zurückgreifen. Es wurden Kohleproben und Exemplare der marinen Fauna gesammelt und etwas, das aller Wahrscheinlichkeit nach ein Minengefäß ist. Simon Mills fungierte als historischer Berater; weitere Teilnehmer waren Mike McKimm für BBC Northern Ireland sowie Michail Michailakis

Vom 5. bis 9. September 2008 gab es noch eine zweite Expedition, diesmal mit belgischen Tauchern.

2009 forderte die *Britannic* ihr erstes Todesopfer seit dem Untergang. Carl Spencer, mittlerweile zum dritten Mal und für Filmaufnahmen für National Geographic am Wrack, fiel am 24. Mai 2009 einem tragischen Tauchunfall zum Opfer. Das Unglück passierte, während er gerade den Bug des Schiffes filmte. Plötzlich stieg er aus 90 Metern Tiefe auf, ohne die lebensnotwendigen „Deko"-Pausen einzuhalten. Der Grund waren technische Schwierigkeiten mit seiner Tauchausrüstung; mit akuter Dekompressionskrankheit wurde er mit dem Helikopter noch ins Marinekrankenhaus von Athen gebracht, doch er war bereits bewusstlos und verstarb dort. Die Expedition wurde danach abgebrochen. Der Autor konnte Carl Spencer persönlich kennenlernen, als dieser bei der Jahreshauptversammlung des Deutschen *Titanic*-Vereins im Jahre 2006 in Regensburg einen Bildvortrag über die Expedition von 2003 hielt. Der Schotte hatte in Jugendtagen die Expeditionsberichte von Jacques Cousteau gesehen, und seither hatten ihn versunkene Schiffe nicht mehr losgelassen. Hauptberuf-

Backbord-Positionslicht im Jahr 2009. (Leigh Bishop)

lich war er Ingenieur und betrieb eine eigene Firma für Klimaanlagen, außerdem war er ausgebildeter Hubschrauberpilot. Carl Spencer wurde nur 37 Jahre alt und hinterließ eine Ehefrau und zwei Kinder.

Eine ebenfalls 2009 vom Microsoft-Mitbegründer Paul Allen geplante und nur mit ROVs ausgerüstete Expedition scheiterte an schlechtem Wetter.

2012 machte sich eine rein naturwissenschaftliche Expedition unter der Leitung von Alexander Sotiriou und Paul Lijnen auf den Weg. Lijnen war Teamleiter für die International Association of Nitrox and Technical Divers Benelux. Ziel war es, festzustellen, in welchem Ausmaß die eisenfressenden Bakterien im Vergleich zu denen an der *Titanic* wirksam sind. Darüber hinaus wurden Wasser- und Bodenproben genommen und analysiert.

2013 tauchte an der *Britannic* ein neuer Mitspieler auf: Die Malteser Firma U-Boat Limited, eine Tochter der U-Group Maltese Holding Company, die sich auf die Erforschung und insbesondere das Filmen von Unterwasserzielen spezialisiert hat. *„Wir möchten die Schönheit, die sich in der Unterwasserwelt vor unseren Augen verstecken, filmen und teilen"* heißt es dazu auf ihrer Webseite.

Im August 2013 machte das firmeneigene Schiff *U-Boat Navigator* erstmals über dem Wrack der *Britannic* Halt. Deren Eigentümer Simon Mills war ebenfalls mit an Bord, fungierte als Berater und tauchte selbst mit zum Wrack – eine Zusammenarbeit, die sich in den kommenden Jahren verfestigen sollte. Die Forscher hatten zwei Mini-U-Boote des Typs C-Explorer 5 zur Verfügung und mühten sich mit Filmaufnahmen ab. Ihr oberstes Ziel war, erstmals eine Totale vom kompletten Schiff am Meeresboden zu drehen, doch das gelang nicht. Schließlich kam man zu der Erkenntnis, dass am Wrack Licht gesetzt werden muss, um die gewünschte Schiffstotale in ansprechender Bildqualität drehen zu können.

Im September 2014 kehrte die *U-Boat Navigator* zur *Britannic* zurück; zu den beiden bemannten Tauchbooten vom Vorjahr gesellte sich nun ein ROV des Typs Perseo GTV und zwei Scheinwerfermodule, die bei den geplanten Videoaufnahmen Licht setzen sollten. Das Tauchteam hatte 10 Tage Zeit, verbrachte diese aber nicht nur am Wrack der *Britannic*. In einem zweiten Expeditionsteil erforschten sie zusätzlich das 2007 per Zufall entdeckte Wrack des französischen Hilfskreuzers und Truppentransporters SS *Burdigala*, der am 14. November 1916, also genau eine Woche vor dem Untergang der *Britannic*, ebenfalls auf eine der vor Kea ausgebrachten U 73-Minen gelaufen und gesunken war. Am Ende der Expedition war man wieder nicht mit den Unterwasserbildern zufrieden. Diesmal kehrte das Team mit dem Plan nach Malta zurück, im nächsten Jahr mit einer Lichtkonstruktion wieder zu kommen, die sich parallel zur Kamera, welche in einem der Mini-U-Boote verstaut war, frei über das Wrack bewegen können würde.

Für die Expedition 2015 rüstete U-Boat Malta technisch erneut auf. Ein neues Mini-U-Boot des Typs Triton 3300/3 kam zum Einsatz und sollte 5-6 Stunden täglich unter Wasser bleiben. Die Expedition, die gemeinsam mit der Russian Geographical Society unternommen wurde, sollte insgesamt zehn Schiffswracks und ein versunkenes U-Boot an unterschiedlichen Stellen des östlichen Mittelmeers erforschen. Im Juni wurde das neue Gerät andernorts getestet, im Juli fuhr die *U-Boat Navigator* wieder nach Kea, um erst die *Burdigala* und dann die *Britannic* zu filmen. Das Lichtsystem war nun an zwei frei beweglichen ROVs montiert – und so gelang es endlich, die gewünschte ausgeleuchtete Totale vom

Wrack des White Star Liners zu filmen. Über drei Jahre hinweg wurden rund 50 Stunden Bewegtbildmaterial vom britischen Schiff angehäuft.

Im Juni 2016 – 40 Jahre nach Cousteaus *Calypso*-Expedition – steuerte die *U-Boat Navigator* ein viertes Mal Kea an. Wieder widmeten sich die Forscher zuerst der *Burdigala*, ab dem 11. Juni dann der *Britannic.* Zum Einsatz kam auch das nagelneue U-Boot Triton 3300/1 MD, die Einmann-Variante des bereits im Vorjahr genutzten Triton 3300/3. Diesmal war ein Team der britischen Fernsehgesellschaft BBC mit an Bord, um 100 Jahre nach dem Untergang des Liners eine Dokumentation zu filmen. Neben Simon Mills, der wie in den drei Jahren zuvor mit dabei war, zählte auch einer der Bürgermeister von Kea zu den Expeditionsteilnehmern sowie die griechische Taucherlegende Kostas Thoctarides, der über große Erfahrung sowohl mit der *Britannic* als auch mit dem Wracktauchen in griechischen Gewässern verfügt.

Dieses Bild vermittelt einen Eindruck von einem Taucher in voller Montur. Um den „Mount Everest der Taucher" zu erreichen und filmen, ist 2016 so viel Material erforderlich, dass die Taucher per Kran zu Wasser gelassen werden. (Leigh Bishop)

Moderator Richie Kohler, Pilot Dmitri Tomaschow und Evan Kovacs im Tauchboot Triton 3300/1. Dieses und die nachfolgenden Bilder sind alle von 2016. (Leigh Bishop)

Die Triton 3300/1 an Bord der *U Boat Navigator*. Der Pilot Jewgeni Tomaschow ist auch Regisseur von Unterwasserfilmen. (Leigh Bishop)

Die offene Tauchglocke ist wichtigster Bestandteil des Sicherheitskonzeptes. Taucher können darin medizinisch versorgt werden und ohne Masken kommunizieren. Ebenfalls können sich die Taucher verpflegen; die Dekompressionsphase gestaltet sich so viel angenehmer. (Leigh Bishop)

Unten: Leigh Bishop (links) und Richard Stevenson (rechts) in der Tauchglocke. (Leigh Bishop)

Der Bug der *Britannic* mit einem Stück Reling auf dem Meeresboden. (U-Boat Malta Ltd.)

Der neun Tonnen schwere Backbordanker der *Britannic* war grösser als jene der Schwesterschiffe *Olympic* und *Titanic*. Er war vom Typ Dreadnought Stockless, hergestellt von der Firma Taylor. (U-Boat Malta Ltd.)

Die Triton 3300/1 beleuchtet einen der Frachtkräne, im Hintergrund die Aufbauten mit der Brücke und dem A-Deck. (U-Boat Malta Ltd.)

Blick auf die Triton 3300/1 MD, welche das A-Deck anstrahlt, im Hintergrund sorgt ein Taucher mit einem weiteren Licht dafür, dass die Silhouette der Brückennock zur Geltung kommt. (U-Boat Malta Ltd.)

Das Promenadendeck auf Höhe des vierten Schornsteins im Lichtschein der Triton 3300/3, im Hintergrund das achtere Paar der „Gantry-Davits". (Leigh Bishop)

Der Steuerbordpropeller der *Britannic* wird von der Triton 3300/1 MD angeleuchtet, die sich unter deren Ruder gewagt hat. (Leigh Bishop)

Somit hat die *Britannic* über die Jahre mehr Expeditionen kommen und gehen sehen als ihre viel berühmtere Schwester, die *Titanic*. Die Gründe dafür sind vielschichtig, denn alles in allem bietet die *Britannic* als praktisches Ebenbild der legendären *Titanic* faszinierende Möglichkeiten. Sie liegt in Landnähe, ist verhältnismäßig gut zugänglich und weit besser erhalten als ihr mit erschreckender Geschwindigkeit verfallendes Schwesterschiff. Dabei liegt sie allerdings so tief, dass sie außerhalb der Reichweite von Wochenendtauchern ist und daher nicht so leicht ausgeplündert werden kann wie zum Beispiel die Überreste der *Wilhelm Gustloff* in der Ostsee. Die *Britannic* war im Dienst der britischen Royal Navy unterwegs. Obwohl bei ihrem Untergang Menschen ums Leben kamen, gilt sie aus Sicht des britischen Verteidigungsministeriums nicht als Kriegsgrab. Da das Wrack jedoch in griechischen Küstengewässern liegt,

Filmaufnahmen für den TV-Film „Dark Waters" (Arbeitstitel) – für Richie Kohler (links) nichts Neues, er moderierte zahlreiche Sendungen der Reihe „Deep Sea Detectives" für den Sender History Channel. Filmemacher Evan Kovacs filmt aus der Triton 3300/3, wie sich die Triton 3300/1 MD der Kommandobrücke nähert. (Leigh Bishop)

hat die griechische Regierung ein scharfes Auge auf alle, die es besuchen. Robert Ballard musste zum Beispiel die Gedenkplakette der *Titanic* Historical Society in der Nähe des Rumpfes auf dem Grund ablegen, weil es ihm weder erlaubt war, etwas von dem Wrack zu entfernen, noch etwas darauf zurückzulassen. Und last but not least würde bei einer trotz alledem hypothetisch durchzuführenden Bergungsexpedition außer einigen verrosteten Bettgestellen und chirurgischem Besteck kaum etwas Lohnendes zu Tage gebracht werden können.

Die Tauchfahrten des Regisseurs James Cameron für seine *Titanic*-Filme und Fernseh-Sendungen haben gezeigt, wie viel Holzwerk sich bis heute im Inneren der *Titanic* erhalten hat. Es ist anzunehmen, dass für das Schwesternschiff ähnliches gilt, auch wenn der größte Teil ihrer kostbaren Inneneinrichtung nie eingebaut wurde. Robert Ballard träumt trotzdem bis heute davon, das Wrack als eine Art Unterwassermuseum der Nachwelt zugänglich zu machen. Es wäre wünschenswert, wenn dies in Erfüllung gehen könnte und das würdevoll schlummernde Riesenschiff für künftige Generationen in unverändert gutem Zustand konserviert werden könnte.

Simon Mills, der Eigner des Wracks, verfolgt seit mehreren Jahren das Ziel, zusammen mit griechischen Offiziellen Ballards Vision zu verwirklichen. Dem „Guardian" schilderte er 2009, wie er sich dies vorstellt:

> *„Unser Plan ist es, mit drei- oder viersitzigen Tauchbooten anzufangen. Die* Titanic *liegt in den kalten Gewässern des Nordatlantiks und löst sich wegen eisenfressender Bakterien rasch auf; in ein paar hundert Jahren wird kaum noch etwas Erkennbares vorhanden sein. Doch die* Britannic *ist komplett anders. Sie liegt in warmen Gewässern, ist sehr gut erhalten und wundervoll intakt. Sie wurde lange von ihrer älteren Schwester überstrahlt, doch sie hat ihre eigene Geschichte zu erzählen."*

Mills sagte außerdem, dass er das Schicksal derer, die beim Untergang ums Leben kamen, stets würdigen und besonderes Augenmerk auf die Integrität des Wracks richten wolle. *„Dieses Projekt dient nicht nur dem Tourismus, sondern auch der Bildung, Konservierung und der Unterwasserarchäologie."*

35 Gedenkveranstaltung zum 100. Jahrestag des Untergangs

Um an die Untergänge der *Burdigala* und *Britannic* im November 1916 vor Kea zu erinnern, organisierte der „Verein der Freunde von Kea“ vom 30. September bis 2. Oktober 2016 ein Gedenkwochenende. Der Einladung folgten neben lokalen Wissbegierigen und Würdenträgern vor allem Taucher und andere Beteiligte, die in die Expeditionen der letzten Jahre involviert waren. Dazu kam eine Handvoll Interessierter aus den USA, Großbritannien und der Schweiz – insgesamt waren gut einhundert Teilnehmer am Wochenende anwesend, dazu noch einige internationale Medienvertreter.

Der gegenüber den effektiven Jahrestagen der Untergänge um einige Wochen vorgezogene Termin lässt sich mit dem Ende der Tourismus-Saison erklären – in der zweiten Novemberhälfte wäre wegen geschlossener Hotels ein solcher Anlass schlicht nicht durchführbar gewesen auf der Insel Kea.

Zum Auftakt des Wochenendes versammelten sich am frühen Freitagnachmittag die Teilnehmer am kleinen Hafen der 700-Seelen-Gemeinde Korissia. Die Ortschaft hieß 1916 noch Livadi und deren Bewohner halfen damals den Überlebenden der *Britannic*. Knapp 100 Jahre später fuhren knapp zehn Boote, vom historischen Segelboot bis zum modernen Speedboat, in rund 20 Minuten von der Küstenwache begleitet zur Wrackstelle der *Burdigala*.

Korissia mit der Einfahrt in den Hafen in der Bucht Port St. Nikolo. Rechts der Friedhof St. Trias, ganz rechts war von 1916 bis 1921 der Unteroffizier William Sharpe begraben, dann wurde er auf dem Neuen Britischen Friedhof auf der Insel Syra umgebettet. (Günter Bäbler)

Am 29. September 2016 wurde im Andenken an den Untergang der *Britannic* und der Opfer an der Wrackstelle ein Kranz ins Wasser geworfen, im Hintergrund die Insel Kea. (Günter Bäbler)

Während des Vortragsmarathons vom 1. Oktober 2016. (Günter Bäbler)

Oben: Jonathan Mitchell, Enkel von Sheila Macbeth, brachte dieses Holzstück eines Stuhls des à-la-carte Restaurants mit – heute das einzige bekannte Stück Treibgut von der *Britannic*. Mitchells Großmutter zeigte das Stuhlfragment bereits 1976 dem Meeresforscher Jacques-Yves Cousteau. (Günter Bäbler)

Neben der Stuhllehne stieß auch das Sammelalbum mit Macbeths Leben von 1910 bis 1920 auf großes Interesse. Ebenfalls in der Vitrine: Macbeths Armbinde des Roten Kreuzes sowie John A. Flemings Büchlein über die *Britannic* und Unterlagen über Cousteaus Expeditionen. (Günter Bäbler)

Von einem der Boote wurde ein Erinnerungskranz ins Meer gegeben, gefolgt von einem kurzen Horn-, Pfeifen- und Trötenkonzert der Boote. Dann nahm die Flottille Kurs auf die *Britannic.* Das Wrack liegt etwa 3,5 km entfernt und wurde nach etwa 25 Minuten erreicht. 120 Meter über dem Meeresboden (oder 90 Meter über der Backbordseite des Liners) wurde ebenfalls ein Kranz ins Wasser geworfen; wieder erklangen die verschiedenen Stimmen der Boote. Dann ging es zurück nach Korissia – die ganze Fahrt dauerte knapp zwei Stunden.

Am Abend fuhren die Teilnehmer zum Cafe Varadi. Im Garten befindet sich auch ein kleines „Amphitheater", in dessen Mitte ein Beamer samt Leinwand stand. Auf dem Programm stand die Weltpremiere von Szenen des Filmes mit dem Arbeitstitel „Dark Waters", einer Mischung aus historischem Spielfilm und Dokumentation der letzten Expeditionen. Die 40 Minuten, die gezeigt wurden, waren vielversprechend, die *Britannic* dürfte bald ein würdiges filmisches Denkmal erhalten. Die Taucher Richie Kohler, Leigh Bishop und der U-Boot-Pilot Dmitri Tomaschow erzählten vor und nach dem Film von den Dreharbeiten, dann zeigte Leigh Bishop einen gut 20-minütigen Film eines Tauchgangs aus der Perspektive eines Tauchers. Die Teilnehmer kehrten anschliessend mit vielen Eindrücken zurück in die Hotels.

Am Samstag stand im Konferenzsaal des Zentrums „Kea Events" ab 9 Uhr ein regelrechter Vortragsmarathon auf dem Programm. Die Präsentationsreihe war dem 2009 verunglückten Taucher Carl Spencer gewidmet. Nach der Begrüßung durch den Vereinspräsidenten der Freunde von Kea und dem Bürgermeister der Insel begann der Reigen. Zunächst stellte sich die griechische Kulturministerin ans Mikrofon – alle Vorträge wurden simultanübersetzt ins Englische bzw. Griechische. Es folgten Beiträge zur *Burdigala,* deren ungewöhnliche Maschinenanlage, die Artenvielfalt an Wracks, die *Britannic* und deren Fahrten im Krieg. Es wurde auch erörtert, warum es unmöglich sein konnte, dass damals ein U-Boot zugegen war und einen Torpedo abfeuerte. Tauchtechnologien wurden vorgestellt und Legenden rund um die *Britannic* auf Kea. Jonathan Mitchell berichtete schließlich über das bewegte Leben seiner Großmutter Sheila Mitchell.

Der Athener *Britannic*-Forscher Michail Michailakis hatte bereits am Morgen auf der Terrasse eine Vitrine mit Kostbarkeiten rund um die *Britannic* bestückt. Die Highlights darin waren sicherlich Sheila Macbeths Teil des *Britannic*-Stuhls, die Mützenbänder sowie das Sammelalbum, in das sie von 1910-1920 tausende Fotos, Ansichtskarten, Briefe und sonstige Erinnerungsstücke geklebt hat.

Nach etwas Erholungszeit ging es um 21 Uhr zum Galadinner, wobei es zunächst eine Stunde lang Dankesreden und Ansprachen gab und zahlreiche Dankestafeln verteilt wurden.

Am Sonntagmorgen gab es einen gemeinsamen Brunch und anschließend einen Besuch des Archäologischen Museums von Kea. Gleichzeitig hinterließen Taucher zur Erinnerung am Wrack der *Britannic* zwei Gedenktafeln aus Stein, die eine für die Opfer der *Britannic*, die andere für ihren 2009 verunglückten Kollegen Carl Spencer.

Die Fähre, mit der die meisten Teilnehmer bereits angereist waren, brachte am Nachmittag viele wieder zurück aufs Festland, nach Lavrio, einem Hafen bei Athen. (Text Kapitel 35: Günter Bäbler)

Blick von Kea auf den Kanal von Kea. An der Wrackstelle der *Britannic* das Schiff der Taucher, die am 2. Oktober 2016 zwei Gedenktafeln zum Wrack brachten.
(Günter Bäbler)

Anhang A: Liste der Opfer

Neun Offiziere/Gefreite des RAMC:

Leutnant John Cropper (51 Jahre, posthum zum Hauptmann befördert)
Unteroffizier William Sharpe (39 Jahre)
Gefreiter Arthur Binks (Alter unbekannt)
Gefreiter George James Bostock (23 Jahre)
Gefreiter Henry Freebury (31 Jahre)
Gefreiter Thomas Jones (Alter unbekannt)
Gefreiter George William King (24 Jahre)
Gefreiter Leonard Smith (Alter unbekannt)
Gefreiter William Stone (23 Jahre)

21 Mann der seemännischen Besatzung und des Kesselraumpersonals:

Robert Charles Babey (Trimmer, 24 Jahre)
Joseph Brown (Heizer, 40 Jahre)
Thomas Archibald Crawford (Vierter Metzger, 27 Jahre)
Arthur Dennis (Trimmer, 20 Jahre)
Frank Joseph Earley (Heizer, 47 Jahre)
Charles Claude Seymour Garland (Steward, 35 Jahre)
Leonard George (Küchenjunge, 17 Jahre)
Pownall Gillespie (Zweiter Elektriker, 30 Jahre)
George William Godwin (Heizer, 29 Jahre)
George D. Honeycott (Ausguck, 30 Jahre)
Walter Jenkins (Zweiter Bäcker, 39 Jahre)
Thomas McDonald (Hilfskoch, 24 Jahre)
John George McFeat (Heizer, 29 Jahre)
Charles James David Phillips (Heizer, 24 Jahre)
George Bradbury Philps (Heizer, 41 Jahre)
James Patrick Rice (Steward, 23 Jahre)
George Sherin (Schmierer, 35 Jahre)
William Smith (Heizer, 29 Jahre)
Henry James Toogood (Steward, 48 Jahre)
Thomas Francis Tully (Steward, 38 Jahre)
Percival William Ernest White (Trimmer, 19 Jahre)

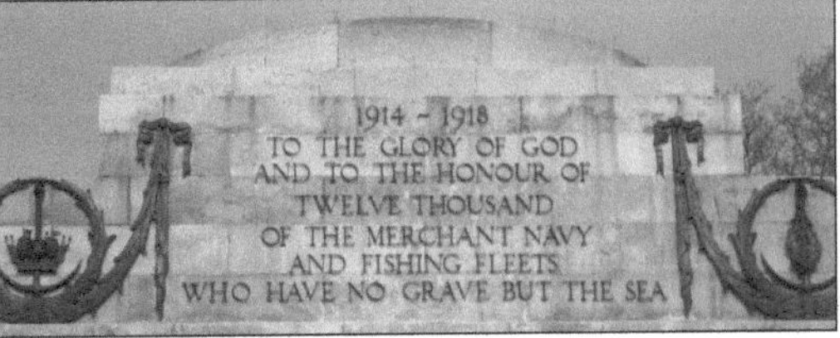

Das Merchant Marine Memorial beim Tower Hill in London erinnert an 12.000 vermisste zivile Seeleute während des Ersten Weltkriegs, darunter die 18 vermissten Zivilisten der *Britannic.* (Sammlung Günter Bäbler)

Ergänzende Angaben:

Binks, Brown, Honeycott und Phillips wurden am 22. November 1916 auf dem heutigen Marine- und Konsularfriedhof in Drapetsona (Piräus) bestattet. Die Gräber sind noch vorhanden und werden sorgfältig gepflegt.

Feld mit den Gräbern für Arthur Binks, Joseph Brown, George D. Honeycott und Charles James David Phillips auf dem Marine- und Konsularfriedhof in Drapetsona, einem Vorort von Piräus. (Michail Michailakis)

Sharpe wurde am 21. November 1916 auf dem Kirchhof von St. Trias, Kea, beigesetzt. 1921 erfolgte die Umbettung auf den Neuen Britischen Friedhof auf der griechischen Kykladeninsel Syra.

Diesen fünf Männern war als einzigen der 21 Toten des *Britannic*-Untergangs eine Grabstätte zuteil geworden; alle anderen Opfer blieben verschollen, obwohl die Untergangsstelle später nach treibenden Rettungsbooten und sonstigem Wrackgut abgesucht wurde.

H. S. BRITANNIC
ROYAL ARMY MEDICAL CORPS

CAPTAIN
CROPPER J.

SERJEANT
SHARPE W.

PRIVATE
BOSTOCK G.J.
FREEBURY H.
JONES T.
KING G.W.
SMITH L.
STONE W.

TO THE GLORY OF GOD AND IN REVERENT MEMORY OF THE DEAD ARE INSCRIBED HERE THE NAMES OF ONE HUNDRED AND THIRTY FIVE NURSES OFFICERS AND MEN OF THE UNITED KINGDOM AND NEW ZEALAND DROWNED IN THE 'MARQUETTE' TRANSPORT TORPEDOED ON THE 23RD OCTOBER, 1915; OF EIGHTY OFFICERS AND MEN OF THE FORCES OF THE UNITED KINGDOM AND INDIA DROWNED IN THE 'IVERNIA' TRANSPORT TORPEDOED ON THE 1ST JANUARY 1917; OF EIGHT OFFICERS AND MEN OF THE ROYAL ARMY MEDICAL CORPS DROWNED IN THE HOSPITAL SHIP 'BRITANNIC' SUNK BY A MINE ON THE 21ST NOVEMBER 1916; OF TWO MEN OF THE FORCES OF THE UNITED KINGDOM DROWNED FROM THE HOSPITAL SHIP BRAEMAR CASTLE ON THE 23RD NOVEMBER, 1916, AND OF ONE SAILOR OF THE ROYAL NAVAL VOLUNTEER RESERVE WHO PERISHED IN THE ÆGEAN SEA ON THE 22ND JANUARY 1918.

ALL THESE HAVE NO OTHER GRAVE THAN THE SEA
"HE DISCOVERETH DEEP THINGS OUT OF DARKNESS
AND BRINGETH OUT TO LIGHT THE SHADOW OF DEATH."

Impressionen vom britischen Kriegsfriedhof in Mikra, einem Ortsteil von Thessaloniki im Norden Griechenlands. (Michail Michailakis)

Die Namen der sieben vermissten RAMC-Mitglieder Cropper, Bostock, Freebury, Jones, King, Smith, und Stone sind auf einem Denkmal in Form eines Opferkreuzes in Mikra in Thessaloniki, Griechenland, verewigt – wie auch die Namen zahlreicher Opfer anderer zwischen 1915 und 1917 verloren gegangener britischer Schiffe. Ebenfalls auf dem Denkmal aufgeführt ist William Sharpe, dessen Leiche bestattet wurde, ansonsten sind die geborgenen und begrabenen Opfer nicht aufgelistet.

Die Namen der 18 vermissten Besatzungsangehörigen des Schiffes finden sich auf dem Merchant Marine Memorial in Tower Hill, London. Dieses Denkmal enthält die Namen von 12.000 in den Jahren 1914 bis 1918 auf See gebliebenen Zivilseeleuten und Angehörigen der Fischereiflotte.

Obwohl im Schiffslogbuch 21 Besatzungsmitglieder und 9 RAMC-Leute als Todesopfer verzeichnet sind, also insgesamt 30, enthalten die Unterlagen der

Britischen Commonwealth-Kriegsgräberkommission einen weiteren Namen: den des Stewards Genn, verstorben am 9. Mai 1917, bestattet auf dem Plymouth Old Cemetery im Ortsteil Pennycomequick. Es ist nicht zweifelsfrei erwiesen, dass es an Bord des Schiffes einen Steward Genn gab; sein Todesdatum legt nahe, dass er, sollte er wirklich an Bord gewesen sein, an den Spätfolgen erlittener Verletzungen verstarb, so wie mehrere andere Personen, welche den Untergang zunächst überlebt hatten. Als Beispiel hierfür sei die Krankenschwester Rebecca McMurray Munro vom Britischen Roten Kreuz, Queen Alexandra's Imperial Nursing Service (QAINS), genannt. Sie starb am 30. April 1920 im Alter von 32 Jahren, und zwar an den Folgen einer Tuberkulose, die sie sich während ihres Dienstes an Bord zugezogen hatte. Die Ansteckungsgefahr an Bord von Lazarettschiffen war für das Pflegepersonal allgemein recht groß gewesen. Sie wurde in ihrer schottischen Heimat Montrose beigesetzt und ist zudem als einzige Frau unter 300 Namen auf dem örtlichen Kriegsdenkmal verzeichnet.

Mindestens acht Überlebende der Schiffscrew waren so schwer verletzt, dass sie nicht länger seetauglich waren. Das britische Handelsministerium (Board of Trade) hatte die Möglichkeit, solche Zivilseeleute – ob Kapitän, Offizier oder einfacher Seemann – mit dem „Silver War Badge" auszuzeichnen. Im Register der mit dieser Auszeichnung versehenen Seeleute finden sich folgende Namen mit Angabe ihrer Verwundungen:

(Fall 9) J. Herring (Zweiter Koch): Amputation linkes Bein über dem Knie; Verletzung, weil von Propeller erfasst, nachdem Schiff von Mine oder Torpedo getroffen wurde.

(Fall 23) G. Sherrat (Wäschereiassistent): Amputation des linken Beines, als er infolge von Minen- oder Torpedotreffer im Wasser treibend vom Propeller erfasst wurde.

(Fall 24) C. G. Sparks (Heizer): Amputation des rechten Beines: vom Propeller erfasst, als er nach Minen- oder Torpedotreffer am Schiff im Wasser trieb.

(Fall 47) R. E. Bennett (Oberheizer): im Wasser treibend von Propeller erfasst, nachdem Schiff auf Mine gelaufen oder torpediert worden ist. Beide Wadenbeine gebrochen.

(Fall 49) T. W. Mitchell (Heizer): im Wasser treibend von Propeller erfasst, nachdem Schiff auf Mine gelaufen ist oder torpediert worden ist. Mehrfache Frakturen am linken Bein.

(Fall 67) P. Healey (Trimmer): rechtes Bein verletzt, nachdem im Wasser treibend von Propeller erfasst.

Anhang B: Kapitän Bartletts Bericht

Report über den Verlust von HMHS *Britannic* von Kapitän Charles Bartlett (Akte Nr. ADM137/1229 des Public Record Office in Kew):

HMT ROYAL GEORGE

AUF SEE

30. November 1916

An den Director of Transports, Admiralität

Sir,

Mit großem Bedauern habe ich über die Versenkung von H.M. Lazarettschiff „Britannic" G608 (sic – Bartlett verwendet hier aus unbekannten Gründen die erste Registriernummer seines Schiffes) *durch eine feindliche Mine oder Torpedo zu berichten, am Morgen des 21. November auf der Position im Kea-Kanal, nahe dem Golf von Athen, Port St. Nikolo, Leuchtturm peilte S 48° O (missweisend) 3 Meilen Abstand zur Zeit der Explosion. Das Schiff lief zu der Zeit 20 Knoten, Wetter gut und See ruhig, mit Bestimmung Moudros zur Anbordnahme Kranker und Verwundeter. Anstrich und alle Markierungen in strikter Übereinstimmung mit der Genfer Konvention. Wir hatten an Bord eine Crew von alles in allem 673 und transportierten einen medizinischen Stab bestehend aus 22 Krankenschwestern und 290 Angehörigen des RAMC.*

Keinerlei Passagiere wurden befördert.

Wir verließen Neapel am Abend des 19. und steuerten auf direkter Route unseren Bestimmungshafen an. Um 7.25 Uhr am 21. passierten wir Angarlestro Point auf der Insel Makro Nisi in 4 Meilen Abstand und setzten einen Kurs von N 48° O (missweisend), um den Kanal von Kea zu passieren.

Um 8.12 Uhr in obiger Position ereignete sich eine ungeheure, jedoch gedämpfte Explosion, das Schiff zitterte und vibrierte vorne und achtern äußerst heftig, was einige Zeit anhielt; das Schiff fiel um 3 Strich vom Kurs ab. Alarm wurde auf dem gesamten Schiff gegeben, die Maschinen gestoppt und nach unten befohlen, die wasserdichten Türen zu schließen; zur selben Zeit SOS-Signal durch unsere drahtlose Telegrafie abgesetzt.

Mein erster Eindruck war, dass wir auf eine Mine gelaufen waren und wir wahrscheinlich sicher sein würden. Ich ordnete an, alle Boote klarzumachen und zur Evakuierung bereitzuhalten. Nach einiger Zeit versagte die Ruderanlage. Ich drehte das Schiff mit den Maschinen nach Backbord herum auf Land zu, doch die vorderen Frachträume liefen rasch voll, und Wassereinbruch wurde aus den Kesselräumen 5 & 6 gemeldet. So stoppte ich die Maschinen und befahl, sämtliche Boote zu fieren, jedoch in der Nähe des Schiffes zu bleiben.

Das Schiff schien sein Absacken zu verlangsamen, und ich gab Order, das Fieren der Boote einzustellen und noch einmal mit dem Schiff auf Land zuzuhalten, doch sie begann erneut, rasch durchzusacken, und Wasser wurde vom D-Deck gemeldet; ich gab Befehl an alle, das Schiff zu verlassen, benachrichtigte den Maschinenraum und betätigte die Dampfpfeifen zum letzten Alarm.

Das Schiff sank nun sehr schnell über den Bug und neigte sich nach Steuerbord, und bald kam das Wasser auf die Brücke; Stellvertretender Kommandant Dyke hatte mir berichtet, dass alle von Bord waren, und ich befahl ihm zu gehen; kurz danach folgte ich selbst, ging beim vorderen Bootskran an Steuerbordseite ins Wasser. Der dritte Schornstein fiel ein paar Minuten später. Ich wurde 30 Minuten später durch ein Motorboot aufgefischt.

Im Wasser sah ich das Schiff stark nach Steuerbord geneigt sinken, beim Unterschneiden stand ihr Heck nahezu senkrecht.

Bei Rettung durch das Motorboot wurde ich informiert, dass einige Boote in den Propeller an Backbord geraten und eine Anzahl Männer ins Wasser geworfen und verwundet wurden, die beiden Motorboote nahmen sie auf, darum beauftragte ich nach einem Überblick über den Ort des Geschehens die Motorboote damit, mit den Verwundeten nach Port St. Nikolo zu laufen und allen anderen Booten mitzuteilen, dass sie folgen sollten. Auf dem Wege konnten wir HMS Heroic *und den Zerstörer* Scourge *auf den Schauplatz zulaufen sehen, sie leisteten exzellente Arbeit, die Boote aufzunehmen und dann mit den Verwundeten nach Piräus zu laufen.*

Wir landeten mit den meisten der Verwundeten in Port St. Nikolo, wo wir gut aufgenommen wurden und den verwundeten Männern Obdach gewährt wurde; die Vorkehrungen wurden vom französischen Konsul beaufsichtigt, ich sandte über ihn ein Telegramm an das französische Konsulat in Athen, ebenso eines an den SNO (Senior National Officer) *Moudros.*

Alles in allem landeten 160 Mann in Port St. Nikolo, später mit Ankunft des Zerstörers Foxhound *wurden wir eingeschifft und landeten um 17.30 Uhr an, wo uns jedwede Fürsorge und Aufmerksamkeit des Konteradmirals, seiner Offiziere und Männer der* Duncan *ebenso zuteilwurde wie vonseiten der französischen Kriegsschiffe im Hafen.*

Nach einer sorgfältigen Musterung wurde festgestellt, dass alles in allem ein Offizier und 28 der Mannschaft vermisst wurden, der Offizier und 7 Mann waren vom RAMC, die übrigen von der Besatzung.

Alle Verluste sind nach meinem Dafürhalten in der Zerstörung der Boote begründet, während ich sicher war, dass alle Mann das Schiff verlassen hatten.

Ich kann nichts außer Lob über die ruhige und ordnungsgemäße Weise äußern, die alle Besatzungsmitglieder an den Tag legten, auch die Pfadfinder, da gab es kein Anzeichen von Hektik oder Panik zu der Zeit. Obstlt. Anderson, der SMO, und sein Stab leisteten Großartiges nicht nur beim Untergang des Schiffes, sondern auch nachher bei der Versorgung der Verwundeten, Ärzte verwendeten das Kapok von Rettungswesten als Verbände.

Eine Reihe von Krankenschwestern wechselte mutig von einem Boot zum anderen, um den Verwundeten beizustehen, landeten zuletzt mit ihnen in Port St. Nikolo, um sie zu versorgen.

Achtundzwanzig Rettungsboote wurden gefiert sowie zwei Motorboote, letztere leisteten exzellenten Dienst, das Gebiet rasch abzusuchen und viele aus dem Wasser zu fischen, besonders die Verletzten.

TORPEDO oder MINE

Die Explosion fand statt, während sich die Britannic *über einer Wassertiefe von 65 Faden befand, und eine Mine kann die Ursache gewesen sein, doch es gibt gute Zeugenaussagen, dass die Laufbahnen zweier Torpedos gesichtet wurden, von denen einer das Schiff Steuerbord vorne traf, der andere verfehlte die Backbordseite achtern. Ebenso erklärten zwei Mann, dass sie an Steuerbord zwanzig Minuten nach der Explosion ein Objekt sahen, das sie für ein U-Boot hielten.*

Der Schaden war höchst umfangreich, wahrscheinlich der ganze vordere Teil des Schiffsbodens zerstört und meiner Ansicht nach der Kesselraum Nr. 6 leckgeschlagen. Es wurde beobachtet, dass vorne zum Zeitpunkt der Explosion Wasser bis zum E oder

D-Deck hochgeschleudert wurde, und eine Wolke schwarzen Rauches wurde gesehen, die zeitweilig erstickend war.

Abschließend bin ich bemüht, meinen aufrichtigen Dank an Vizeadmiral Sir Cecil Thursby KCMG (Rittertitel: Knight Commander of St Michael and St George), *Konteradmiral Hayes Sadler CSI* (Ordenstitel: Companion of the Star of India) *sowie dem französischen Admiral für die rasche Entsendung von Hilfsschiffen auszudrücken, ebenso für den großartigen Beistand und die Fürsorge, und für die Zuteilung von Kleidung, welche wir von den Offizieren und Mannschaften beider Flotten erhalten haben.*

Ich möchte hinzufügen, dass Kapitän und Offiziere von H.M.T. Ermine *H.M.T.* Royal George *Dank verdienen für deren Fürsorge für uns an Bord ihrer Schiffe während der Heimreise.*

Ich habe die Ehre, Sir,

Ihr ergebener Diener zu sein

Charles A. Bartlett

MASTER

Anhang C: Bericht von Oberstleutnant Anderson

Auszüge aus dem Bericht von Oberstleutnant Henry Stewart Anderson, Ranghöchster Medizinischer Offizier (Senior Medical Officer, SMO) HMHS *Britannic* (Imperial War Museum Dokument Nr. 90/37/1):

An: – D.M.S.

Malta. Hamrun Lazarett, 5. Dezember 1916.

Sir,

ich bedauere zu berichten, dass sich um 8.12 Uhr am 21. November 1916 eine Explosion ereignete. Der Alarm wurde binnen zwei Minuten ausgelöst. Glücklicherweise war der Morgen warm und sonnig, die See ruhig, und anscheinend war Nr. 59594 Pte. J. W. Cuthbertson der einzige Mann auf dem G-Deck, und er befreite sich unverletzt, obwohl das Treppenhaus weggesprengt war und der Raum rasch volllief.

Hauptmann J. L. Rentoul war verantwortlich für die Krankenschwestern, geleitete sie mit Rettungswesten und Decken zum Kompassdeck und sah, wie alle sicher an der Steuerbordseite abgefiert wurden.

Mrs E. A. Dowse, RRC (Royal Red Cross)*, Schwesteroberin, bestieg eines dieser Boote, sobald die letzten der Schwestern und Stewardessen Platz genommen hatten. Miss B. Mattison, VAD* (Voluntary Aid Detachment)*, stand in ihrem Boot auf und überwachte das Rudern.*

Lt. R. A. Sheckleton hatte Aufsicht über die einzigen Patienten an Bord (Männer vom RAMC-Personal) (Royal Army Medical Corps) *und ließ alle mit ihren Rettungswesten auf dem Bootsdeck versammeln. Hauptmann E. G. Fenton, der Anfang letzten Monats schiffbrüchig geworden war, wusste, dass er Platz für zwei Mann beanspruchen würde, verließ deshalb das Bootsdeck, indem er sich an der Leine hinuntergleiten und fallen ließ, obwohl er im Klettern und Schwimmen ungeübt war.*

Wenigstens drei der an der Backbordseite gefierten Boote kamen nicht vom Schiff frei; zwei von ihnen wurden von den Propellerflügeln zerschmettert, welche für ein paar Minuten stoppten, wobei ein drittes Boot mit ihnen in Berührung kam. Hauptmann T. Fearnhead sagt aus, dass er und zwei andere sich noch darin befanden, er konnte gegen den Flügel drücken und das Boot wegstoßen. Jedes Boot hätte mehr als achtzig

Personen fassen können, und von den drei Booten müssen über zweihundert Menschen ins Wasser geschleudert worden oder gesprungen sein.

Ein Blick zum Heck zeigte an, dass sich das Schiff in einem weiten Bogen nach rechts vorwärts bewegte.

Das Abfieren von der Backbordseite wurde um ca. 8.45 Uhr abgebrochen, als die Maschinen erneut starteten. Die backbordseitige Barkasse wurde um diese Zeit abgefiert. Ich ging mit ihr von Bord und sah, dass die Überlebenden und die Trümmer bereits weit entfernt waren, mit der Steuerbordbarkasse und einigen Booten in deren Nähe. Der Mittelpropeller arbeitete nun über der Wasseroberfläche.

Als das Wasser die Brücke erreichte, schwamm Kapitän C. A. Bartlett, CB (Ordenstitel: Companion of the Order of the Bath)*, der Master, von dort weg, beorderte die Steuerbordbarkasse nach St. Nikolo (Insel Kea) und blieb dann auf einem Floß stehen, bis ihn meine Barkasse um 10.30 Uhr erreichte, sie wurde ebenfalls nach St. Nikolo beordert. H.M.S.* Scourge *und H.M.S.* Heroic *näherten sich um diese Zeit.*

Miss Dowse erreichte als erste des Stabes die Verwundeten und wechselte von einem Boot zum anderen, um Hilfe zu leisten und verteilte ihre Schwestern, wo sie am meisten gebraucht wurden. Sie sandte sechs nach St. Nikolo, sechs zur Heroic *und ging schließlich an Bord von H.M.S.* Scourge. …

Zusammenfassend würdige ich die bewundernswerte Selbstkontrolle der Krankenschwestern unter der besonnen und akkuraten Anleitung von Miss Dowse sowie die Tatsache, dass sie bereits das absolute Vertrauen und die Zuneigung aller gewonnen hatte.

Als ihr Boot aufs Wasser aufsetzte, sah sie das erste Backbordboot zu Bruch gehen, hielt aber still, damit niemand die Nerven verlor und damit für die vor ihnen liegenden Pflichten ausfiel. Das höchste Lob gebührt Major Priestly für seinen ruhigen und entschlossenen Mut. Nach seinem tapferen Einsatz an Bord half er aufopfernd mit, die Verwundeten in St. Nikolo zu versorgen und hielt sich später so lange bereit, bis der letzte Patient um 1 Uhr früh am 22. November 1916 ins Lazarett eingeliefert war. Er bemerkte, dass es ihm im Vergleich mit einem Tag im Gefangenenlager immer noch fast wie ein Picknick vorgekommen sei.

Henry S. Anderson

Anhang D: Biografien verschiedener Akteure

Nachfolgend stichpunktartige biografische Angaben für die Zeit nach dem Untergang der *Britannic* zu einer Auswahl im Text erwähnter Personen.

Oberstleutnant Henry Stewart Anderson

1917 zum Citadel Military Hospital in Kairo/Ägypten versetzt, hier als Leitender Medizinischer Offizier von 1918 bis 1921. 1918 mit dem CMG-Orden (Companion of St. Michael & St. George) ausgezeichnet. Ab 1927 Reservist. Gestorben am 24. Mai 1961.

Kapitän Charles Alfred Bartlett

Nach der Rückkehr in die Heimat wieder Reedereiinspektor, Dienst bei der White Star Line bis 1921. 1919 und 1921 als Berater für maritime Fragen für König George V tätig. 1920 Auszeichnung mit dem CBE-Orden (Commander of the British Empire) für Verdienste während des Krieges. 1921 Aufnahme ins Beratungskomitee der Royal Navy Reserve im Range eines Kommodore d. Res. 1931 zum Obersten Seefahrer der Honourable Company of Master Mariners ernannt. 1921 in den Ruhestand getreten. Am 15. Februar 1945 an Nierenversagen gestorben.

Auf diesem Foto von 1930 sind Kapitäne aller drei *Britannics* zu sehen. Von links: Kommodore i. R. Sir Bertram Hayes (RMS *Britannic* I), Kapitän Summer, Schiffsführer M/V *Britannic* (III) und Charles A. Bartlett (HMHS *Britannic* II). (Sammlung Günter Bäbler)

Krankenschwester Vera Brittain

Wurde nach dem Ersten Weltkrieg Englands bedeutendste Feministin und Verfasserin pazifistischer Schriften des 20. Jahrhunderts. Mehrere schwere Schicksalsschläge zu verkraften: 1915 der Tod ihres Verlobten, 1917 fällt ein enger Vertrauter in Frankreich und ein weiterer Freund erblindet bei einem Gasangriff bei Arras. Später fällt ihr Bruder Edward an der Westfront.

Nach dem Krieg Rückkehr an die Universität von Oxford. Später Journalistin. Heftige Angriffe durch britische und US-Presse wegen des Verfassens zahlreicher (kritischer) Artikel und Engagement für Friedensgruppen. Als sie während des Zweiten Weltkriegs die rücksichtslosen Flächenbombardierungen insbesondere deutscher Städte ausdrücklich kritisiert, ist sie erneut starken Anfeindungen ausgesetzt (u. a. von Schriftsteller George Orwell). Dies relativiert sich erst, als nach der deutschen Kapitulation eine „Sonderfahndungsliste" gefunden wird, auf denen nach der Eroberung Englands festzunehmende Prominente genannt werden und ihr Name darauf auftaucht.

Ihr Engagement für zivile Opfer des Bombenkriegs ist in Deutschland unvergessen. In Hamburg-Mitte gibt es seit 2014 ein „Vera-Brittain-Ufer". Auf dem entsprechenden Straßenschild steht zu lesen: „nach Vera Mary Brittain (1893-1970), englische Schriftstellerin, Pazifistin und Feministin; hat während des Zweiten Weltkriegs in Großbritannien gegen die Flächenbombardements der deutschen Städte protestiert und insbesondere die Zerstörung Hamburgs angeprangert."

Major Harold Priestly

Nach einigen Jahren Dienst in der Heimat (keine genauen Angaben bekannt) 1923 für drei Jahre nach Singapur versetzt, danach nach Indien. Nach kurzer Zeit aus gesundheitlichen Gründen nach England zurückgekehrt. Am 16. März 1941 im Alter von 63 Jahren gestorben.

Dr. Harold Goodman

Ab April 1916 Dienst bei der 76. Feldambulanz. Während dieser Tätigkeit mehrfache Erwähnung in den Heeresnachrichten und Verleihung des Ordre du - Service de Santé (entspricht dem bronzenen Croix de Guerre) für seine Tätigkeit am Lazarett in Dormans. 1919 Demobilisierung und Wiedereröffnung seiner

Arztpraxis für Chirurgie in Hemsworth und Heirat mit Eileen Brereton. Das Paar bekommt zwei Töchter und vier Söhne. Nach Auszug der Kinder umgezogen nach Ottery St. Mary in Devon. Gestorben am 13. Februar 1955 im Alter von 80 Jahren.

Reverend John A. Fleming

Verfasste nach seiner Rückkehr nach Schottland für das „United Free Church of Scotland Magazine" einen zweiteiligen Artikel über seine Erlebnisse während der letzten Tage der *Britannic;* zugleich die einzige zeitgenössische und veröffentlichte Schilderung des Unterganges. Der Artikel erregt so viel Aufmerksamkeit, dass er später als gebundenes Büchlein nochmals veröffentlicht wird. 1917 mit dem Britischen Expeditionskorps in Frankreich eingesetzt, später an der Mittelmeerfront. Danach Dienst als Priester an verschiedenen Kirchen, in Schottland am 4. Mai 1953 gestorben.

Stewardess Violet Jessop

Nach der Rückkehr nach England zunächst keine Bordverwendung möglich infolge ihrer Verletzungen. Tätigkeit in London für eine Bank aus Buenos Aires (Kreditabteilung) wegen guter Spanischkenntnisse. Nach zunehmenden Beschwerden Röntgenuntersuchung und Feststellung eines Schädelbruches. Damit einhergehend zunehmende Rechenschwäche und Versetzung zur Marketingabteilung der Bank. 1920 Rückkehr auf See und wieder Stewardess an Bord *Olympic;* 1923 auf *Majestic* (II) ex *Bismarck* gewechselt. White Star Line 1925 verlassen, aber weiterhin auf Schiffen tätig. Unterbrochen von Landaufenthalten bis 1930 hauptsächlich an Bord von SS *Belgenland* (Red Star Line) tätig, fünf Weltumfahrungen. 1935 Rückkehr zur Royal Mail Line, wo sie 1908 schon erste Anstellung hatte. 1939-1945 Dienst im britischen Zensurbüro, wieder dank ihrer Spanischkenntnisse, danach bis 1950 auf See. Im Alter von 63 in Ruhestand getreten und wohnhaft in Suffolk. 1958 Einladung durch Filmproduzent William MacQuitty zum Filmset von „A Night To Remember" („Die letzte Nacht der *Titanic*") in die Pinewood Studios, der sie nicht folgt und das später bereut. Im Mai 1971 im Bury St. Edmunds Hospital gestorben. 1997 Entdeckung und Veröffentlichung ihrer Memoiren.

Krankenschwester Sheila Macbeth

1920 Heirat mit John Mitchell, den sie drei Monate zuvor in der Schweiz kennengelernt hatte, drei Kinder. Mit ihrem Ehemann aufgrund seiner beruflichen Tätigkeit viele Jahre in Indien wohnhaft. Nach Eintritt in den Ruhestand nach Edinburgh gezogen, wo beide ehrenamtlich für die Schottische Gesellschaft für Ahnenforschung tätig sind, zahlreiche Publikationen. Nach dem Tauchgang zur *Britannic* zahlreiche Radiointerviews, Vortragsreisen und Kontakt mit anderen Überlebenden. 1977 Zusammenkunft mit Cousteau und anderen Überlebenden. S. Mitchell wird wegen ihrer Forschungsarbeit 1980 zum MBE (Member of the Order of the British Empire) ernannt. 1994 im Alter von 103 Jahren gestorben.

Wachoffizier Martin Niemöller

Eine der vielschichtigsten der in die Geschichte der *Britannic* involvierten Persönlichkeiten. Nach Abgang von U 73 Steuermann auf U 39, dabei Bordkamerad des späteren Großadmirals Karl Dönitz. 1917 Erster Offizier des „U-Kreuzers" U 151, danach Kommando von UC 67 (UC-Boote sind besonders kleine Minenleger-U-Boote). übernommen. Nach dem Krieg Theologie studiert und Pfarrer in Berlin-Dahlem. Sympathisiert anfangs stark mit dem NS-Regime. Engagiert sich dann aber für die Unterstützung verfolgter Pfarrer und leistet schließlich zusammen mit anderen Priestern wie Dietrich Bonhoeffer mit der „Bekennenden Kirche" direkten Widerstand. Dafür jahrelange Haft in Konzentrationslagern, die meiste Zeit als „Persönlicher Gefangener des Führers" in Dachau. Nach der Räumung des Lagers zusammen mit anderen prominenten Häftlingen nur knapp der Ermordung durch die SS-Wachmannschaften entgangen. Nach dem Krieg entschiedener Kritiker der deutschen Wiederbewaffnung unter Kanzler Adenauer und bis zu seinem Tod international geachteter Vorkämpfer der Friedensbewegung. Zum 100. Geburtstag 1992 widmete ihm die Deutsche Bundespost eine 1-Mark-Briefmarke.

Seepfadfinder Edward Ireland

Nach seinem Einsatz an Bord der *Britannic* als zweiter Pfadfinder mit der neu eingeführten Cornwell Scout Badge ausgezeichnet. Bei Erreichen der Altersgrenze Eintritt ins Royal Flying Corps (RFC, englische Luftwaffe im Ersten Weltkrieg). Am 31. Juli 1919 bei Flugunfall im Alter von 19 Jahren getötet.

Seepfadfinder George Perman

Nach Heimkehr Elektrikerlehre bei der Thornycroft-Werft in Southampton und fünf Jahre als Geselle, danach als Junior-Elektriker zur See bei der Royal Mail Packet Company. Schon nach einer Rundfahrt Beförderung zum Zweiten Elektriker, später zum Chefelektriker. Nach vielen Seereisen an Land zurückgekehrt, danach als Geistlicher in der Church of England. Zuletzt Vikar der St. Mary´s Church in Ealing. Nach Eintritt in den Ruhestand mit Ehefrau Gertrude in London und Felixstowe, später Umzug nach Worthing in Sussex. Nach Tod von Gertrude ins Altersheim Koinonia Christian Rest Home gezogen und dort am 24. Mai 2000 als vermutlich letztes Besatzungsmitglied der *Britannic* im Alter von 99 Jahren verstorben.

Kapitänleutnant Gustav Sieß

Später Kommandant von U 33 und U 65. Für insgesamt 261.399 BRT versenkten Schiffsraumes mit dem „Pour le Mérite"-Orden ausgezeichnet. Zur Zeit der Weimarer Republik Privatfirma „Sieß, von Loë & Co" (Baubedarf & Geräteverleih, heißt heute „Siloco") gegründet.

Nach Ausbildung zum Flugzeugführer 1935 Eintritt in die unter Hitler neu formierte deutsche Luftwaffe. Im Rang eines Majors Logistikleiter im Reichsluftfahrtministerium (RLM) in Berlin. 1944 infolge schwerer Krankheit im Rang eines Generalleutnants ausgeschieden. 1945 von den sowjetischen Besatzern zu 25 Jahren Haft verurteilt. 1955 vorzeitig entlassen, Rückkehr nach Hamburg. 1970 im Alter von 87 Jahren gestorben

Gefreiter Percy Tyler

Nach überstandenem Krieg am 5. Januar 1920 mit mehreren Auszeichnungen dekoriert – Victory Medal, British Medal und „1915 Star Medal". Mehr ist nicht bekannt, da viele Unterlagen des RAMC während des Bombenkriegs gegen England vernichtet wurden.

Anhang E: Mine oder Torpedo?

Trotz aller Erkenntnisse aus den jüngsten Tauchexpeditionen, nach denen ein Torpedo als Ursache eigentlich ausscheidet, hält die Kontroverse bis heute an. Der Weg zu dieser Erkenntnis war jedoch ein langer, noch bis in die 90er Jahre galt der Torpedobeschuss als gleichwertige Theorie. Zunächst eine Passage aus dem Untersuchungsbericht von Kapitän Hugh Heard R.N. (Royal Navy, Kommandant HMS *Duncan*) und Commander George Staer (Leitender Ingenieur):

„Frage ob Mine oder Torpedo. Das Wasser war tief, wahrscheinlich über 100 Faden, und es gibt eine Strömung im Kea-Kanal. Dies gegen die Minentheorie.

Drei Personen erstatteten zuverlässigen Bericht über Sichtung
a) Sehrohr
b) Die Laufbahn eines Torpedos unmittelbar vor der Explosion und in deren Richtung. Dieser Mann, F. Walters, Decksteward, war Offizierssteward in der Navy und hat Übungen mit Torpedos gesehen. Er hat nicht behauptet, den Torpedo gesehen zu haben.

Eine Torpedolaufbahn an Backbordseite, die augenscheinlich achtern vorbeiging.
Es ist festzustellen, dass die See glasklar und ruhig war.
Andererseits wurde keine Wassersäule gesehen, welche an der Außenseite des Schiffes aufgeworfen worden wäre.
Die Auswirkungen der Explosion könnten sowohl einer Mine als auch einem Torpedo zugesprochen werden. Die Wahrscheinlichkeit spricht für eine Mine."

Der Report stellt das wichtigste Argument gegen einen Torpedotreffer ganz richtig fest: die Detonation des Gefechtskopfes hätte eine masthohe Wasser- und Trümmerfontäne verursacht, die eigentlich jeder an Deck oder auf der Brücke hätte sehen müssen (man braucht sich nur einmal Dokumentaraufnahmen aus den Weltkriegen anzusehen). Doch niemand hat dergleichen beobachtet. Und dass sämtlichen Ausgucks bei den vorherrschenden idealen Sichtbedingungen und der glatten Wasseroberfläche zwei normalerweise gut zu erkennende weißschäumende Blasenbahnen entgangen sein sollten, war auch schwer vorstellbar. Und überhaupt würde ein deutscher U-Boot-Kommandant es sich sicher dreimal überlegt haben, ein so großes Lazarettschiff anzugreifen auf die vage Vermutung hin, es könne Truppen oder Munition an Bord haben. Der Aufschrei der Entrüstung in der Öffentlichkeit wäre ungeheuer gewesen – die internationalen Reaktionen auf die Versenkung der *Lusitania* waren auf der deutschen Seite unvergessen. Erst mit der Proklamierung des uneingeschränkten U-Bootkrieges im Jahre 1917 warf man die Skrupel über Bord, und von nun an häuften sich Torpedoangriffe auf Lazarettschiffe: so gab es schwere Schäden an der *Asturias* mit 50 getöteten Crewmitgliedern und RAMC-Kräften (21. März) und der *Gloucester Castle* am 30. März (fünf Tote); die *Salta* sank am 10. April, wobei 132 Menschen ums Leben kamen; sieben Tage später erlitt die *Lanfranc* dasselbe Schicksal, wobei 72 Todesopfer zu beklagen waren. Die unheilvolle Liste setzt sich fort mit der Versenkung der *Dover Castle* am 26. Mai 1917 (6 Tote) sowie der *Renewa* am 4. Januar 1918 (4 Tote). Einen nochmals schrecklicheren Blutzoll forderten die Versenkungen der *Glenart Castle* am 26. Januar und der *Llandovery Castle* am 27. Juni mit 153 bzw. 234 getöteten Besatzungsmitgliedern und RAMC-Angehörigen. Der Seekrieg zeigte hier seine hässlichste Fratze, und spätestens von diesen Vorgängen an waren die deutschen U-Boot-Fahrer als „Hunnen“ und „Piraten“ verrufen. Andererseits wurde von Militärhistorikern auf die etwas eigenartige Logik hingewiesen, nach der Soldaten an den Fronten zwar mit teils unmenschlichsten Waffen wie Giftgas getötet und verstümmelt werden durften, als Verwundete aber andererseits zu schonen waren – nur damit sie soweit als noch möglich wieder für die Front „fitgemacht“ werden konnten. Man kann nur dankbar sein, dass diese letzte Grenze – mit Ausnahme der oben beschriebenen Vorgänge sowie einiger Ereignisse am Ende des Zweiten Weltkrieges – nicht überschritten wurde.

Zum Fall *Britannic* zurückkehrend soll noch auf eine Tatsache hingewiesen werden: die Chancen eines U-Bootes, erfolgreich einen der großen Ozeandampfer zu torpedieren, waren mehr als gering. Keines der konventionellen dieselelektrischen Standardtauchboote – auch nicht des Zweiten Weltkrieges – konnte aufgetaucht mehr als 18 Knoten laufen. Unter Wasser mit E-Antrieb schafften sie kaum die Hälfte davon. Wollte ein U-Boot ein gesichtetes Schiff angreifen, musste es erst einmal eine Zeitlang hinter- oder nebenherlaufen, um Kurs und Geschwindigkeit des potentiellen Opfers zu ermitteln – aufgetaucht und so weit wie möglich entfernt, aber noch in Sichtweite, um nicht vorzeitig entdeckt zu werden. Dann wurde das Ziel überholt und aus einer vorlichen Position aufs Korn genommen. Die großen Passagierliner liefen alle mehr als 20 Knoten, weshalb die übliche Angriffsmethode meist nicht anwendbar war. Die *Lusitania* hatte einfach Pech: Sie lief Schwiegers U 20 genau im richtigen Winkel und in der richtigen Entfernung vor die Rohre.

Eine Ankertaumine C/12 mit Ankerstuhl aus dem Ersten Weltkrieg von dem Typ, welcher der *Britannic* zum Verhängnis wurde. Die Mine, die beim Marine-Ehrenmal Laboe bei Kiel ausgestellt ist, wiegt 615 Kilo, dazu kämen 150 Kilo Sprengstoff.
(Malte Fiebing-Petersen)

Was die genannten Besatzungsmitglieder an jenem Morgen wirklich gesehen haben, ist unklar. Die vermeintliche Blasenspur auf der Backbordseite bleibt ein Rätsel. Was nun die angebliche Sichtung eines Sehrohres anbetrifft: das fragliche Crewmitglied, Ingenieursschreiber Thomas Eckett, bemerkte in höchstens einer halben Meile etwa fünf oder sechs Strich an Backbord voraus etwas, das „aussah wie ein kleiner Mast, der etwa drei oder vier Fuß aus dem Wasser ragte“. Das Objekt bewegte sich vorwärts und schien den Kurs des Schiffes kreuzen zu wollen. Der Zeuge beschrieb auch den Schaumstreifen, den das Objekt im Wasser aufwarf; die Beschreibung passt in der Tat auf das Periskop eines getaucht unter Wasser anlaufenden U-Bootes. Allerdings: Hätte es einen

Angriff eines deutschen U-Boots gegeben, hätte ein Bericht davon sicher den Krieg überdauert, selbst wenn der Torpedo das Schiff verfehlt hätte. Bliebe ein U-Boot, das die *Britannic* zwar sichtete, dann aber nichts unternahm, als mögliche Erklärung für den Augenzeugenbericht. Unwahrscheinlich, aber nicht undenkbar.

Zur damaligen Zeit geisterten noch mehr Meldungen und Verlautbarungen durch die Presse und Behörden, die hier auch berücksichtigt werden sollen. So schrieb die „Kieler Zeitung“ 1917 (Rückübersetzung aus dem Englischen, da der Originaltext nicht vorliegt):

> *„Die* Britannic *transportierte frische Truppen für unsere Gegner. Wenn dies nicht der Fall gewesen wäre, würden unsere U-Boote sie natürlich niemals torpediert haben.“*

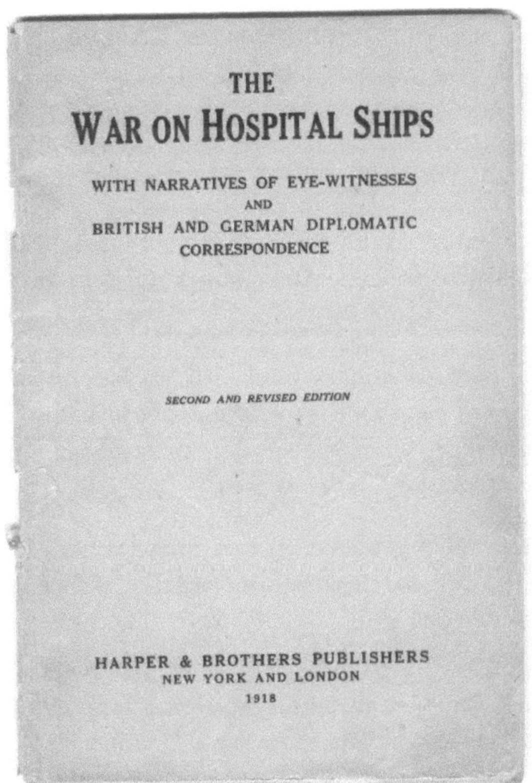

THE

WAR ON HOSPITAL SHIPS

WITH NARRATIVES OF EYE-WITNESSES

AND

BRITISH AND GERMAN DIPLOMATIC CORRESPONDENCE

SECOND AND REVISED EDITION

HARPER & BROTHERS PUBLISHERS

NEW YORK AND LONDON

1918

Publikation über den Einsatz und Verlust britischer Lazarettschiffe, mit Auszügen der diplomatischen Korrespondenz zwischen Deutschland und England, Zeugenaussagen sowie Berichten aus der Presse, wie auch aus der Kieler Zeitung. Im Bild die 2. Auflage von 1918. (Sammlung Günter Bäbler)

Die Formulierung lässt darauf schließen, dass in Deutschland damals von einem Torpedo-Treffer ausgegangen wurde. Dafür spricht ebenfalls der von beiden Kriegsparteien geführte Streit darüber, ob die *Britannic* als verdeckter Truppentransporter unterwegs war und deshalb torpediert werden durfte.

Ein Statement der Britischen Admiralität vom 3. Dezember 1916, wiedergegeben in der Veröffentlichung „The War on Hospital Ships (1917), lautete:

> *„(...) deutsche Funktelegrafie-Botschaften verkündigen erneut verlogene Berichte, vorgeblich aus Rotterdam kommend, dass das kürzlich versenkte Lazarettschiff* Britannic *Truppen an Bord hatte."*

Diese Meldungen zeigen, dass die Deutschen vom Missbrauch des White Star Liners überzeugt waren. In dieser Stimmungslage war es für viele Briten durchaus vorstellbar, dass der Gegner vielleicht sogar ein U-Boot dezidiert auf dieses Schiff angesetzt hatte. Dazu passt auch der Report eines Kapitän McNeal:

> *„Der Warren-Telegrafist meldete mir, dass er einen unterbrochenen Funkspruch aufgefangen hat, welcher besagte, dass ein deutsches U-Boot an Freunde in Athen telegrafiert hat, es beabsichtige die Torpedierung des größten Schiffes der Welt, das Lazarettschiff* Britannic, *denn sie transportierte bekanntermaßen Truppen."*

Folgender Artikel aus der „Times" fabuliert in die gleiche Richtung – möglicherweise handelt es sich um eine höchst übertriebene Ausschmückung der schon erwähnten Zeugenberichte:

> *„(...) zwei U-Boote lauerten vor der Insel Kea mit dem ausdrücklichen Ziel, die* Britannic *zum Meeresgrund zu schicken. Sie wurde von beiden Seiten zugleich angegriffen, jedes der U-Boote feuerte einen Torpedo auf sie ab. Einer davon verfehlte sein Ziel, der andere verursachte schwere Schäden am Bug."*

Vielleicht würde eine Sichtung der erhalten gebliebenen Kriegstagebücher der im Mittelmeer eingesetzten Boote bestätigen, dass sich eines tatsächlich zur fraglichen Zeit im Kea-Kanal aufgehalten hat.

Kptlt. Sieß, der Kommandant von U 73, glaubte fest daran, dass eine „seiner" Minen das Schiff versenkt hatte und nicht der gezielte Torpedoabschuss eines Kollegen. In einem nach dem Krieg geführten Interview sagte er unter anderem:

„Eine andere der von U 73 vor der Küste von Griechenland gelegten Minen versenkte eines von Englands größten Schiffen, den 48.000-Tonnen-Liner Britannic*, das größte Fahrzeug jedweder Art, welches während des Krieges unterging. Unglücklicherweise war sie ein Lazarettschiff, klar und deutlich markiert und all dieses – doch Minen wählen nicht. Es war Teil des Kriegsglücks, dass wir Unterseebootskommandanten durch das von Minen getane Werk Schande auf uns zogen."*

Das klingt nun wiederum ganz und gar nicht so, als hätten die U-Boote 1916 den Befehl bekommen, auf Lazarettschiffe Jagd zu machen, weil verdeckte Truppentransporte seitens der Briten vermutet wurden. In dem Standardwerk von Bodo Herzog, „Deutsche U-Boote 1906-1966" gibt es eine Tabelle mit der Überschrift „Deutsche U-Boot-Erfolge gegen große Handelsschiffe im Ersten Weltkrieg", in der auch das Lazarettschiff *Britannic* vermerkt wird – die Versenkung wird hier ebenfalls U 73 (Sieß) zugeschrieben und damit ebenfalls einer Seemine und nicht dem Torpedo eines zweiten U-Bootes.

Das Kriegstagebuch von U 73 wurde nach dem Krieg konfisziert und befindet sich heute im deutschen Bundesarchiv/Militärarchiv in Freiburg/Breisgau. Darin ist die genaue Lage der verhängnisvollen Minensperre aufgezeichnet, die mit dem Untergangsort übereinstimmt – das neben dem Fehlen der Explosionsfontäne möglicherweise wichtigste Indiz dafür, dass es kein Torpedo war, der die *Britannic* versenkte.

Die Mine – darauf darf man sich nun wohl festlegen – dürfte unter dem Schiffsboden detoniert sein oder im Bereich des Übergangs zur Seitenwand (Aufkimmung), wodurch das Aufwerfen einer Sprengsäule weitgehend verhindert worden sein dürfte. Kapitän Bartlett erwähnte, dass Wasser bis zum E- oder D-Deck hochgeschleudert worden war. Der Wracktaucher Carl Spencer berichtete 2006, dass bei der Expedition zum versunkenen Lazarettschiff unter Federführung von Bill Smith tatsächlich die Reste des Minenfeldes gefunden hatte, einige der „Teufelseier" hingen tatsächlich noch an ihren Stahlseilen. *„Die Sonaraufzeichnungen zeigten sogar eine explodierte Mine mit intaktem Kabel".*

Anhang F: RMS Britannic (I), 1874

Typ: Passagierdampfer für Nordatlantikfahrt, Eisenbauweise

Die erste *Britannic* während ihres Einsatzes als Truppentransporter im „Zweiten Burenkrieg" von 1899. (Sammlung Günter Bäbler)

Technische Daten:

Bauwerft:	Harland & Wolff, Belfast
Länge:	138,7 Meter
Breite:	13,7 Meter
Tonnage:	5008 BRT
Höchstgeschwindigkeit:	16 Knoten bei 52 Umdrehungen/min
Passagierkapazität:	220 Erste Klasse
	1500 Zwischendeck
Besatzung:	135 Mann
Schwesterschiff:	*Germanic*

Dampferzeugung:	8 Doppelender-Zylinderkessel mit 32 Feuerungen. Arbeitsdruck 5,2 bar
Kohleverbrauch:	110 Tonnen/Tag
Antrieb:	2 Verbundmaschinen in Tandemanordnung, auf eine Welle geschaltet, von Maudslay, Sons and Field in Lambeth. Hochdruckzylinder über dem Niederdruckzylinder angeordnet mit gemeinsamer Kolbenstange. Maschinen können unabhängig voneinander betrieben werden.
Leistung:	4900 PS (indiziert)

Chronologie wichtiger Ereignisse:

Entworfen von Sir Edward Harland (Seniorpartner von H&W). 2 Decks, 8 Querschotte. Hilfstakelage aus vier Masten mit Rah- und Schonerbesegelung. Besonderheit: hochschwenkbare Propellerwelle nach Idee von Harland. Soll bei angehobener Schraube Propellerschub in flachen Gewässern verbessern. In unterer Position liegt Propellernabe auf Höhe Kiel, dadurch soll bei Stampfen des Schiffes die Schraube weniger häufig aus dem Wasser kommen. Die Konstruktion bewährt sich nicht und wird aus beiden Schiffen wieder ausgebaut.

Kiellegung mit Namen *Hellenic,* vor Stapellauf (3. Februar 1874) umbenannt. Auslaufen zur Jungfernreise nach New York am 25 Juni 1874. Dabei Rekord in Ost- und Westrichtung mit weniger als 7½ Tagen Fahrtzeit und einer Durchschnittsgeschwindigkeit von 15,7 kn erreicht.

Am 8. Juni 1876 zurück in Dienst nach Umbau der Propellerwelle. Rahen entfernt und auf reine Schratbesegelung umgerüstet. Von da an Liniendienst mit großer Zuverlässigkeit und Regelmäßigkeit. Während der 1880er Jahre werden Durchschnittsleistungen von 8 Tagen und 9 Stunden nach New York sowie 8 Tage und 2 Stunden nach Queenstown erreicht.

Im März 1881 Kollision mit dem Segelschiff *Julia* vor Belfast, das dabei sinkt. Besatzung kann gerettet werden. Im Juli strandet *Brirannic* im Nebel bei Kilmore, County Wexford, Irland. Dabei Maschinenraum leckgeschlagen. Flottgemacht und weggeschleppt, dabei erneuter Wassereinbruch und nochmals auf Strand gesetzt. Nach Reparatur am 18. Juni wieder bereit zum Liniendienst, eine Rundreise verpasst.

Am 19. Mai 1887 im Nebel 300 Meilen östlich New York schwere Kollision mit *Celtic*. *Britannic* will mit Höchstfahrt *Celtic*s Bug passieren, um Zusammenstoß zu vermeiden, wird aber vierkant achterlich der Aufbauten gerammt. Drei Zwischendeckspassagiere getötet, zwei verletzt. Leck gedichtet und Schiff von Bergungsdampfer ausgepumpt, danach unter Begleitung von *Celtic* nach New York zurückgelaufen. Reparatur in Bostoner Trockendock, am 15. Juni wieder fahrbereit.

1889 Brigg *Czarowitz* in der Bucht von Belfast gerammt, Segler dabei in zwei Teile geschnitten.

1890 schnellste Atlantikquerung mit 7 Tagen, 6 Std., 55 min., dabei Durchschnittsfahrt von 16,1 kn erzielt. Beide Schwesterschiffe können ihre Fahrtleistungen mit zunehmendem Alter steigern.

1895 Schornsteine erhöht, alle Gaffeln von Masten abgenommen und zusätzliches Deck mit 2 Rettungsbooten eingerüstet.

Im August 1899 letzte Rundreise auf Atlantikroute, ab Oktober als Truppentransporter HM Transport No.62. Dabei mit weißem Tropenanstrich versehen, Schornsteine ockerfarben gestrichen. Zehn Überfahrten nach Südafrika, zwei nach Australien.

Am 12. November 1900 aus Liverpool ausgelaufen, um in Sydney bei der Gründung des Commonwealth of Australia Großbritannien zu repräsentieren. An Bord die Ehrengarde; immer noch in weißem Anstrich, aber mit schwarz gestrichenen Schornsteintoppen.

Im Oktober 1902 in Belfast zur genauen Untersuchung und Umrüstung auf Dreifachexpansionsmaschine. Dazu kommt es nicht mehr.

Im Juli 1903 zum Abbruch verkauft und dafür am 11. August nach Hamburg geschleppt.

Anhang G: HMHS Britannic (II), 1915

Typ: Dreischrauben- Linienpassagierschiff für Nordatlantikverkehr

Die zweite *Britannic* der White Star Line. (Sammlung René Bergeron)

Technische Daten:

Bauwerft:	Harland & Wolff, Belfast
Länge:	269 Meter
Breite:	28,7 Meter
Höhe (Kiel bis Kommandobrücke):	31,7 Meter
Seitenhöhe:	19,6 Meter
Tiefgang (beladen):	10,5 Meter
Tonnage:	24.592 NRT, 48.158 BRT
Wasserverdrängung:	78.950 tons (80.213 metrische Tonnen)
Dienstgeschwindigkeit:	21 Knoten
Höchstgeschwindigkeit:	24-25 Knoten
Passagierkapazität:	790 Erste Klasse
	836 Zweite Klasse
	953 Dritte Klasse
Besatzung:	950 Mann
Schwesterschiffe:	*Olympic, Titanic*

Antrieb:	2 direktwirkende Dreifach-Expansionsmaschinen mit je vier Zylindern und 32.000 indizierten PS (konstruktionmäßig) 1 Niederdruckturbine mit 18.000 Wellen-PS
Gesamtleistung:	63.000 PS
Länge Expansionsmaschine:	19,2 Meter
Masse Expansionsmaschine:	ca. 1000 Tonnen
Durchmesser HD-Zylinder:	1,38 Meter
Durchmesser MD-Zylinder:	2,15 Meter
Durchmesser ND-Zylinder:	2,48 Meter
Gemeinsamer Hub:	1,92 Meter
Ø Kurbelwelle (vierteilig):	69,1 cm
Gesamtmasse ND-Turbine:	498 mT
Leistung:	18.000 WPS bei 170/min
Turbinenläufer Masse:	152,4 mT
Länge:	32,4 m
Durchmesser:	18,8 m
Hersteller Läufertrommel:	Atlas Works, Sheffield (John Brown & Co., Clydebank)
Länge Turbine:	15,2 m
Dampferzeugung:	29 Zylinderkessel mit 159 Feuerungen (5 Einender-, 24 Doppelenderkessel)
Gesamtrostfläche:	321,43 qm
Gesamtheizfläche:	14.022,5 qm
Arbeitsdruck:	15 bar
Stromerzeugung:	4 Generatoren á 400 W (Zulieferer W. H. Allen Co. Ltd. Bedford); Stromstärke 4000 W bei 100 V; 1 Generator für die Schiffsbeleuchtung, 2 für Elektromotoren aller Art u. elektrische Beheizung, 1 Reserve)
Generatorantrieb:	je eine gekapselte Dreizylinder-Verbunddampfmaschine (H&W)

1 Notstromeinrichtung mit ständig auf die Stromlaufschienen geschalteten Batterien mit 4000 Ah; Ladung durch 2 weit über der Wasserlinie platzierte dampfgetriebene 30-kW-Notstromaggregate (auch zur direkten Einspeisung ins Notstromnetz und zur Elektrizitätsversorgung bei Hafenbetrieb ausgelegt).

Die Reisen der Britannic II:

Ab Liverpool: 23. Dezember 1915 — An Neapel: 28. Dezember 1915
Ab Neapel: 29. Dezember 1915 — An Moudros: 31. Dezember 1915
Ab Moudros: 3. Januar 1916 — An Southampton: 9. Januar 1916
Ab Southampton: 20. Januar 1916 — An Neapel: 25. Januar 1916
Ab Neapel: 4. Februar 1916 — An Southampton: 9. Februar 1916
Ab Southampton: 20. März 1916 — An Neapel: 25. März 1916
Ab Neapel: 27. März 1916 — An Augusta: 28. März 1916
Ab Augusta: 30. März 1916 — An Southampton: 4. April 1916

12. April 1916: zur halben Rate aufgelegt; aus Dienst entlassen am 21. Mai 1916.
Zurück in Belfast am 18. Mai 1916.
Erneut requiriert am 28. August 1916.

Ab Southampton: 9. September 1916 — An Cowes: 9. September 1916
Ab Cowes: 24. September 1916 — An Neapel: 29. September 1916
Ab Neapel: 1. Oktober 1916 — An Moudros: 3. Oktober 1916
Ab Moudros: 5. Oktober 1916 — An Southampton: 11. Oktober 1916
Ab Southampton: 20. Oktober 1916 — An Neapel: 25. Oktober 1916
Ab Neapel: 26. Oktober 1916 — An Moudros: 28. Oktober 1916
Ab Moudros: 30. Oktober 1916 — An Southampton: 6. November 1916
Ab Southampton: 12. November 1916 — An Neapel: 17. November 1916

Chronologie wichtiger Ereignisse:

Die Kiellegung erfolgte am 23. November 1911, der Stapellauf am 26. Februar 1914.

Requiriert als Lazarettschiff G618 (anfänglich G608) am 13. November 1915. Registriert in Liverpool als His Majesty´s Hospital Ship *Britannic* am 8. Dezember 1915.

Gesunken auf sechster Fahrt durch Minentreffer am 21. November 1916 im Kanal von Kea.

Registrierung geschlossen am 18. Dezember 1916.

Die Besatzungsliste der *Britannic* ist im Internet publiziert unter: http://hospitalshipbritannic.com/crew_list.htm.

Anhang H: MV Britannic (III), 1930

Typ: Motor-Fahrgastschiff

Die dritte *Britannic* auf Jungfernfahrt. (Sammlung Günter Bäbler)

Technische Daten:

Bauwerft:	Harland & Wolff, Belfast
Länge:	213,96 Meter
Breite:	42,73 Meter
Tonnage:	26.943 BRT
Reisegeschwindigkeit:	18 Knoten
Passagierkapazität:	479 Kabinenklasse
	557 Touristenklasse
	506 Dritte Klasse
Besatzung:	485 Mann
Schwesterschiff:	*Georgic*

Antrieb:	2 Schrauben, 2 doppeltwirkende 4-Takt-Burmeister & Wain-Dieselmotoren (Lizenzbauten H&W). 9 durch 2 eigene Dieselmotoren angetriebene Einblaseluftpumpen
Leistung:	20.000 PS (Wellenleistung)
Ölvorrat:	2050 t
Tagesverbrauch:	88 t

Chronologie wichtiger Ereignisse:

Fertiggestellt 1930 – damals größtes und stärkstes britisches Motor-Fahrgastschiff und nach italienischer *Augustus* zweitgrößtes weltweit.

1930 bis 1935 auf Route Liverpool-New York über Belfast und Glasgow, ab 1935 Heimathafen London. *Georgic* stößt 1932 dazu und ist etwas größer. Bis Kriegsausbruch werden auch Le Havre und Southampton angelaufen. Ab 1934 betrieben durch Cunard-White Star (nach Fusion). Behält White Star-Anstrich und führt beide Hausflaggen.

Ende August 1939 Requirierung und Umbau zum Truppentransporter. Befördert im Verlauf des Krieges 180.000 Menschen und legt 367.000 Seemeilen zurück. Im Oktober 1940 im Roten Meer von italienischen Bombern attackiert, wird aber verfehlt. Im Januar 1942 im Mittelmeer U-Bootangriffen ausgesetzt, kann entkommen. Nach Kriegsende zur Repatriierung von Truppen eingesetzt.

1947 gründliche Überholung und Umbau bei Harland & Wolff. Ab Mai 1948 wieder auf Route Liverpool-New York, dazwischen auch Winterkreuzfahrten.

1. Juni 1950 Zusammenstoß mit US-Frachter *Pioneer Land*. Leicht beschädigt. 1960 wegen Schäden an den Kurbelwellen (immer noch die ersten Motoren) drei Fahrten abgesagt. Nach Verkauf durch Cunard am 25. Februar 1960 zum letzten Mal ausgelaufen. Als letztes Seeschiff der White Star-Flotte bei Ward´s im schottischen Inverkeithing abgebrochen.

Anhang I: U 73

Typ: Hochsee-U-Minenleger für ozeanische Verwendung

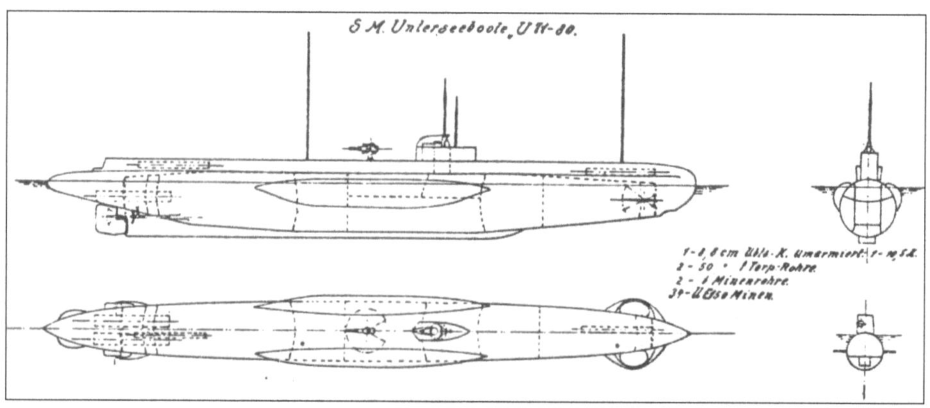

Schnittzeichnung von U 71 bis U80. (Stiftung Traditionsarchiv Unterseeboote)

Technische Daten:

Bauwerft:	Kaiserliche Werft, Danzig
Länge über alles:	56,80 Meter
Länge Druckkörper:	46,66 Meter
Breite Druckkörper:	5,00 Meter
Breite über alles:	5,90 Meter
Maximaler Tiefgang:	8,25m
Verdrängung:	745t (aufgetaucht)
	829 t (getaucht)
Geschwindigkeit:	9,6/4 Knoten (aufgetaucht/getaucht)
Besatzung:	4 Offiziere/28 Mannschaften
Schwesterboote:	U 71, U 72, U 74 bis U 80

Antrieb über Wasser:	2 Körting-Zweitakt-Dieselmaschinen 800 PSe
Antrieb unter Wasser:	2 SSW Doppeldynamomotoren (800 Pse)
Fahrbereich (Reichweite) ü. Wasser:	7880 Seemeilen bei 7 Knoten Fahrt
Fahrbereich (Reichweite) u. Wasser:	83 Seemeilen bei 4 Knoten Fahrt
Tauchtiefe:	50 Meter
Tauchzeit:	40 - 60 Sekunden
Torpedobewaffnung:	2 Torpedorohre ø50 cm (1 Backbord-Bugrohr über Wasser, 1 Steuerbord-Heckrohr unter Wasser)
Torpedovorrat:	4 Stück
Minenrohre	2, ø100 cm (Heck unter Wasser)
Bestückung:	38 Minen
Artilleriebewaffnung:	1 Geschütz 8,8 cm/L30 (L30 = 30 Kaliberlängen = 264 cm Rohrlänge) ab 1916/17 1 10,5 cm/L45 Kanone

Chronologie wichtiger Ereignisse:

Die Auftragserteilung erfolgte am 6. Januar 1915.

Im Einsatz vom 30. April 1916 bis 30. Oktober 1918, zwei Feindfahrten bei U-Flottille Pola.

Versenkte 18 zivile Schiffe mit 86.849 BRT, beschädigte 3 Zivilschiffe mit 8067 BRT und versenkte 3 Kriegsschiffe mit Gesamtdeplacement von 29.210 metr. Tonnen.

Selbstversenkt in Pola am 30. Oktober 1918 auf Position 44°52′N, 13°50′O.

Kommandanten:

9. Oktober 1915 bis 21. Mai 1917	Kptlt. Gustav Sieß
22. Mai 1917 bis 15. Januar 1918	Kptlt. Ernst von Vogt
16. Januar 1918 bis 15. Juni 1918	Kptlt. Karl Meusel
16. Juni bis 15. September 1918	Oblt. Carl Bünte
16. September bis 30. Oktober 1918	Kptlt. Fritz Saupe

Anhang J: Britannic-Orgel in Seewen

Dr. h. c. Heinrich Weiss-Stauffacher (geb. 1920) pflegt seit vielen Jahrzehnten eine besondere Sammelleidenschaft für mechanische Musikinstrumente aller Art, und das Ergebnis seines Wirkens ist das Museum für Musikautomaten in Seewen, Kanton Solothurn (Schweiz). Es beherbergt eine der weltweit größten und bekanntesten Sammlungen von Schweizer Musikdosen, Plattenspieldosen, Uhren und Schmuck mit Musikwerk und anderen mechanischen Musikautomaten ab dem 18. Jahrhundert bis heute. Als Museum der Schweizerischen Eidgenossenschaft gilt es laut seiner Webseite *„als eines der beliebtesten Ausflugsziele in der Region Nordwestschweiz und im Schwarzbubenland. Es bietet ein abwechslungsreiches Jahresprogramm und attraktive kulturelle Anlässe"*.

Seit 1991 gibt es die Gesellschaft des Museums für Musikautomaten (GMS), welche sich mit ihren Aktivitäten darum bemüht, das Museum *„ideell und finanziell zu unterstützen und es in der breiten Öffentlichkeit bekannt zu machen"*. Es solle das Bewusstsein gefördert werden, dass mit dieser Einrichtung *„ein kulturhistorischer Schatz gehütet wird, der sonst in keinem Museum und keiner Sammlung der Schweizerischen Eidgenossenschaft gehütet wird"*.

Von diesem Zenith seines Lebenswerk war Heinrich Weiss noch weit entfernt, als er im Jahre 1968 in einer deutschen Fachzeitschrift vom bevorstehenden Verkauf einer automatischen Orgel erfuhr. Weiss brach Hals über Kopf auf und reiste nach Wipperfürth im Regierungsbezirk Köln/Nordrhein-Westfalen. Mit dem bisherigen Besitzer, der Elektronikfirma Radium, vereinbarte Weiss, das Instrument binnen dreier Monate abgebaut und abtransportiert zu haben. Natürlich war die komplexe Philharmonieorgel der weltberühmten Firma Welte in Freiburg im Breisgau für das bestehende Atelier in Seewen zu groß, und so gedieh der Plan für einen besonderen Orgelsaal. Zwei Freunde von Weiss bauten die Orgel in Wipperfürth aus und verluden die beiden Windladen („Grundplatten", auf die die einzelnen Pfeifen aufgesteckt werden) à 450 kg in zwei Transportfahrzeuge. In Seewen wurde das Instrument in den Wintermonaten 1969/70 in der rechtzeitig fertig gestellten Halle von Heinrich Weiss und Bernhard Fleig spielbar wieder aufgebaut, wofür sie 1500 Stunden benötigten. Und so wurde die Welte-Philharmonieorgel zum Herzstück des von Heinrich Weiss eingerichteten Museums für Musikautomaten in Seewen.

Die Firmenpublikation „Welte, Autogramme berühmter Meister der Tonkunst" aus dem Jahr 1914 zeigte duzende Orgeln an ihren jeweiligen Standorten. Das einzige Instrument, das mit einer Zeichnung statt einem Foto vorgestellt wurde, war die „Welte-Philharmonie an Bord eines großen engl. Dampfers". Das Bild zeigt den Orgelprospekt gegenüber dem vorderen vom Treppenhaus der *Britannic*, so wie er geplant war. (Sammlung Günter Bäbler)

Über die Herkunft des Instruments gibt es erst ab dem Jahr 1920 gesicherte Fakten. Etwa um dieses Jahr verkaufte Welte die Orgel an Dr. August Nagel in Stuttgart, Besitzer einer namhaften Kamera-Manufaktur. 1935 gab dieser das Instrument aus nicht überlieferten Gründen an Welte zurück, die es ihrerseits zwei Jahre später an Dr. Eugen Kersting, Besitzer der Firma Radium in Wipperfürth, weiterverkauften. Hier wurde die Orgel von Werner Bosch (1916-1992), einem bei Welte angestellten Orgelbauer, im Konzert- und Versammlungsraum der Firma installiert.

1945 erlitt die Philharmonie einen Wasserschaden, nachdem das Firmengelände von Bomben getroffen worden war. Ansonsten hatte sie die Kriegsjahre gut überstanden, und Werner Bosch kümmerte sich auch nach dem Krieg um die Instandhaltung. 1961 nutzte ein Musikproduzent die Orgel für die Aufnahme von Schallplatten mit vom Komponisten Max Reger im Jahre 1913 an der Freiburger Aufnahmeorgel eingespielten Musikrollen. Diese Aufnahmen wurden unter dem Titel „Max Reger spielt eigene Orgelwerke" veröffentlicht – als „Reger plays Reger" auch weltweit. Dazu Christoph E. Hänggi, Direktor des Museums für Musikautomaten:

> *„Das Instrument stellte sich als bestens geeignet für solche Aufnahmen heraus, entsprach es doch in seiner Registrierung weitgehend der Aufnahme-Orgel von Freiburg, auf welcher Reger gespielt hatte."*

Als nach einem Wechsel in der Firmenleitung der Festsaal der Firma Radium zu einem Lagerraum „degradiert" werden sollte, wurde ein Käufer für die Philharmonie gesucht – und in Gestalt von Heinrich Weiss gefunden. Nach ihrem Wiederaufbau in Seewen wurde sie von Werner Bosch intoniert, und am 30. Mai 1970 fand die feierliche Einweihung statt. Hänggi:

> *„Bosch selbst war von der Sammlung in Seewen und der Rettung ‚seiner' Welte-Philharmonieorgel so angetan, dass er Weiss 1230 Mutterrollen der Firma Welte zum Kauf anbot, welche sich aus dem Nachlass der Firma in seinem Besitz befanden."*

Aber noch war die vollständige Geschichte des Instruments unbekannt. Als Herstellungsjahr wurde etwa 1920 geschätzt, obwohl einige Details für ein höheres Alter sprachen. Nach 30 Jahren zuverlässigen „Dienst" für das Museum wurde die Orgel 1988 demontiert und eingelagert – ersteres sollte eine Erweiterung erfahren und letztere hatte sich eine Restaurierung verdient. Im Jahr 2000 wurde das Museum wiedereröffnet, doch mit der Überholung der Orgel wurde erst 2006 begonnen – für sie musste in Gestalt des großen KlangKunst-Saals erst eine angemessene Unterkunft geschaffen werden. Als nun die drei beauftragten Orgelbauer drei normalerweise nicht zugängliche Stellen unterhalb der Windlade reinigten, stießen sie an vier zentralen Stellen auf einen mit Schlagbuchstaben eingestanzten Schriftzug: „BRITANIK". Ende Mai 2007 wurden weitere Inschriften gefunden, so dass nun sechs Hinweise vorlagen. Diese Entdeckung sorgte dann weltweit für Schlagzeilen, als folgende Pressemitteilung hinausging:

> *„Orgel des versunkenen Ozeanriesen* Britannic *entdeckt – 610 Meter über dem Meer im Museum für Musikautomaten Seewen in der Schweiz"*

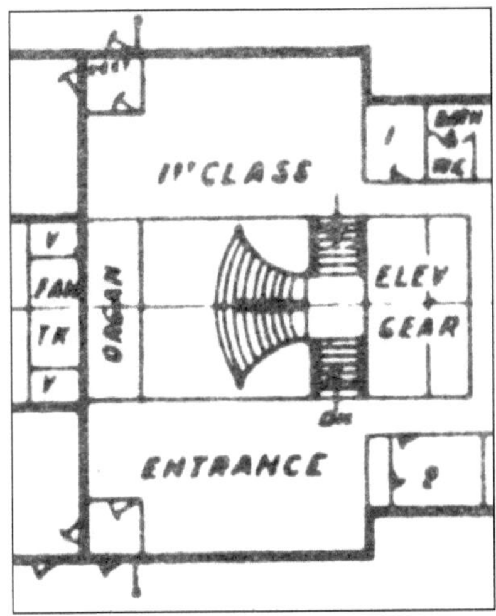

Der mit „Organ" markierte Bereich auf den Übersichtsplänen der *Britannic* entspricht einer Fläche von ca. 2x6 Metern, die Windlade der „Britanik-Orgel" in Seewen misst 1,5x6 Meter, dazu kommt noch der Orgelprospekt, also passt die Orgel exakt auf die vorgesehene Fläche. (Sammlung Brigitte Saar)

Dass die White Star Line für ihren dritten *Olympic*-Class-Liner ein automatisches Instrument orderte ist belegt, denn zum einen ist bereits im Generalplan des Boots- und A-Decks der Einbauort für eine Orgel („organ") eingezeichnet, und zum anderen ist eine Katalogillustration der Firma Welte aus dem Jahre 1914 erhalten. Darauf ist eine Architekturskizze des zukünftigen Treppenhauses erster Klasse abgebildet, und die Inschrift besagt: „WELTE-PHILHARMONIEORGEL auf SS *Britannic* der White Star Line".

Es schien ganz so, als hätte dieses seit fast einem Jahrhundert verschollene Instrument tatsächlich auf verschlungenen Pfaden seinen Weg in die Schweiz gefunden. Und auch jene, die für die Orgel aufgrund betrieblicher Anhaltspunkte (die Disposition, die Formate der Rollen, die Pfeifenkonstruktion und der Vergleich mit einem ähnlichen Instrument der Firma Welte) eher 1913/1914 als Entstehungsjahr angenommen hatten, fühlten sich bestätigt. Kataloge des Herstellers aus ebenjenen Jahren beschreiben eine Reihe von Orgeln auf Privatjachten und Schiffen, wobei in einem dieser Kataloge von einer „Welte-Philharmonie an Bord eines großen englischen Dampfers" die Rede ist und wie oben erwähnt in einem weiteren auf diejenige auf SS *Britannic* hingewiesen wird. Während das Vorhandensein eines wie auch immer gearteten Musikapparates an Bord der *Titanic* seit vielen Jahren Gegenstand von Spekulationen ist und zumindest auf ihrer Jungfernfahrt wohl kein Gerät von der Größe einer

Philharmonie an Bord war, scheinen die Indizien beim jüngeren Schwesterschiff eindeutiger. David Rumsey – australischer Musikprofessor, langjähriger Organist des Symphonieorchesters Sydney mit Wohnsitz in Basel und Berater des Museums – sowie Christoph Hänggi sind sich sicher, dass die Existenz einer für die *Britannic* bestimmten Orgel bewiesen ist. Auszug aus der Sonderbroschüre zur „Britannic-Orgel" im Museum Seewen:

> *„Es existiert einerseits ein Beleg für den geplanten Einbau einer Aeolian-Orgel mit zwei Windladen für Musikrollen in der Baubeschreibung der* Britannic, *wobei die entsprechende Orgel bisher nicht gefunden werden konnte. Andererseits – und dies sind eindeutigere Beweise – existieren Illustrationen in Welte-Katalogen im Besitz des Augustinermuseums in Freiburg im Breisgau und im Besitz des Museums für Musikautomaten in Seewen, die – eventuell aus fotographischen Vorlagen hergestellt – eine ‚Welte-Philharmonie auf einem großen englischen Dampfer´ bzw. ‚WELTE-PHILHARMONIE-ORGEL auf der S.S.* Britannic *der White Star Line´ zeigen, existieren im Ulster Folk and Transport Museum Architekturskizzen, die das gleiche Orgelgehäuse im Treppenbereich der* Britannic *beschreiben, existieren Schiffspläne, die in diesem Raum eine ‚ORGAN´ vorsehen und existieren auf der Seewener Orgel sechs Hinweise auf die ‚Britanik´.*

Obschon die erwähnten Illustrationen nicht, wie spekuliert wird, auf Fotografien beruhen, spricht dennoch ein weiteres Detail für den ursprünglichen Bestimmungsort – die Maße der Windlade stimmen exakt mit denjenigen auf den Bauplänen überein. Bei dieser Sachlage gibt es wenig Anlass dafür, anzunehmen, jene Welte-Philharmonie des „Grundmodells V-VI" wäre für ein anderes Schiff als die *Britannic* bestimmt gewesen – bei der Größe und Komplexität sowie des sicher exorbitanten Preises wäre sie ohnehin nur für ein höherklassiges Fahrzeug in Frage gekommen. Obwohl das Instrument im Laufe seines Lebens mindestens zweimal erweitert worden ist (so wurde bei Wipperfürth die originale Wienerflöte durch eine Harmonieflöte ersetzt), haben fast wie durch ein Wunder die Pfeifen beider Register überlebt, so dass mit der letzten Restaurierung die Wienerflöte wieder funktionstüchtig gemacht und somit die *Britannic*-Disposition rekonstruiert werden konnte. So kommen also heutige Besucher des Museums in den Genuss des Klangerlebnisses, welches Fahrgäste einer im Nordatlantikverkehr eingesetzten *Britannic* beim Betreten von deren großen Treppenhaus gehabt hätten. Der neue Orgelprospekt, also die sichtbare Front des Instrumentes war bereits im Bau, als die Britanik-Inschriften entdeckt wurden. Daher erinnert die Orgel heute optisch nicht an die Skizzen für die *Britannic*-Orgel, doch das Innenleben ist dafür umso authentischer.

Mitglieder des *Titanic*-Vereins Schweiz anlässlich der Generalversammlung 2008 im KlangKunst-Saal des Museums für Musikautomaten in Seewen mit der *Britannic*-Orgel im neuen Gehäuse. Hinten in der Mitte der australische Musikprofessor David Rumsey, der die Restaurierung begleitete. Vorne, zweiter von links, der Autor Armin Zeyher. (Brigitte Saar)

Anhang K: Verfilmungen

Der Name der *Britannic* wurde in einigen Filmproduktionen wiederbelebt. 1974 wurde der britische Spielfilm „Juggernaut" gezeigt, der im deutschsprachigen Raum „18 Stunden bis zur Ewigkeit" hieß und immer mal wieder im Fernsehen gezeigt wird. Im Film hat ein Bombenleger das Kreuzfahrtschiff „*Britannic*" mit einer Anzahl von Sprengsätzen versehen, die Richard Harris („Ein Mann, den sie Pferd nannten", „Herr der Ringe") und David Hemmings („Blow Up") entschärfen müssen. Den Kapitän spielt übrigens Omar Sharif („Dr. Schiwago"), Regie dieses spannenden und hochklassigen Thrillers führte Richard Lester.

Die „echte" *Britannic* spielt in dem 1991 gedrehten italienisch-deutsch-französischen Fernseh-Mehrteiler namens „Glühender Himmel" eine kleine Rolle. Darin geht es um eine junge französische Gräfin, die sich im Ersten Weltkrieg in einen Jagdflieger verliebt, der bei der Royal Air Force dient. Kurz vor der geplanten Hochzeit wird der Bräutigam von der deutschen Flak abgeschossen, und die junge Frau beschließt, das Kind, das sie von ihrem Geliebten erwartet, in dessen Heimat Südafrika zur Welt zu bringen. Die Überfahrt unternimmt sie auf einem Lazarettschiff und arbeitet an Bord als Krankenschwester. Der Name des Schiffes wird nicht erwähnt, doch in einer Szene – die Hauptdarstellerin unterhält sich mit Ernest Borgnine (in einer seiner letzten Rollen) – hängt im Hintergrund einen Rettungsring mit der Aufschrift „BRITANNIC". Und auch das Schiff selbst ist kurz zu sehen; dabei erkennt man, dass es sich tatsächlich um die *Britannic* (II) handeln soll.

Für die kurzen und recht simpel gestrickten Modellsequenzen wurde das riesige Modell verwendet, das einst in „Hebt die *Titanic*" so spektakulär aus dem Wasser auftauchte. Nach den Dreharbeiten 1979 auf Malta, wohin es von Kalifornien transportiert wurde, war dieses Meisterstück des Filmmodellbaus dort in einem ein Meter tiefen Wasserbecken seinem Schicksal überlassen worden. Es hätte noch bei anderen Projekten zum Einsatz kommen sollen, doch der mit so großen Erwartungen versehene Spielfilm geriet zu einem solchen Flop, dass der Produzent Lord Grade erbittert sprach: *„Raise the* Titanic*? Es wäre billiger gewesen, den Atlantik abzulassen!"* Erst 1985 wurde die Sunday Times auf die Sache aufmerksam und startete einen Rettungsversuch. Doch zu mehr als einer Verlagerung vom Filmbassin zu einem lokalen Parkplatz reichte es leider nicht. Auch Pläne, die einzigartige „Miniatur" in das Preston Maritime Museum nach

England zu überführen, verliefen im Sande. Erst 1990 wurde sie wiederentdeckt und zu den Filmaufnahmen für die schon beschriebe Miniserie verwendet. Dafür wurde das arg heruntergekommene Modell notdürftig hergerichtet, auf der Steuerbordseite mit dem Farbkleid des Lazarettschiffes versehen und der fehlende Schornstein ergänzt.

Für das große Modell bedeutete dieses Filmprojekt leider wieder keine Rettung. Es wurde nach dem Dreh abermals auf Malta zurückgelassen.

Das fast zwanzig Meter lange Stück Filmgeschichte ist sogar größer als das Modell, das Digital Domain für James Camerons *„Titanic"*-Film baute. Seither ist es auf dem Gelände der Mediterranean Film Studios in Fort St. Rocco von Kalkara auf Malta Wind und Wetter schutzlos ausgesetzt. Sein endgültiger Verfall ist wohl nicht mehr aufzuhalten.

Im Kielwasser von James Camerons Blockbuster wurde auch versucht, dem vergessenen Schwesterschiff ein filmisches Denkmal zu setzen – leider mit ernüchterndem Ergebnis. Die Story der Regent-Entertainment-Produktion *„Britannic"* ist fast ein reines Fantasieprodukt.

Das DVD-Cover verspricht *„Intrige, Romantik und Katastrophe"*. *„Britannic"* gehört zur Kategorie „Direct-to-DVD", war also nie für die Aufführung im Kino vorgesehen.
(Sammlung Günter Bäbler)

Der Einstieg ist noch recht vielversprechend, denn im Vorspann sind stückchenweise Originalaufnahmen vom Stapellauf und Ausschnitte aus einem Film von Harland & Wolff zu sehen, der während der Ausrüstungsphase der *Britannic* entstand.

Der Plot des Filmes spinnt eine alte Verschwörungstheorie weiter. Das Lazarettschiff transportiert illegale Kriegswaffen in seinen Laderäumen. Ein als Bordgeistlicher verkappter deutscher Agent (der sich aber nicht Fleming nennt...) und einige unter der Besatzung befindliche Irisch-Republikanische Rebellen versuchen, nach der Entdeckung dieses Banngutes das Schiff zu kapern. Das wird durch die Aufmerksamkeit einer jungen englischen Agentin vereitelt. Diese begleitet, als Gouvernante getarnt, die mitreisenden Gattin des britischen Botschafters in Griechenland (letztere gespielt von Jacqueline Bisset). Nachdem die Übernahme des Schiffes gescheitert ist, versucht ein dem Dampfer gefolgtes deutsches U-Boot, das Schiff zu torpedieren. Ein Torpedo geht vorbei, der andere wird vom Ersten Offizier mit dem Maschinengewehr der Kaperer zur Explosion gebracht, ehe er das Schiff treffen kann.

Danach versucht der deutsche Agent, das Schiff im Alleingang zu versenken und bastelt aus einer Ätherflasche (hier wurde wohl eine mögliche Erklärung für die mutmaßliche zweite Detonation der echten *Britannic* aufgegriffen, nach der die erste Explosion die Äthervorräte an Bord hochgehen ließ) und einer Zündkapsel eine Bombe. Die englische Agentin (dargestellt von einer sympathischen Jungschauspielerin namens Amanda Ryan), die sich in den vorgeblichen Kaplan verliebt hat, kommt hinzu und versucht, das Attentat zu verhindern. Im entstehenden Handgemenge fällt die Flasche hinunter und explodiert, wobei das Schiff leckschlägt. Dieses beginnt sofort zu sinken, weil der Saboteur vorher die wasserdichten Türen geöffnet hat. Die englische Agentin befreit den enttarnten deutschen Agenten von herabgestürzten Trümmerteilen, weil die Liebe über die Feindschaft gesiegt hat. Nach einer Odyssee à la Jack und Rose gelangen beide in ein am Taljenläufer hängendes Boot, welches durch das noch fahrende Schiff mitgeschleppt wird. Die Engländerin wird gerettet, während der Deutsche, der ihr selbstlos den Vortritt gelassen hat, mit dem losgerissenen Boot im laufenden Steuerbordpropeller endet.

Diese wilde Story hat mit den historischen Tatsachen kaum etwas gemein, die wahren Ereignisse auf der letzten Fahrt des Lazarettschiffes waren den Machern wohl zu unspektakulär. Keine der handelnden Personen hat wirklich existiert. Der Kapitän (John Rhys-Davies) heißt Barrett statt Bartlett, und auch der Name des Ersten Offiziers wurde geändert. Ferner gab es auf dem echten Schiff keine mitreisenden Fahrgäste. Das ebenfalls fiktive deutsche U-Boot folgt dem Liner auf Sehrohrtiefe. Abgesehen von der Tatsache, dass ein damaliges dieselelektrisches Kampfboot die dabei anliegenden 20 Seemeilen nicht einmal über Wasser laufen konnte, wäre bei diesem Tempo das Sehrohr glatt abgeknickt...

Natürlich ist es spitzfindig, einen solchen sachlichen Fehler hervorzuheben, an dem sich wohl kaum ein normaler Zuschauer stört, weil er sich mit U-Booten nicht auskennt. Sei es drum - der komplette Plot ist hanebüchen, fast wünschte man sich, es wäre ein anderer Schiffsname verwendet worden, um klar zu machen, dass es sich um Fiktion handelt.

Immerhin wird der Schiffsenthusiast mit einigen hübschen CGI-Animationen des Liners erfreut. Das Überlegen und Sinken ist vom Ablauf her gut wiedergegeben, allerdings zeigt die anschließende Einstellung, wie das Schiff vor dem Auge des Betrachters in bodenlose Tiefen sinkt, obwohl das Mittelmeer an der echten Untergangsstelle wenig mehr als hundert Meter tief ist.

Und so muss weiter auf eine historisch korrekte cineastische Würdigung dieses zu Unrecht vergessenen großartigen Schiffes gewartet werden.

Der Vollständigkeit halber wäre noch ein zweitklassiger amerikanischer Reißer namens „Kreuzfahrtschiff auf Todeskurs" (Originaltitel: „Final Voyage") aus dem Jahr 1999 zu erwähnen. Darin kapern Gangster einen Luxuscruiser namens *Britannic*, plündern die Passagiere aus und wollen das Schiff versenken. Ein Ex-Offizier der US-Navy muss sich den Schurken im Alleingang stellen. Eine Hauptrolle in dem Streifen spielt Dylan Walsh („Nip/Tuck"), außerdem sind der Rap-Star Ice-T sowie die ehemalige „Baywatch"-Beauty Erika Eleniak mit von der Partie.

Anhang L: Interview mit dem Wrack-Eigentümer Simon Mills

Simon, wie wurdest Du zum Eigentümer des Wracks der Britannic und wie ist es überhaupt möglich, dass eine Privatperson ein solches Wrack sein eigen nennen kann?

Das Wort „Eigentümer" kann missverstanden werden. Obschon es dasselbe bedeutet, ziehe ich es vor, die Sache so zu sehen, dass meine Firma (Governcheck Ltd.) seit 1996 den staatlichen Rechtsanspruch des Vereinigten Königreiches am Wrack der Britannic besitzt. Der Ursprung der Möglichkeit eines solchen Eigentums läuft auf ein einzelnes Stück Papier hinaus. Im Jahr 1917, nach dem Untergang der Britannic, leistete die britische Regierung eine Kompensationszahlung an die White Star Line für den Verlust des Schiffes während des Wehrdienstes (die Regierung versicherte alle Schiffe, die im Wehrdienst standen, für die Risiken während des Krieges). Dadurch wurde der Staat de facto Eigentümer des Wracks. Somit hat die britische Regierung die Berechtigung, dieses Eigentum zu veräußern, sofern die Umstände dies zulassen.

Welche Rechte und welche Pflichten hast Du in Bezug auf das Wrack?

Nach einem Treffen mit dem griechischen Außenministerium einigten wir uns darauf, dass ich gewisse Rechte habe, welche mir die griechische Regierung nicht verwehren darf, gleichzeitig bin ich aber trotzdem an das Verwaltungssystem Griechenlands gebunden. Das heißt, ich kann nicht einfach hingehen und zum Wrack tauchen, oder, was noch wichtiger ist, irgendetwas vom Wrack entfernen ohne eine offizielle Genehmigung. Wenn ich also irgendwelche Artefakte bergen möchte, dann muss ich einen klar definierten Prozess mit dem Griechischen Kulturministerium einhalten. Nun zu den Pflichten als Eigentümer, sollte die Britannic eine Gefahr für die Umwelt darstellen, dann könnte ich möglicherweise dafür haftbar gemacht werden, doch dieser Fall wird nie eintreten, da das Schiff mit Kohle befeuert wurde, also die Gefahr einer Ölverschmutzung durch den Rumpf nicht gegeben ist. Wennschon könnte ich argumentieren, dass die Britannic als menschengemachtes Riff die maritime Umwelt im Kea-Kanal verbessert hat.

Wie ist der Stand der Dinge beim geplanten Unterwassermuseum?

Mehr oder weniger ist die Erforschung des Äußeren des Wracks abgeschlossen, somit wird jetzt auf diplomatischer Ebene verhandelt.

Wie siehst Du die Zukunft der Britannic, in der Realität und in Deinen Wunschträumen?

Im Moment beschränken sich alle meine Gedanken auf die vorgeschlagene Bergung ausgewählter Artefakte, um sie öffentlich in Belfast auszustellen, sowie vielleicht in Athen und auf Kea. Und um Missverständnissen vorzubeugen, es gibt keine Pläne, das eigentliche Wrack zu bergen (die gab es nie, auch wenn ich im Internet von Zeit zu Zeit wieder entsprechende Hinweise auf ein solches Vorhaben finde). Aber es besteht die Möglichkeit, Tauchern vermehrt Zugang zum Wrack zu gewähren, solange sie sich auf das Äußere des Wracks beschränken.

Du hast die Erlaubnis erteilt, einige Artefakte zu bergen, wie zum Beispiel einen Maschinentelegrafen. Wann sollen diese Gegenstände geborgen werden und was wird mit ihnen gemacht?

Die Angelegenheit der Bergung von ausgewählten Artefakten zu öffentlichen Ausstellungszwecken ist gegenwärtig Gegenstand diplomatischer Verhandlungen zwischen Belfast/London und Athen, das heißt zum jetzigen Zeitpunkt kann ich dazu öffentlich nichts sagen.

Das Interview mit Simon Mills wurde schriftlich im Juli 2016 geführt.

Simon Mills im Oktober 2016 auf der Insel Kea. (Günter Bäbler)

Glossar

An dieser Stelle folgt kein „Seefahrt von A-Z“, es sollen nur ausgewählte in dieser Arbeit vorkommende Fachwörter erklärt werden.

Auflegen: Ein Schiff zeitweise stilllegen (Auflieger = still gelegtes Schiff).

Expansionsmaschinen: Bei Kolbendampfmaschinen wird zwischen Volldruck- und Expansionsmaschinen unterschieden. Bei Volldruckmaschinen wird über den gesamten Kolbenweg Dampf zugeführt (eingeschoben), was sehr unwirtschaftlich ist. Bei der Expansionsmaschine macht man sich die Eigenschaft des Dampfes zunutze, dass er sich bei Temperatur- und Druckabfall stark ausdehnt (expandiert). Es wird nur bei etwa einem Drittel des Hubs/Takts Dampf zugeführt; die Ausdehnung des Dampfes treibt den Kolben weiter bis zum Totpunkt. Damit und durch möglichst viele Zylinder kann die Energie des Dampfes wesentlich besser ausgenutzt werden. Eine Dreifachexpansionsmaschine verfügt über einen Hochdruck-, einen Mitteldruck- sowie über einen oder zwei Niederdruckzylinder; der jeweilige Zylinderdurchmesser ist dem vergrößerten Dampfvolumen angepasst. Vierfachexpansionsmaschinen verfügten über geteilte (doppelte) Mitteldruckzylinder. Die Expansionsmaschinen der *Olympic*-Klasse-Schiffe sind bis heute die größten je gebauten Kolbendampfmaschinen.

Heizer und Trimmer: Die in der Schiffshierarchie am weitesten unten rangierenden Besatzungsgruppen. Zugleich die größte mit auf großen Schiffen bis zu 300 Mann. Hauptaufgabe der Trimmer war es, die Kohle von den Bunkern (Lagerräumen) vor die Kessel zu befördern. Je nach Reederei konnten sie sich dabei Körben, Schubkarren (White Star Line) oder kleiner Schiebeloren („Hunte“ genannt) bedienen (Norddeutscher Lloyd). Sie mussten den Heizern auch bei der Entsorgung von Asche und Schlacken zur Hand gehen. Obendrein hatten sie das Kohleniveau in den Bunkern auf beiden Seiten des Schiffes sowie in geringerem Maße auch über die Länge verteilt auf einer Höhe zu halten (engl. *„to trim“*), damit das Schiff nicht nach einer Seite krängte („vertrimmt“ war).

Die Heizer auf kohlegefeuerten Dampfschiffen arbeiteten wie viele andere Besatzungsmitglieder in Vierstundenwachen; dabei war je ein Mann für einen Kessel (Einender) oder eine Kesselseite (Doppelender) zuständig. Dies bedeutete das Beschicken von bis zu vier Feuerungen (je nach Kesseltyp). Während einer Wache hatte er bis zu einer Tonne Kohle per Hand auf die Feuerroste aufzuwerfen; daneben musste er die Feuer auch „pflegen" (Schlacke aufbrechen und herausreißen). Dies alles war sehr harte Arbeit bei großer Hitze (in den Tropen konnte es in einem Kesselraum 50°C und noch heißer werden, dazu kam die enorme Hitzeabstrahlung der Feuerungen) und musste sehr gewissenhaft durchgeführt werden, um den Dampfdruck möglichst gleich zu halten. Dies alles bei oft schlechter Unterbringung und Verpflegung sowie teilweise schlechter Behandlung durch Oberheizer und Ingenieure. Es wurde mit mechanischen Rostbeschickungsanlagen wie bei landgestützten Kesselanlagen experimentiert, aber eine geeignete Lösung für Schiffe wurde nie gefunden. Trotz ihres harten Loses sowie der häufigen Geringschätzung der „Schwarzen Bande" (englisch: *„black gang"*) durch Schiffsoffiziere und Passagiere hing von der Geschicklichkeit der Heizer die Leistungsfähigkeit des Schiffes ab; alle Geschwindigkeitsrekorde kohlegefeuerter Schiffe wurden buchstäblich auf dem Rücken der Feuerleute errungen.

Ab 1919 wurden alle größeren Dampfschiffe auf Ölfeuerung umgerüstet (die *Olympic* der White Star Line machte dabei den Anfang), was zum Wegfall vieler Arbeitsplätze führte – zum Betrieb der Ölbrenner waren nur wenige Männer erforderlich.

Kesselräume: Die Dampferzeugungsanlage der *Olympic*-Schiffe erstreckte sich über sechs Räume, die von achtern nach vorne durchnummeriert waren. Räume 1 bis 5 beherbergten fünf Kessel nebeneinander, während es in Nr. 6 aufgrund der hier abnehmenden Schiffsbreite nur vier waren. Alle Kessel der Räume 2 bis 6 waren von beiden Seiten aus zu befeuernde „Doppelender", während es in Kesselraum 1 sogenannte Einender waren; letztere waren vorwiegend für den Hafenbetrieb vorgesehen, konnten aber auch auf See zur Fahrtsteigerung herangezogen werden (etwa um Verspätungen aufholen zu können); die Dienstgeschwindigkeit von 21 Knoten erreichten alle drei Schiffe aber normalerweise allein mit den Doppelendern.

Kombinierte Maschinenanlage: Um die Jahrhundertwende 19. auf 20. war die Kolbendampfmaschine entwicklungsmäßig ausgereizt; die letzten Schiffe, welche atlantische Rekorde mit solchen Aggregaten fuhren, waren die deutschen Vierschornsteindampfer (*Kaiser Wilhelm der Große, Deutschland* etc.). Um den Deutschen das „Blaue Band" entreißen zu können, musste Cunard 1907 seine beiden Schnelldampfer *Mauretania* und *Lusitania* mit den relativ neuen Dampfturbinen ausrüsten lassen. Diese hatten jedoch damals noch große Nachteile:

um sie wirtschaftlich betreiben zu können, benötigten sie eigentlich sehr hohe Umdrehungszahlen, doch hätte dies enormen Verschleiß an den Propellern bedeutet. Bei niedrigen Drehzahlen stieg jedoch der Kohleverbrauch massic an, so dass stets Kompromisse eingegangen werden mussten. Diese Problematik konnte erst nach dem Ersten Weltkrieg mit der Einführung von Reduktionsgetrieben gelöst werden. Bei reinen Turbinenschiffen kommt noch hinzu, dass diese Aggregate nur in einer Richtung arbeiten können und für Rückwärtsfahrt spezielle Rückwärtsturbinen benötigt werden. Da nun die Schiffe der *Olympic*-Klasse nicht für Rekordgeschwindigkeit ausgelegt werden mussten, waren zum Erreichen der vorgesehenen Dienstgeschwindigkeit von 21 Knoten plus einer Reserve von drei bis vier Knoten zwei Kolbendampfmaschinen plus eine Niederdruck-Abdampfturbine ausreichend. Durch die volle Umsteuerbarkeit der Kolbenmaschinen wurde eine Rückwärtsturbine eingespart. Die Turbine musste allerdings vor dem Umsteuern einer oder beider Hauptmaschinen abgesperrt werden, wofür zwei riesige, dampfbetriebene Wechselschieber vorgesehen waren. Diese leiteten bei Bedarf den Abdampf der Hauptmaschinen direkt zu den Kondensatoren.

Kommandant: In der deutschen Militärsprache befehlshabender Offizier eines Kriegsschiffes, egal welcher Art oder Größe. Man spricht also grundsätzlich nicht vom „Kapitän" – Kapitän zur See entspricht bei der Marine einem militärischen Dienstgrad (beginnend beim Korvettenkapitän – engl. Lieutenant Commander – über den Fregattenkapitän – engl. Commander). Über dem Kapitän z. S. (engl. Captain R.N.) beginnen die Flaggoffiziersränge ab dem Konteradmiral. Auch Dienstgrade unterhalb des Kapitäns können Kommandanten von Kriegsschiffen sein (bei der ehemaligen deutschen Kriegsmarine des Zweiten Weltkriegs kam es vor, dass Oberleutnante U-Boote kommandierten).

Kondensator: Wie im Bildteil erklärt, wandelte der Kondensator den Abdampf der Maschinen durch Rückkühlung mit Seewasser in Speisewasser zurück, das sich so in einem geschlossenen Kreislauf befand. Die ersten seegehenden Dampfschiffe verwendeten Seewasser zur Dampferzeugung, weswegen die Kessel alle paar Tage abgestellt und von den Salzverkrustungen gereinigt werden mussten; letztere behinderten den Wärmeübergang und konnten im schlimmsten Fall zur Explosion führen.

Schon seit den 1870er Jahren war bei Seeschiffen der Oberflächenkondensator allgemein üblich, bei dem sich Abdampf bzw. Kondensat und Kühlwasser nicht vermischten wie beim veralteten Einspritzkondensator. Nicht nur die Haupt-, sondern auch die meisten Hilfsaggregate (Dynamo-, Ruder-, Kühlpumpenmaschinen etc.) waren an die Kondensationsanlage angeschlossen. Der Kondensator hatte noch einen weiteren großen Vorteil: dank des in seinem Innern durch spezielle Luftpumpen (welche zugleich das sich niederschlagende Wasser abführten) erzeugten Vakuums wurde der innere Widerstand der Maschinen größtenteils aufgehoben, was eine erhebliche Leistungssteigerung (ca. 40 %) zur Folge hatte.

Das gewonnene Wasser wurde nach Erhitzung durch mit Dampf arbeitenden Vorwärmern mittels Speisepumpen in die Kessel befördert.

Leistungsmessung: Die PS-Zahlen der unterschiedlichen Schiffsantriebsanlagen werden auf unterschiedliche Weise festgestellt:

Kolbendampfmaschine: Angabe in „indizierten Pferdestärken" (PSi); wird mit einem „Indikator" genannten Gerät direkt am Zylinder abgenommen.

Turbine: Messung an der Schraubenwelle durch Torsionsindikator. Leistungsangabe in „Wellen-PS" (veraltet WPS, heute PSw): ergibt die „effektive Kraft" abzüglich aller Reibungsverluste.

Öl- oder Dieselmotor: Angabe der Wellenleistung in PSe (effektiv), wird an der Kupplung gemessen.

Linienschiff: Ab dem 18. Jahrhundert verwendeter Begriff für die Hauptkampfschiffe von Kriegsflotten, die sich in Kiellinie laufend bekämpften. Der Ausdruck wird auch für alle Schlachtschiffe verwendet, die vor dem "Dreadnouht-Sprung" gebaut worden sind.

Quartermaster: Früher gebräuchliche Bezeichnung für erfahrene Vollmatrosen (*able bodied seamen*, A.B.s), die als Rudergänger, zum Loten und Loggen sowie für andere verantwortliche Tätigkeiten bevorzugt wurden.

RAMC: Das 1898 gegründete und bis heute bestehende Royal Army Medical Corps ist ein Spezialkorps der Britischen Armee, das alle Armeeangehörigen sowie deren Familien sowohl in Friedens- als auch in Kriegszeiten mit medizinischer Hilfe versorgt. Zusammen mit dem Royal Army Veterinary Corps, dem Royal Army Dental Corps sowie dem Queen Alexandra´s Royal Nursing Corps ist das RAMC unter den Army Medical Service organisiert. Der Spitzname der RAMC-Angehörigen lautet „The Linseed Lancers“ (Die Leinsamen-Kämpfer). Ihr Mützenabzeichen trägt die Losung „in arduis fidelis“ (treu in schwierigen Zeiten).

Rudergänger: Matrose, der das Schiff steuert (englisch *„helmsman“* oder *„quartermaster“*. Wird meistens fälschlicherweise als „Steuermann“ bezeichnet. Steuermann (oder Steuerfrau, Plural Steuerleute) ist eine in der Zivilseefahrt heute veraltete, aber gelegentlich noch verwendete Bezeichnung für einen nautischen Offizier.

Telemotor: Dies ist die hydraulische Vorrichtung zur Übertragung von Steuerbewegungen auf die Rudermaschine. Bei sehr großen Schiffen wäre eine rein mechanische Verbindung zwischen Steuerstand und Steuerapparat untauglich gewesen; so wurden beide über zwei mit einer Mischung aus Wasser und Glyzerin (letzteres als Frostschutz) befüllte Ruderleitungen verbunden. Die Steuersäule im Ruderhaus enthielt einen Zylinder (Telemotorgeber), der je nach Drehrichtung des Steuerrades die Flüssigkeit entweder durch die eine oder die andere Leitung drückte. Damit wurden mit dem Steuergestänge der Rudermaschine verbundene entsprechende „Receiver“ betätigt.

Tonnen und Registertonnen: Die Größenangabe von Fahrgast- und Handelsschiffen in den heute veralteten „Bruttoregistertonnen“ sorgt bei Laien regelmäßig für Verwirrung. Die Grundeinheit für die Vermessung des Rauminhalts eines Schiffes ist die Registertonne; diese entspricht 100 Kubikfuß oder 2,83 Kubikmetern. Die Bezeichnung rührt daher, dass Schiffe früher nach der Anzahl der verstaubaren Tonnen (Fässer) vermessen wurden. In „Bruttoregistertonnen“ (BRT) wird der „Bruttoraumgehalt“ angegeben, welcher vereinfacht gesagt den gesamten umbauten Raum eines Schiffes umfasst.

Häufig wird die *Titanic* als „etwas größer“ als ihr älteres Schwesterschiff *Olympic* bezeichnet, doch besaßen beide in Wirklichkeit dieselben Abmessungen; der Größenunterschied ergibt sich allein daraus, dass die *Titanic* einen um 1004 BRT höheren Bruttorauminhalt besaß. Das wiederum ergab sich aus der Tatsache, dass bei der *Titanic* noch vor Abschluss der Ausrüstung eine vorher offene Promenade auf dem B-Deck in eine Anzahl Kabinen Erster Klasse umgewandelt wurde –offene Promenadebereiche zählten nicht zur Bruttotonnage, Passagierkabinen dagegen schon.

In „Nettoregistertonnen" (NRT) wird der Nettoraumgehalt angegeben; er umfasst nur den gewinnbringenden Nutzraum, d. h. die Gesamtheit der Lade- und Fahrgasträume, und ergibt sich durch Abzug der Besatzungs-, Navigations- und Bedienungsräume sowie der Räume für die Antriebsanlage.

Bei Kriegsschiffen wird dagegen als Größenangabe stets die Wasserverdrängung (Deplacement) genannt, und hier handelt es sich im Gegensatz zur Registertonnage eines Handelsschiffes tatsächlich um eine Gewichtsangabe.

VAD: Das Voluntary Aid Detachment stellte Krankenschwestern für den freiwilligen Felddienst, hauptsächlich in Lazaretten. Ihre Hauptwirkungsorte waren Großbritannien und diverse Länder des Empire, und ihre wichtigsten Wirkungsperioden waren die beiden Weltkriege. Gegründet wurde die Organisation 1909 mit Unterstützung des Roten Kreuzes sowie dem Order of St. John. Im Sommer 1914 gab es bereits 2500 VAD-Abteilungen in Großbritannien, und von den 74.000 Organisationsangehörigen waren zwei Drittel Frauen und Mädchen. Prominente VAD-Angehörige waren neben Vera Brittain die Schriftstellerin Agatha Christie und die amerikanische Pilotin und Flugpionierin Amelia Earhart.

Welldeck: Als „Welldecker" wird ein Schiffstyp bezeichnet, bei dem Back und Brückenhaus so lang sind, dass zwischen beiden Aufbauten nur ein kleiner Zwischenraum vorhanden ist; der Seemann nennt diesen „Well" oder „Versaufloch", weil er häufig vom Wasser überflutet wird. Bei *Olympic* und *Titanic* gab es zwischen Poop(Achter)deck und dem zentralen Aufbau noch ein achteres Welldeck.

Zylinderkessel: Dies war über viele Jahre vorherrschender Schiffskesseltyp, mit dem auch die *Olympic*-Klasse ausgerüstet war. Auch bekannt als *„scotch boilers"* oder deutsch „Schottenkessel", weil dieser Kesseltyp zuerst von Firmen am schottischen Clyde-Fluss hergestellt worden ist. Geeignet für Dampfdrücke bis 18 bar. Doppelendige Kessel der *Britannic* sind mehrfach im Bildteil zu sehen. Der Feuerrost war in dem gerippten „Flammrohr" platziert; dieses stieß hinten an eine sogenannte Umkehrkammer, wo die Rauchgase einströmten und nach oben stiegen. Über horizontale Röhren (Siederohre) strömten sie sie parallel zu den Flammrohren wieder nach vorne und traten auf der Kesselvorderseite aus, von wo sie via Rauchkammer in den Schornstein abzogen. Alle drei Elemente waren von Wasser bedeckt. Ein Zylinderkessel benötigte bis zu 24 Stunden zum „Hochfahren".

Quellen

Bücher

Roy Anderson: *White Star* (T. Stephenson & Sons Ltd., Prescot, 1964)

Robert D. Ballard: *Lost Liners – von der Titanic zur Andrea Doria; Glanz und Untergang der großen Luxusliner* (Heyne-Verlag, München, 1997)

Mark Chirnside: *The Olympic Class Ships: Olympic, Titanic, Britannic* (Tempus Publishing, Stroud, Gloucestershire, 2004)

Calypso´s Search for the Britannic – The Cousteau Odyssey, produced by Jacques Cousteau and Philippe Cousteau for The Cousteau Society in association with KCET, Los Angeles (Pressemappe, The Cousteau Society, 1977)

John P. Eaton & Charles A. Haas: *Falling Star – Misadventures of White Star Line Ships* (Patrick Stephens Limited, Wellingborough, 1989)

Reverend John A. Fleming: *The Last Voyage of His Majesty's Hospital Ship „Britannic"* (Marshall Brothers Ltd., London, 1916)

Philip J. Fricker: *Beken of Cowes: Die schönsten Luxusliner* (Edition Maritim GmbH, Hamburg, 1996)

Duncan Haws: *Merchant Fleets 19 – White Star Line (Oceanic Steam Navigation Company)* (Travel Creatures Ltd., Hereford, 1990)

Bodo Herzog: *Deutsche U-Boote 1906-1966* (Pawlak-Verlagsgesellschaft mbH, Herrsching, 1990)

Violet Jessop: *Titanic Survivor – the Newly Discovered Memoirs of Violet Jessop Who Survived both the Titanic and Britannic Disasters. Introduced, Edited and Annodated by John Maxtone-Graham* (Sheridan House Inc., Dobbs Ferry NY, 1997)

Richie Kohler & Charlie Hudson: *Mystery of the last Olympian – Titanic's tragic sister* (Best Publishing Company, North Palm Beach, 2016)

Simon Mills: *Hostage to Fortune – The dramatic story of the last Olympian HMHS Britannic* (Wordsmith Publication, Chesham, Buckinghamshire, 2002)

Simon Mills: *HMHS Britannic – The Last Titan* (1st und 2nd Edition, Shipping Book Express, Shropshire, 1992 und 1996)

Simon Mills: *The unseen Britannic – The ship in rare illustrations* (The History Press, Stroud, Gloucestershire, 2014)

Martin Niemöller: *Vom U-Boot zur Kanzel* (Martin Warneck Verlag, Berlin, 1935)

Janusz Piekalkiewicz: *Der Erste Weltkrieg* (ECON Verlag GmbH Düsseldorf, Wien, 1988)

V. E. Tarrant: *Kurs West – die deutschen U-Boot-Offensiven 1914-1945* (Motorbuch Verlag, Stuttgart, 1996)

The War on Hospital Ships (Harper & Brothers Publishers, New York and London, 1918)

The White Star Triple Screw Atlantic Liners Olympic and Titanic, Shipbuilder souvenir number (Shipbuilder, Newcastle-on-Tyne, 1911)

Zeitschriften

The White Star Atlantic Mail Steamer „Britannic" – „Engineering", 27. Februar 1914

Titanic Commutator, Ausgaben Winter 1978, 2/1991, 1/1996, 1/1997 und 2/1997

Der Navigator, Vereinszeitschrift des Deutschen Titanic-Vereins von 1997 e. V., Ausgaben 2/9 vom September 2005; 2/10 vom August 2006; 2/13 vom August 2009

Schiff Classic, Ausgabe 1/2016

Webseiten

www.hospitalshipbritannic.com
www.uboat.net
www.u-boat.com.mt

Danksagung des Autors

Der Autor möchte sich an dieser Stelle herzlich bei allen Personen bedanken, die für diese TVS-Sonderveröffentlichung Abbildungen und sonstiges Quellenmaterial beigesteuert haben – namentlich Günter Bäbler, René Bergeron, Leigh Bishop, Joseph-Stephen Bonanno, Mark Chirnside, Malte Fiebing-Petersen, John Fleming, Ioannis Georgiou, Emil Gut, Frank Gutmann, Ken Marschall, Michail Michailakis, Jonathan Mitchell, Simon Mills, Henning Pfeifer, Vern Shrock, O. Steinbeck, Kalman Tanito, sowie Brigitte Saar (die hierfür extra ihr kostbares *Engineering*-Jahrbuch von 1914 unter den Scanner geklemmt hat). Ebenfalls möchte ich folgenden Institutionen und Firmen danken: Bundesarchiv/Militärarchiv Freiburg im Breisgau, Stiftung Traditionsarchiv Unterseeboote Cuxhaven-Altenbruch und der U-Boat Malta Ltd.

Besonderer Dank gilt Simon Mills für sein großzügiges und offenes Interview. Ein besonders herzliches „Merci" geht natürlich an meinen langjährigen Freund und Vereinspräsidenten Günter Bäbler. Er war es, der seine sämtlichen Verbindungen spielen ließ und alle oben genannten Personen dazu bewegen konnte, eine große Zahl toller und teilweise bis dato unveröffentlichter Abbildungen und Fotos beizusteuern. Er war es auch, der meinen ursprünglich nur als Mitgliedsbeitrag für unser Vereinsmagazin gedachten Text immer und immer wieder unermüdlich redigiert und mich mit wertvollen Verbesserungsvorschlägen und Korrekturen bombardiert hat. Nicht zu vergessen ist die Übermittlung meiner Fragen an Simon Mills für unser Interview. Ich betrachte dieses Buch ebenso sehr als Günters Werk wie als meines.

Ein zusätzliches Dankeschön geht an unsere Vizepräsidentin Brigitte Saar, welche ebenfalls Verbesserungsvorschläge einbrachte und meine Übersetzungen englischer Texte in Form brachte. Von ihr stammen auch wesentliche Ergänzungen über die in jüngerer Zeit stattgefundenen Tauchexpeditionen. Und last but not least noch ein Dankeschön an meine Schwester Irene Zeyher, die mir eine unentbehrliche Hilfe beim gesamten E-Mail-Verkehr sowie allen Online- und Computer-Belangen war.

Der Autor

Armin Zeyher. (Günter Bäbler)

Im Alter von etwa zehn Jahren „stolperte" ich (Jahrgang 1968) über die Geschichte der *Titanic* und war sofort davon eingenommen. Ab 1992 erfuhr ich, dass es internationale Vereine gibt, deren Mitglieder sich dem Schiff verschrieben haben und wurde im selben Jahr Mitglied der British *Titanic* Society, von deren Existenz ich in der „Bild am Sonntag" erfahren hatte. Kurz darauf erfuhr ich von der Gründung des *Titanic*-Vereins Schweiz, dem ersten deutschsprachigen Verein zum Thema, und trat sofort bei. Von Anbeginn lieferte ich Beiträge für unser Vereinsmagazin, auch schon sehr früh einen Artikel über die *Britannic* und später immer wieder über die *Olympic*. Ich habe mich im Folgenden etwas von der Titanic abgekehrt und stattdessen auf ihre beiden Schwesterschiffe fokussiert und beschäftige mich obendrein sehr ausführlich mit der Schiffstechnik ab Beginn der Dampfschifffahrt bis zum Ende der klassischen Atlantikliner (Konstruktion und Bau, außerdem Dampferzeugung und Antriebe – speziell Kolbendampfmaschinen). Seit 1999 gehöre ich auch dem Deutschen *Titanic*-Verein an und habe für dessen Vereinsmagazin „Der Navigator" ebenfalls einen Beitrag über die *Britannic* verfasst. Zur Bebilderung meiner Artikel fertige ich immer wieder Tusche- oder Bleistiftzeichnungen an.

Über die *Titanic* gelangte ich zu einem grundlegenden Interesse für die gesamten Seefahrt (Zivil- und auch Seekriegsgeschichte mit Überwasserkriegsschiffen und U-Booten) und betreibe als weiteres Hobby Plastikmodellbau (Schiffe, U-Boote, Kampfflugzeuge des Zweiten Weltkriegs) – das ganze zwar hauptsächlich nur „aus der Box", die nötige Bemalung jedoch mit Airbrushtechnik.

Auch wenn die Leidenschaft für die *Titanic* in den vergangenen Jahren etwas abgekühlt ist, ist mir die Mitgliedschaft in den Vereinen weiterhin schon wegen der menschlichen Kontakte sehr wichtig. So nehme ich regelmäßig an den Jahrestreffen beider deutschsprachigen *Titanic*-Vereine teil, die stets an interessanten Orten stattfinden. Die Generalversammlung 2008 des TVS wurde z. B. in Basel abgehalten, und während eines Besuches des nahegelegenen Museums Seewen kamen wir in den Genuss einer Privatvorstellung mit der frisch restaurierten *Britannic*-Orgel. Dabei erlebten wir das Instrument einerseits im automatischen Rollenspielmodus, aber auch, und das war ein Highlight, mit Prof. David Rumsey am Spieltisch – ein sehr eindrückliches Erlebnis. Aber auch so fand ich bei den Jahresversammlungen viele Gleichgesinnte auf meinem besonderen Interessensgebiet „alte Dampfschiffstechnik", mit denen ich regelmäßig Kontakt habe.

Der Titanic-Verein Schweiz

Nach dem 80. Jahrestag des Unterganges der *Titanic* im April 1992 organisierten sich im Titanic-Verein Schweiz zum ersten Mal an diesem Thema Interessierte im deutschsprachigen Raum. Von anfänglich rund 20 Mitgliedern wuchs unser Verein in 25 Jahren auf über 350 Mitglieder in 18 Ländern an.

In den frühen Jahren gehörten unserem Verein auch die *Titanic*-Überlebenden Eva Hart, Millvina Dean und Michel Navratil als Ehrenmitglieder an – Millvina Dean besuchte gar zwei Generalversammlungen. Auch Walter Lord, der „Urvater aller *Titanic*-Forscher" war Ehrenmitglied, ebenso Margaret Howman, die Tochter des *Carpathia*-Kapitäns Sir Arthur Henry Rostron.

Seit 1992 erscheint alle drei Monate das Vereinsmagazin *Titanic Post* (TiPo) mit meist exklusiven Artikeln über Teilaspekte der *Titanic*-Geschichte, Expeditions-Berichten, Biografien und Berichten über andere Schiffe – auch sonst schauen wir immer mal wieder über den Tellerrand.

Bis 2012 wurde das Heft gedruckt und an die Mitglieder verschickt. Seit Dezember 2012 erscheint die *Titanic Post* zeitgemäß als E-Paper, und die Mitglieder können die TiPo in elektronischer Form lesen oder das Heft zum Lesen ausdrucken. Durch den Wegfall der Druck- und Portokosten ist die Mitgliedschaft im Verein seither konsequenterweise gratis. Zum Jahresende kann zum Selbstkostenpreis das jeweilige *Titanic Post*-Jahrbuch fürs Bücherregal bestellt werden.

Jedes Jahr treffen sich die an einem Austausch interessierten Mitglieder zur Generalversammlung, meist an einem Ort mit *Titanic*-Bezug. Die Treffen fanden schon in Martigny in der Südwestschweiz statt, sowie im 835 Kilometer davon entfernten Bremerhaven – und vielerorts dazwischen.

Der TVS organisiert außerdem ab und zu *Titanic*-Reisen für Mitglieder. Neben einem Belfast-Ausflug bereisten wir Irland und England, aber auch Kroatien und Halifax in Kanada.

Die Mitgliedschaft im *Titanic*-Verein Schweiz ist kostenlos – die Mitglieder können sich das vorliegende Buch als E-Book ebenso kostenlos herunterladen wie die Vereinszeitschrift *Titanic Post*. Weitere Informationen gibt es unter:

www.titanicverein.ch